LA PÊCHE

A LA LIGNE ET AU FILET

LA PÊCHE

A LA LIGNE ET AU FILET

DANS LES EAUX DOUCES DE LA FRANCE

PAR

N. GUILLEMARD

ILLUSTRÉE DE 50 VIGNETTES

PAR L. ROUYER

PARIS

LIBRAIRIE DE L. HACHETTE ET Cie

RUE PIERRE-SARRAZIN, N° 14

1857

LA PÊCHE

A LA LIGNE ET AU FILET

DANS LES EAUX DOUCES DE LA FRANCE.

INTRODUCTION.

I

Quelques mots sur la pêche.

Un vieil auteur, qui a écrit en latin un traité de la chasse et de la pêche[1], a récapitulé à sa manière les arguments qui, selon lui, peuvent être invoqués pour établir la prééminence de ce dernier exercice. Il commence par faire remarquer que la sentence de malédiction prononcée par Dieu après le péché d'Adam ne s'applique qu'à l'homme et aux animaux qui vivent sur la terre; d'où il conclut que les poissons n'ont pas été frappés de l'anathème divin. Cette exception lui paraît, au surplus, parfaitement sage, puisque l'eau, destinée à laver l'homme du péché originel par le baptème, devait nécessairement rester sans souillure. Le déluge, qui fut une puni-

1. *De Venatione tractatus, in quo de Piscatione, Aucupio, sylvestriumque insectatione tractatur.* Regii, 1625.

tion pour l'homme et un fléau pour les autres créatures, fut au contraire pour les poissons une époque de joie et de bien-être ; ce cataclysme dressa pour eux les tables d'un banquet universel dont les habitants de l'arche furent seuls dispensés de faire les frais. Enfin, notre fanatique pêcheur fait valoir à l'appui de son opinion le poisson de Tobie, dont le foie mis en grillade chassait les démons, et dont le fiel rendait la vue aux aveugles ; il n'oublie pas la baleine, qui servit pendant trois jours de prison au prophète Jonas, et fait ressortir, en terminant, cette considération décisive, que Jésus-Christ a choisi ses apôtres parmi les pêcheurs, et non parmi les chasseurs. Un auteur ecclésiastique n'a-t-il pas écrit quelque part qu'on ne trouve dans les Écritures aucun saint qui ait été chasseur, tandis qu'on en cite plusieurs qui ont été pêcheurs ?

Si j'avais entrepris de soutenir une pareille thèse, peut-être chercherais-je d'autres raisons de décider que celles-là ; mais à Dieu ne plaise que j'aie la pensée de faire prévaloir la pêche sur la chasse, ou réciproquement ! La pêche est une bonne chose, la chasse est une chose non moins bonne ; pourquoi vouloir exclure l'une pour l'autre ? Sollicité par deux passions aimables, Figaro, au lieu de les laisser se *disputer* son cœur, préférait le leur *partager ;* la morale de Figaro me paraît ici la meilleure.

Et voyez comme ici tout est d'accord pour rendre ce partage attrayant et facile ! D'un côté, un exercice rude et violent, de l'autre une occupation calme et presque sédentaire ; là, une course effrénée sous les rayons d'un soleil brûlant ; ici, une station paisible sur de frais gazons, à l'abri d'épais ombrages ; d'une part, le mouvement ; de l'autre, le repos : délicieuses alternatives, dont la succession suffirait pour charmer les loisirs d'un honnête homme.

Il est surtout, en cette matière, un point décisif, c'est qu'on ne peut pas chasser à toute époque : pendant six mois de l'année, le Nemrod le plus décidé est, de par la loi, condamné à l'inaction; on pêche au contraire en toute saison, excepté un court espace de temps, une trêve de quelques semaines, accordée à la nécessité de la reproduction.

> . . . Environ le temps
> Que tout aime et que tout pullule dans le monde,
> Monstres marins au fond de l'onde....

A ce moment, les poissons, tout occupés de leurs amours ou du soin de leur progéniture, échapperaient trop difficilement aux ruses de leurs ennemis; et d'ailleurs, leur corps fatigué, amaigri, ne fournirait qu'une chair sans consistance et sans saveur. Mais pour un pêcheur industrieux, cette courte trêve de Dieu ne sera pas perdue; il en profitera pour remettre en ordre ses lignes, ses filets et tous ses engins destructeurs ; il se préparera pour recommencer la campagne avec de nouveaux avantages, comme un général habile sortant de ses quartiers d'hiver.

Et même, pendant la saison de la chasse, que de circonstances dans lesquelles on est heureux de varier ses plaisirs : une fatigue excessive, une simple écorchure au pied, la maladie d'un chien, la mise hors de service d'un fusil, l'épuisement momentané des munitions ! Combien de cas dans lesquels la pêche est un moyen précieux de satisfaire, bien que dans des conditions différentes, cette sauvage passion de destruction que tout homme bien organisé tient de sa nature primitive!

Pour un chasseur, pour un pêcheur de bon aloi, le plaisir, la poésie de la chose, s'il est permis de parler ainsi, est dans la pratique de ces exercices en eux-mêmes, abstraction faite des résultats. Mais pour ceux qui se préoccupent aussi quelque peu, et nous sommes loin de les blâmer, du produit net de leurs plaisirs, il me sera permis de faire remarquer qu'un saumon ou une belle truite peuvent, sans désavantage, supporter la comparaison avec un faisan ou une bécasse; une bonne matelote de barbeau, de carpe, d'anguille, ne fait pas trop mauvaise figure vis-à-vis d'un civet de lièvre; enfin une bonne friture de goujons ronds et dodus n'a rien de ridicule, comparée à une brochette de grives ou d'alouettes.

Comment se fait-il donc qu'en France la pêche soit, en général, considérée comme une récréation qu'il faut laisser aux gens de peu, ou comme un métier dont la pratique doit être abandonnée à des artisans spéciaux? Assurément un préjugé aussi fâcheux, aussi injuste, ne peut subsister qu'à la faveur de l'ignorance qui règne parmi les gens du monde, à l'endroit de la pêche, de ses procédés et de ses plaisirs. Bien plus sages sont nos voisins et amis les Anglais : chez eux la pêche figure avec honneur parmi les exercices reconnus dignes d'un *gentleman*, et dont le faisceau constitue ce qu'ils désignent sous le nom collectif de *sport;* la pêche y occupe une belle place, entre l'équitation et la chasse. Loin qu'en Angleterre la pêche ait rien d'*improper*, les hommes les plus distingués se font honneur d'y exceller; les ustensiles consacrés à la capture du poisson sont traités, dans la Grande-Bretagne, avec ce luxe de *comfort* dont les Anglais aiment à s'entourer. Dans les résidences de campagne, en face d'une panoplie de chasse, il n'est pas rare de voir figurer ce qu'on me permettra d'appeler une panoplie de pêche : les cannes flexibles, étincelantes de l'éclat du cuivre et de l'argent, s'y entre-croisent avec symétrie; les lignes de toute sorte et de toute matière y retombent en festons gracieux; les mouches artificielles y font chatoyer dans un écrin leurs couleurs rivales de la nature; le trident acéré, l'épuisette, et enfin le classique panier de pêche, complètent le trophée, qui ne manque ni de grâce ni d'élégance. On pourra s'en faire une idée lorsqu'on saura que plus d'un gentleman a dépensé jusqu'à huit ou dix mille francs pour organiser et approvisionner complétement cet arsenal pacifique.

Les Français, d'ordinaire si faciles imitateurs des mœurs étrangères, et qu'on a, avec tant de raison sur d'autres points, taxés d'anglomanie, sont loin encore de partager ces goûts; mais jamais le moment ne fut plus favorable pour chercher à les leur inspirer. Je n'ose espérer que ce petit livre soit capable d'exercer une pareille influence; mais je compte surtout, pour opérer cette heureuse révolution, sur le rapprochement, de jour en jour plus intime, qui se fait entre les deux nations. Il est peut-être plus d'une fraternité militaire contractée sous le feu de l'ennemi, à Inkermann, à Traktir et à Sébastopol, qui, au moment où j'écris (février 1856), se cimente la ligne à la main, sur les rives de la Tchernaïa, et qui, plus tard, viendra, par un échange de généreuse hospitalité, propager sur les eaux françaises le goût et les trésors de l'expérience britannique en matière de pêche. Parmi les avantages de l'union occidentale, en voilà un, du moins, sur lequel je crois pouvoir dire qu'on n'avait pas compté.

Voyez combien de choses enchaînées
Et par *cette guerre* amenées!

Quant à la crainte du ridicule, si puissante en France, comme chacun sait, c'est un joug qu'il faut enfin briser par une sainte et heureuse insurrection. Jamais préjugé ne fut plus injuste ni moins fondé que celui qui s'obstine encore aujourd'hui à poursuivre les pêcheurs de je ne sais quels sarcasmes fades et surannés. La guerre aux poissons ne demande ni moins d'activité, ni moins d'adresse que la guerre au gibier ; qu'on en essaye, et l'on verra qu'elle ne donne pas moins de plaisir. Et si enfin, à l'appui de tant de bonnes raisons, il était nécessaire d'invoquer de hautes autorités, les exemples fameux ne nous manqueraient pas. Hommes d'État, financiers, poëtes, écrivains, artistes, et jusqu'à des maîtres du monde, figurent en foule parmi les pêcheurs. Est-il permis de craindre le ridicule quand l'on compte parmi les confrères de l'hameçon tant de grands esprits, tant de noms fameux à des titres divers : Ovide, l'empereur Trajan, Louis le Débonnaire, qui pêchait à Remiremont, Boileau, Walter Scott, J. Laffitte, sir Humphrey Davy, Olivier Goldsmith, Rossini, Tulou, Habeneck, etc., etc., tous gens d'assez bonne compagnie ? Pêchons donc, nous qui savons pêcher ; apprenez à pêcher, vous qui ne le savez pas.

II

But, ordonnance et division du présent ouvrage.

Je ne ferai pas ici un livre de science, et cela par toutes sortes de bonnes raisons, dont la première est que je ne suis pas un savant. On pourrait croire, au premier coup d'œil, que celle-ci me dispense de toutes les autres, en quoi l'on se tromperait grandement. Au point d'élaboration où sont parvenues toutes les connaissances humaines, par ce temps de dictionnaires spéciaux et de monographies, rien n'est plus facile que de faire de la science sans être véritablement savant. Qui donc m'empècherait, mettant en pièces Rondelet, Artedi, Bloch, Lacépède et Cuvier, de placer ici quelque belle exposition anatomique de l'organisation des poissons, d'examiner la disposition de leurs organes, de décider *ex professo* de la manière dont ils perçoivent leurs sensations ? Me serait-il interdit enfin de reproduire ces sublimes nomenclatures dans lesquelles les habitants des eaux sont divisés, subdivisés et classés d'une façon si admirablement savante, qu'on y chercherait en vain le nom du plus vulgaire poisson, tant on a bien su déguiser leur identité sous le voile de grands noms dérivés du grec?

Ce n'était donc pas la science qui me manquait (la science d'autrui, veux-je dire); si je n'ai pas voulu faire un livre savant, c'est que j'avais entrepris de faire un livre de pêche, c'est-à-dire d'exposer de la manière la plus claire et la moins fastidieuse qu'il me serait possible l'art de prendre le poisson pour le profit et, surtout, pour l'agrément du pêcheur. Ce que je désire, c'est d'inspirer aux personnes à qui cet exercice n'est pas familier quelque goût pour un amusement généralement mal connu et mal apprécié des gens du monde. Ce que je me propose, c'est de mettre à leur disposition les résultats de l'expérience d'un vieux praticien et de les conduire graduellement à une heureuse application des divers procédés qui constituent ce qu'on a appelé l'art de la pêche.

On comprendra qu'ayant en vue uniquement ce but modeste, j'aurais été mal venu à débuter par une exposition scientifique au moins inutile; ce que me demanderont mes lecteurs, si j'ai des lecteurs, c'est de leur faire connaître comment ils peuvent s'emparer d'une carpe, d'un brochet, d'une truite et de ces divers poissons qui peuplent leurs eaux; laissons donc dans les livres des savants les gymnopomes, les malacoptérygiens, les siagonotes, les dermoptères, etc. Parlons un langage chrétien, et surtout français, si nous pouvons.

J'appellerai donc chaque poisson tout bonnement comme tout le monde l'appelle, en ayant soin toutefois d'indiquer, autant que possible, les différents noms donnés, selon les localités, à la même espèce : car en France même, où nous parlons tous la même langue, ce n'est pas toujours une petite difficulté que de s'entendre sur le nom vulgaire d'une plante ou d'un animal quelconque. Mon spirituel et regrettable ami Elzéar Blaze m'a raconté que, lorsqu'il écrivait la *Chasse aux filets*, les difficultés de la nomenclature n'avaient pas été son moindre embarras : l'oiseau qu'il appelait farlouse, Buffon le nommait alouette; le verdier de Carpentras était le bruant à Paris, et réciproquement. Quoi qu'il en soit, je ferai mes efforts pour qu'on me comprenne, et je crois que j'y parviendrai encore plus facilement à l'aide de la nomenclature populaire, qu'en me servant de ces grands mots qui font si bien dans les tableaux scientifiques, mais que je crois prudent d'y laisser.

Quant à l'ordre que je me propose de suivre, il sera également le plus simple possible, comme il convient à un livre sans prétention. Je supposerai un lecteur qui, se sentant une inclination instinctive pour l'exercice de la pêche et n'en connaissant pas les premiers éléments, désirerait trouver un guide. Marchant pas à pas, procédant du connu à l'inconnu, analytiquement, comme disent les philosophes, je conduirai mon néophyte au bord d'un cours d'eau, je le ferai successivement assister à la prise des différents poissons que produisent nos rivières, en commençant par les plus communs et les plus faciles. A cette occasion se présenteront successivement les nombreuses péripéties amenées par les petits événements auxquels nous assisterons; là seront indiquées, et, pour ainsi dire, mises en œuvre les diverses pratiques nécessitées par l'espèce particulière ou par les instincts spéciaux de la proie que nous poursuivrons. Les préceptes n'arrivant, le plus souvent, que d'une façon en quelque sorte épisodique, se graveront plus facilement dans la mémoire, et paraîtront, je l'espère, moins arides.

Avant d'entrer en matière, il me reste une question à adresser à mon lecteur : Savez-vous nager? Si vous ne le savez pas, apprenez-le; c'est là le premier et le plus important degré de la science du pêcheur. Obligé de fréquenter sans cesse les rives des fleuves ou des lacs, exposé à exécuter souvent sur des berges escarpées, ou sur des passerelles vacillantes, des manœuvres assez délicates et qui presque toujours occupent les deux mains, le pêcheur ne doit pas avoir à redouter pour sa vie les suites d'une chute; j'ajouterai même que de pareils accidents sont d'autant moins fréquents qu'on a moins lieu d'en craindre les conséquences : le sang-froid résultant de la confiance qu'on a dans sa force est un premier gage de sécurité.

Il est bon aussi qu'un pêcheur sache manœuvrer un bateau; dans mille circonstances, et notamment pour la pêche dans les rivières larges et profondes, il est utile et même nécessaire de pêcher loin du bord et de s'établir, comme on dit, *en rade ;* en pareil cas, le plaisir serait diminué de moitié si l'on était obligé de recourir à un batelier ou à un domestique. Ceci devra être compris de quiconque sait quelle différence il y a entre conduire une voiture ou se faire conduire.

Les deux grandes divisions que présente la matière que je dois traiter sont : la pêche à la ligne et la pêche aux filets ou avec des engins analogues. Ces deux branches principales de l'art du pêcheur se ramifient à l'infini. Nous avons la ligne flottante, la ligne à fouetter, la ligne à soutenir, le jeu, la ligne de fond, la pêche à la mouche artificielle, etc. Les filets de diverses sortes ne sont pas moins nombreux : la truble, l'épervier, l'échiquier, le tramail, la senne, le verveux, et d'autres encore.

Je parlerai d'abord de la pêche à la ligne, qui est de beaucoup la plus simple et la plus commode, bien qu'elle ne soit pas la plus facile. La pêche aux filets et autres instruments sera ensuite traitée à part.

PREMIÈRE PARTIE.

LA PÊCHE A LA LIGNE.

CHAPITRE PREMIER.

DE LA PÊCHE A LA LIGNE EN GÉNÉRAL.

Le Français né malin a formulé et mis en circulation, à l'endroit de la pêche à la ligne, quelques quolibets extrêmement désobligeants mais fort peu spirituels, qui, Dieu merci, n'ont pas empêché cet aimable passe-temps de poursuivre sa carrière et de faire les délices de gens qui certes n'ont point passé pour des imbéciles. Vous est-il arrivé quelquefois de faire par eau le trajet de Paris à Rouen? délicieux voyage pendant la durée duquel se développent à vos yeux les plus charmants aspects et les plus frais paysages, en même temps que votre esprit évoque, à la vue des sites qui en furent les témoins, les souvenirs des temps chevaleresques et des naïves chroniques du moyen âge. Vers la première moitié de la route où vous attendent les ruines encore menaçantes du château Gaillard, les restes de l'héroïque forteresse de la Roche-Guyon, et la croupe poétique de la côte des deux amants, remarquez ce village *bâti sur le penchant d'un long rang de collines*, ces maisons pour la plupart creusées dans le roc, *et que le mont défend des outrages du Nord;* c'est Hautile, hameau ignoré où l'auteur du *Lutrin* et de l'*Art poétique*, où Boileau venait souvent passer quelques jours chez son neveu, l'*illustre* Dongois. Nulle part la rive de la Seine n'est plus gracieuse ni plus coquette. Relisez, en admirant ces bords enchantés, les premiers vers de la sixième épître du poëte. Jamais tableau ne fut plus séduisant ni plus fidèle. Voyez-vous cette berge couverte *de saules non plantés?* c'est là que le législateur du Parnasse ne dédaignait pas de venir de temps en temps jeter sa ligne : il le dit lui-même :

> Quelquefois aux appâts d'un hameçon perfide
> J'amorce en badinant le poisson trop avide.

Qui sait combien de beaux vers lui ont été inspirés par cette admirable nature et ce loisir occupé, dont se moquaient peut-être les Pelletier et les Cotin ?

Un autre poëte, un grand génie, qui, dans une langue différente, a évoqué et rendu à la vie les souvenirs du passé ; un spirituel et fécond écrivain qui nous a donné tant de romans *plus vrais que l'histoire*, Walter Scott, était passionné pour la pêche. Né dans une contrée où de nombreux cours d'eau, aboutissant à la mer, sont peuplés des espèces les plus précieuses, il allait souvent, la ligne à la main, faire voltiger sur les lacs et le long des ruisseaux de sa chère Écosse la mouche artificielle si fatale au saumon et à la truite. Plus d'un passage dans ses ouvrages trahit sa prédilection pour cet exercice champêtre. Plus d'une fois il a osé représenter ses héros de roman pêchant à la ligne ; et ce qui, peut-être, eût été frappé de ridicule en France, a été bien accueilli en Angleterre. Dans ce pays, où l'on n'a pas assez d'esprit, apparemment, pour rire de ce qui fait plaisir et pour s'insurger contre ses propres jouissances, nul n'a trouvé étrange que le beau Péveril, allant à la recherche de ses amours, ou que le jeune Redgauntelet, en quête de sa famille, s'amusassent, sur la route, à piquer quelques truites.

De pareils exemples, et tant d'autres que je pourrais citer, ne prévaudront-ils pas facilement contre les frivoles décrets de la légèreté française ? Frappés par un de ces arrêts irréfléchis, Racine et le café n'ont point passé encore; comme eux, la pêche à la ligne en a appelé, et ne passera pas davantage.

Et pourquoi donc, en effet, cet impuissant anathème ? S'il est vrai que l'esprit et le corps de l'homme ont de temps en temps besoin de relâche; si le soin qu'on a pris en tout temps d'imaginer des jeux et des amusements, témoigne de cette indispensable nécessité, quelle autre récréation peut mieux que celle dont je plaide en ce moment la cause, atteindre le but proposé?

Le corps de l'homme peut éprouver diverses natures de fatigues; la pêche à la ligne, si variée dans ses procédés, offre tous les genres de délassement physique. Un excès de travail corporel, de longues courses, de rudes exercices, ont-ils distendu vos muscles outre mesure; vos nerfs sont-ils épuisés par la répétition fréquente de violents efforts ? venez vous asseoir sur cette rive tapissée de verdure; là, aux rayons d'un doux soleil de mai, ou sous l'ombre protectrice des saules et des peupliers, sans fatigue et sans effort, assez occupé pour n'être pas oisif, assez inactif pour n'éprouver aucune fatigue, vous pourrez vous livrer à cet instinct de proie que la nature a donné à tous les êtres de la création; instinct qui, chez l'homme, dont les appétits naturels sont le mieux réglés par la raison et par la sagesse, est encore attesté par l'acharnement qu'il met à la poursuite, et par le plaisir que lui cause la capture.

Que si, au contraire, une occupation sédentaire a engourdi votre corps ; si des travaux de cabinet ont épuisé votre esprit, prenez la ligne à la mouche artificielle, parcourez les bords des fleuves, des ruisseaux et des lacs, déployez modérément la force de vos bras en jetant au loin, par un effort contenu, l'amorce provocatrice, et bientôt ce salutaire exercice rendra à vos membres fatigués l'élasticité dont ils manquaient, en même temps que le spectacle toujours si beau et toujours si varié des scènes de la nature ramènera dans votre esprit le calme et l'harmonie.

Mais ce n'est encore là que la partie matérielle et physique du plaisir de la pêche. Lorsqu'une fois vous l'aurez goûté, vous y découvrirez je ne sais quel attrait mystérieux qui en est, si je puis parler ainsi, le côté intellectuel et poétique. Oui, un scepticisme profane dût-il me railler, dans cette poursuite d'une proie invisible cachée sous les profondeurs d'un élément inaccessible à l'homme, dans cette communication muette entre le pêcheur et sa proie, je trouve comme une excursion dans un monde ignoré, comme une conquête dans les domaines de l'inconnu. Cette sensation se manifeste plus vive encore lorsque la ligne, fixée au fond des eaux par un corps pesant, transmet à celui qui en tient l'extrémité une vibration sympathique, lorsque la moindre attaque du poisson sur l'appât se communique, comme une commotion électrique, à la main et au cœur du pêcheur.

Et, pourtant, ce n'est pas tout ; ce soin, en quelque sorte divinatoire, avec lequel la place a été reconnue, cette intelligence dans la préparation et l'appropriation des instruments de pêche, le choix raisonné des appâts, l'adresse et l'à-propos à piquer ou *ferrer* la proie, tout cela n'est, pour ainsi dire, que le commencement et l'exposition du drame. Lorsqu'un poisson de belle dimension a mordu à l'hameçon, le plus difficile n'est pas encore fait, il s'agit de l'amener dans la main du pêcheur. Il faut, comme le dit Martial (encore un poëte pêcheur) :

.... *Piscem tremula salientem ducere seta.*

Amener sur le bord, victime bondissante,
Le poisson qui roidit la ligne frémissante.

C'est là que se déroule l'action ; c'est alors que se produisent les incidents féconds et émouvants d'une lutte acharnée entre l'intelligence et l'adresse, d'une part, l'instinct et le sentiment de la conservation de l'autre. Sur le penchant d'une rive glissante, ou sur la poutre tremblante de quelque barrage de moulin, voyez le pêcheur roidissant sa ligne par un effort élastique, rendant la main à sa proie dont les efforts briseraient le fil trop violemment tendu ; il cherche à fatiguer le poisson, à l'affaiblir en forçant la tête à rester hors de l'eau, à le *noyer* dans l'air. Quelle joie lorsque, après une lutte qui se prolonge quelquefois pendant plus d'une demi-heure, il parvient enfin à étendre sa victime sur le rivage ! Quel désappointement, lorsque, brisant la ligne ou l'hameçon, cette proie, plusieurs fois entrevue, et pour ainsi dire touchée, bien qu'à distance, parvient à lui échapper ! Mais soit qu'il triomphe, soit qu'il voie son espoir trompé, le pêcheur n'en a pas moins été heureux ; l'insuccès même est pour lui comme une espèce de jouissance, que peuvent seuls ressentir ceux qui savent qu'après le plaisir de gagner au jeu dans une partie intéressée et vivement débattue, il n'en est pas de plus grand que celui de perdre.

CHAPITRE II.

LA LIGNE.

Les hameçons, le corps de ligne, l'empilage, la flotte, le plomb.

Tout le monde sait ce que c'est qu'une ligne à pêcher : elle se compose d'un fil plus ou moins fort, portant à l'un de ses bouts l'hameçon, et se rattachant de l'autre à une perche ou canne flexible par son extrémité supérieure. Un appât attaché à l'hameçon plonge dans l'eau ou flotte à la surface; quand le poisson, naturellement vorace, vient engloutir cet appât, le dard de l'hameçon s'enfonce dans les chairs environnantes; puis, à l'aide de la perche, la proie est enlevée à son élément primitif et amenée dans la main du pêcheur. Les enseignements de l'expérience, les progrès de l'industrie, les appétits divers et les habitudes variées des poissons, ont amené, dans la composition et dans l'usage de cet instrument, si primitif et si simple en apparence, des modifications, des améliorations, des applications innombrables, dont la connaissance est nécessaire pour devenir un pêcheur consommé. Je m'efforcerai de n'omettre aucune de ces notions, ou au moins des plus importantes. J'aurai soin, fidèle à la méthode naturelle que je me suis tracée, de les faire connaître chacune en son lieu, au moment où cette indication me paraîtra le plus opportune, et où elle pourra être le mieux comprise et retenue. Quant à présent, je me bornerai à quelques explications élémentaires sur l'arme du pêcheur à la ligne.

L'hameçon est un instrument de pêche universel, je dirais presque naturel, si son invention et son exécution n'étaient pas déjà l'indice d'une certaine industrie. Comme la flèche, l'hameçon se rencontre à toutes les époques et dans tous les lieux ; les bas-reliefs de l'antique Ninive, les peintures des hypogées de la haute Égypte, nous font voir des scènes de pêche dans lesquelles la ligne joue un rôle obligé ; les cavernes des Guanches, les ruines de cette mystérieuse civilisation qui a peuplé l'Amérique à des époques inconnues, les sépultures caraïbes, les débris des cités celtiques, rendent tous les jours à la lumière des débris de lignes et d'hameçons ; enfin, dans la Nouvelle-Zélande et dans les îles de la mer du Sud, les navigateurs qui ont découvert, il y a un siècle à peine, cette cinquième partie du monde, ont trouvé établie la pratique de la pêche à la ligne. Suivant les temps et les lieux, les hameçons se composent de pierres dures, de coquillages ou de métaux, mais toujours la forme est identique : ce sont des crochets à la pointe aiguë et barbelée, c'est-à-dire munie à sa base d'une seconde pointe disposée en sens inverse, et destinée à retenir l'instrument dans les chairs rétractées après le passage de la pointe principale. De cette sorte, tout mouvement de recul, tendant à extraire l'arme de la blessure, devient tout à fait impossible, à moins d'un violent déchirement.

Une circonstance bien remarquable, c'est que cet artifice de construction, qui suppose une expérience éclairée et de sagaces combinaisons, est commune à l'hameçon et à la flèche qui, comme je l'ai dit, se retrouve aussi partout avec le même caractère d'universalité. Tous deux sont en quelque sorte un seul et même instrument; en effet, une pointe de flèche très-fine, recourbée en demi-cercle, serait un excellent hameçon, avec cette seule et peu importante différence, que, dans la première, il existe deux barbelures, tandis que l'autre n'en a qu'une seule.

Comment se fait-il que la même disposition se soit trouvée également employée dans des lieux si divers et par des peuples que l'on peut croire n'avoir eu entre eux aucune communication, au moins depuis les temps les plus reculés? Devons-nous faire remonter l'invention de l'hameçon jusqu'au déluge de Noé? faut-il supposer que, pendant leur longue reclusion, les habitants de l'Arche se seraient amusés à pêcher à la ligne pour se procurer la seule race d'animaux qu'il n'eût pas été nécessaire d'enfermer dans la nef préservatrice, et pour introduire un peu de variété dans la composition de leurs menus? De plus savants en décideront; toujours est-il qu'il faut nécessairement de deux choses l'une : ou que l'hameçon ait été inventé avant la grande séparation accomplie, selon l'Écriture, aux pieds de la tour de Babel, ou que cette invention, si elle est postérieure, ait été spontanée, et pour ainsi dire instinctive, chez les mille peuples répandus sur la surface du globe.

Cette dernière hypothèse n'a rien, au surplus, d'inadmissible. De pauvres sauvages, en quête d'une proie, auront trouvé sur le bord d'un fleuve quelques poissons abandonnés à la suite d'une inondation. Séduits par l'éclat des couleurs et par l'élégance de la forme, et la faim aussi les poussant, ils auront essayé de ce mets et l'auront trouvé sain et savoureux. Plus tard, voyant des animaux de la même espèce se jouer dans les profondeurs des eaux, on aura remarqué leur avidité à saisir toute proie qui leur était jetée par le vent ou par un hasard quelconque ; les imaginations auront travaillé, et quelque forte tête aura imaginé de placer un ver ou un insecte sur la pointe d'une branche épineuse, et de tendre cet appât aux habitants des eaux. De là à fabriquer des hameçons attachés à quelques filaments d'aloès, de chanvre ou de crin, il n'y a pas loin; et voilà la ligne toute trouvée.

Quoi qu'il en soit, et pour faire trêve aux discussions d'origines, l'hameçon aujourd'hui, dans tout le monde civilisé, se compose d'une tige d'acier plus ou moins fine, arrondie en crochet; le bout le plus court se termine par une pointe barbelée; la tige principale est légèrement aplatie à son extrémité, dans le but d'empêcher que la ligature destinée à réunir l'hameçon à la monture ne puisse glisser et laisser échapper la proie.

Ce renflement du métal à la base du crochet semble assurément le moyen le plus simple et le plus naturel de donner à la ligature un point d'arrêt et de maintenir l'adhérence nécessaire entre deux organes qui doivent être solidaires. De plus raffinés ont cependant trouvé des inconvénients à ce mode de construction. On a prétendu que la *palette* (c'est ainsi qu'on nomme la partie aplatie) avait l'inconvénient de grossir outre mesure la base de l'hameçon, et s'opposait, par cela même, à ce que certaines natures d'appâts pussent y être convenablement fixés. On a encore objecté que le contour de la palette, formant une lame de métal mince et presque tranchante, avait souvent l'inconvénient d'user et de couper les fils qu'elle a pour but d'arrêter. En conséquence, par une invention nouvelle, ou plutôt, si l'on peut s'exprimer ainsi, par une *désinvention*, on a fabriqué des hameçons dans lesquels la verge de métal conserve partout le même diamètre et ne se termine pas par un renflement. Dans ces sortes d'hameçons, l'adhérence avec la monture n'est maintenue qu'au moyen d'une ligature très-soignée et très-serrée, et surtout par l'emploi de la poix ou d'une substance bitumineuse qui opère une sorte de collage et s'opposer jusqu'à un certain point, au glissement de l'appareil. Ces hameçons, qui se sont fabriqués originairement à Limerick, sont désignés sous le nom d'hameçons irlandais.

Je ne saurais, pour mon compte, approuver cette innovation, du moins si on voulait l'appliquer d'une manière générale. Il est un cas où l'emploi des hameçons irlandais est avantageux et je dirai même indispensable, c'est lorsqu'il s'agit de la confection des mouches artificielles, dont je parlerai en temps et lieu. Je comprends que lorsqu'on veut, au moyen de la plume et de la soie, simuler le corps et les ailes d'un insecte, la palette, par la saillie qu'elle dessine sous les matières dont on la recouvre, produise un effet disgracieux et nuise au résultat que l'on veut obtenir. Qu'on se serve alors d'hameçons irlandais, qui, pour le dire en passant, n'ont été inventés que pour cet usage, dans un pays où la pêche à la mouche est surtout pratiquée; j'y consens, et j'ajoute que le soin avec lequel ces simulacres sont exécutés, les nombreuses ligatures qu'ils nécessitent, rendent le danger du glissement moins à craindre. Il faut encore noter que la mouche artificielle, ne plongeant dans l'eau qu'accidentellement, échappe à cette action hygrométrique qui tend à relâcher les fils d'attache autour des hameçons constamment noyés.

Mais ce que je n'admets pas, c'est qu'un renflement de quelque dix millimètres à la base de l'hameçon puisse empêcher d'y fixer convenablement quelque appât que ce puisse être; je crois pouvoir facilement le prouver quand je m'occuperai des amorces. Quant au reproche que l'on fait à la palette de couper les fils de la ligature, il ne peut avoir quelque chose de fondé qu'à l'égard des hameçons communs, dans lesquels les contours de cette palette n'ont pas été ébarbés. Au surplus, si l'on conservait encore à cet égard quelques appréhensions ou quelques scrupules, une invention bien simple, et cependant

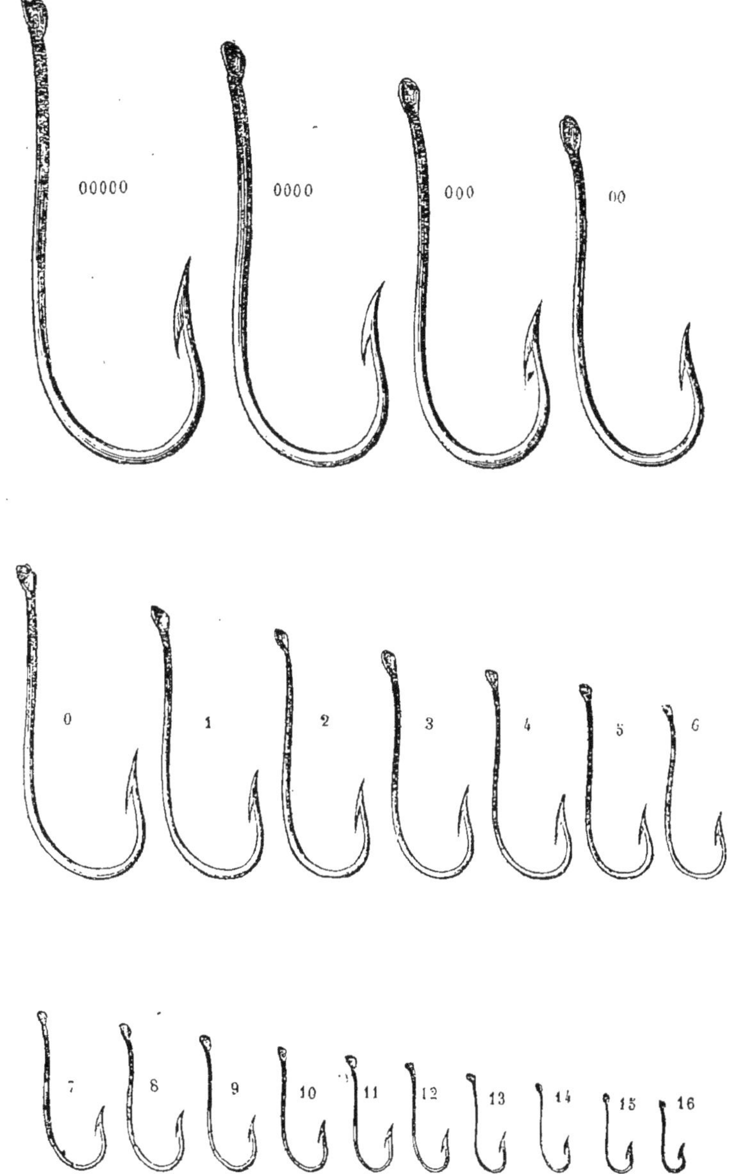

toute récente, donnerait les moyens de s'en affranchir. Un fabricant d'hameçons français a imaginé depui quelques années de substituer à la palette une petite boucle qui forme à la base de l'hameçon un anneau composé de la verge repliée sur elle-même ; par ce procédé, la ligature n'est plus en contact qu'avec une surface arrondie, et ainsi disparaît le seul inconvénient que l'on pourrait redouter avec l'emploi de la palette.

Il n'y a pas un demi-siècle, la France, pour les hameçons comme pour les aiguilles, dont la fabrication est à peu près la même, était encore tributaire de l'industrie allemande ou anglaise. Aujourd'hui, grâce aux perfectionnements introduits dans la production et la manipulation de l'acier, les hameçons français ne le cèdent en rien à ceux d'aucun autre pays, et l'on peut être assuré que, si l'on ne prend pas désormais de poisson, ce sera peut-être faute d'adresse, faute de patience, faute enfin d'avoir lu ce petit livre, mais ce ne sera pas faute de bons hameçons.

En parlant des diverses pêches que je me propose de traiter, j'indiquerai quels sont les hameçons les mieux appropriés à chacune d'elles ; mais on comprend que, pour s'entendre, il faut partir d'une base commune et de certains points de comparaison convenus à l'avance. Je n'aurai rien à imaginer à cet égard, car la chose est faite depuis longtemps, et, en vue de la facilité du commerce, les fabricants ont adopté pour les hameçons un certain nombre d'étalons numérotés par ordre de grosseur. Il est indispensable de donner ici un spécimen de ce classement tel qu'il est le plus généralement admis, sauf quelques variations peu sensibles d'une fabrique à l'autre. Je ferai avant tout remarquer qu'indépendamment des hameçons simples, dont nous avons donné le tableau à la page précédente, on fabrique aussi des hameçons doubles ou *griffons*, usités dans certains cas, et dont je parlerai à l'occasion de la pêche au brochet.

J'ajouterai que, dans le choix des hameçons, il faut s'attacher à ce que la partie courbe soit convenablement renforcée et exempte de pailles, car c'est là surtout que s'exerce l'effort principal : si le métal n'est point trop aminci, s'il est homogène, l'instrument doit résister à tous les efforts que le poisson ferait pour le rompre. Il faut surtout avoir soin que la pointe soit bien faite et l'aiguillon bien détaché. Il arrive souvent, par l'effet du frottement contre les pierres du fond ou du bord, que la pointe de l'hameçon s'émousse ; le pêcheur fera donc bien de se munir d'une petite pierre à aiguiser, à l'aide de laquelle il puisse aviver la pointe devenue mousse. Au moyen de cette précaution bien simple, on évite de changer des hameçons encore capables d'un bon service.

Nous voilà en possession d'un instrument qui saisira le poisson à merveille et le retiendra lorsque, séduit par l'appât préparé de manière à exciter sa voracité, il l'aura introduit dans sa bouche. Mais, pour faire pénétrer ce leurre dans la profondeur des eaux, pour l'envoyer à une distance telle, que la défiance du poisson ne soit point excitée, pour amener enfin la proie sur le bord, pour rattacher, en un mot, l'hameçon au pêcheur, il faut avoir recours à ce qu'on appelle proprement le corps de ligne, c'est-à-dire à une petite cordelette aussi fine que possible, afin qu'elle ne soit pas vue, et cependant résistante, afin qu'elle ne soit pas facilement brisée. Il est surtout une partie de la ligne qui doit réunir au plus haut degré ces deux conditions : c'est celle qui, placée le plus près de l'hameçon, est, par cela même, la plus exposée aux regards défiants du poisson et à ses premiers efforts lorsqu'il a mordu. Cette partie, qu'on appelle spécialement *la monture*, est ordinairement, dans une longueur de 60 centimètres à un mètre, composée d'autres éléments que le surplus du corps de ligne. Parmi les diverses matières dont peut se composer la monture, le crin blanc de cheval est assurément celle qui satisfait le mieux à la condition de ténuité et de résistance relative ; mais, si solide que soit un crin de cheval eu égard à sa grosseur presque imperceptible, il est incapable de retenir et de soulever un poisson d'une certaine taille ; si le poids de l'animal captif s'élève seulement à 4 ou 500 grammes, quelles que soient la prudence et l'adresse du pêcheur, il est à peu près impossible qu'il ne soit pas démonté, c'est-à-dire que la monture ne soit pas brisée. « C'est un chef-d'œuvre, disait le tailleur de M. Jourdain, d'avoir inventé un habit sérieux qui ne fût pas noir ; » c'est un chef-d'œuvre, dirai-je à mon tour, que d'avoir inventé une monture de ligne solide et qui ne fût pas plus visible que le crin. Ce chef-d'œuvre, il ne date pas d'aujourd'hui : c'est un produit naturel, mais préparé par la main des hommes ; on l'appelle de bien des noms divers : racine, crin de mer, crin de Florence, mord-à-pêche, etc.; c'est la substance même de la soie. On prend un ver à soie prêt à filer, on le tire à la fois et en sens inverse par la tête et par la queue, et l'on allonge la matière dont il est rempli en un filament de 30 à 40 centimètres. Cette espèce de fil gommeux est transparent, extrêmement résistant, et à peu près indissoluble par l'eau. Lorsqu'il est bien cylindrique et partout d'égale grosseur, il peut supporter, sans se rompre, un poids assez considérable, et il n'est pas rare qu'avec un simple brin de crin de Florence ou de racine (c'est le nom vulgaire, que je lui conserverai) on puisse maîtriser et amener près du bord un poisson de 3 à 4 kilogrammes; quant à l'enlever de vive force, je ne conseillerais pas de s'y risquer ; mais on verra plus loin qu'il est facile d'arracher à son élément un poisson placé à portée du pêcheur, et qu'il n'est pas nécessaire pour cela de le suspendre en l'air à la force de la ligne et au risque de tout briser.

Quant à la partie supérieure du corps de ligne, la finesse et la transparence de la matière sont des conditions moins indispensables, et elle peut se composer d'éléments moins choisis ou plus communs. Le plus ordinairement le corps de ligne (je parle ici seulement de la ligne flottante) est formé de plusieurs crins blancs tirés d'une queue de cheval; on prétend que les crins de jument présentent moins de solidité, et l'on en donne pour motif non pas quelque considération symbolique ou cabalistique, mais cette raison assez plausible que la force des crins est ordinairement altérée par l'action de l'acide urique, à laquelle ils sont constamment exposés.

Prenons donc du crin de cheval.... « Mais, va-t-on peut-être me dire, est-ce que vous voulez faire de vos lecteurs des fabricants de lignes? est-ce que nous ne trouverons pas chez les marchands tous les ustensiles dont nous aurons besoin? Voulez-vous ruiner les débitants d'ustensiles de pêche? » Non assurément, Dieu m'en garde; mais je ferai remarquer que si à Paris et peut-être dans deux ou trois grandes villes de France il existe des magasins où un pêcheur peut en toute sécurité monter et entretenir son arsenal, l'amateur isolé, habitant la campagne ou les petites localités, est privé de ces précieuses facilités et réduit au détestable régime des lignes de pacotille achetées chez l'épicier ou chez le quincaillier. Ces ustensiles sont presque toujours fabriqués sans soin et sans intelligence, avec des matériaux avariés et encore souvent détériorés par l'incurie du débitant ou la rareté du débit. J'ajouterai, et ce ne sera pas, pour quelques-uns, une considération sans importance, que dans les maisons spéciales, ces articles se vendent généralement assez cher, et que ce serait une duperie que de payer à très-haut prix des instruments qu'il est facile de fabriquer presque pour rien. Il ne faut pas oublier enfin que, lorsqu'un pêcheur est vraiment animé du feu sacré, c'est avec un certain plaisir qu'il dispose de ses mains les éléments de ses futurs succès; il est heureux de s'en rapporter à lui seul pour la solidité et la bonne préparation des engins sur lesquels repose l'espoir de ses plaisirs et de ses triomphes. Si quelques personnes d'ailleurs, peu touchées de ces raisons, se montraient disposées à dédaigner la fabrication de leurs ustensiles de pêche, qu'elles en achètent, je ne les en empêche pas, mais surtout qu'elles s'adressent à de bonnes maisons et qu'elles fuient comme la peste ces marchandises à la grosse, dont l'emploi leur causerait tôt ou tard des regrets. Mais ces personnes mêmes, quelque bien outillées qu'on les suppose, mille petits accidents journaliers ne tarderont pas à leur faire comprendre qu'il est nécessaire de savoir comment se font les lignes, ne fût-ce que pour être à même de les réparer, de rattacher un fil brisé, de remonter un hameçon, etc. Dans de pareilles circonstances, qui se présentent chaque jour dans la vie d'un pêcheur, l'obligation de recourir sans cesse au fabricant serait une intolérable servitude et souvent une impossibilité absolue, puisque c'est presque toujours sur le terrain même qu'il faut aviser à réparer un accident soudain et imprévu.

Je persiste donc et je dis : prenez des crins de la queue d'un cheval blanc; assemblez-les par quatre, cinq, six, ou en plus grand nombre, suivant la force que vous croirez devoir donner à votre ligne; tordez-les ensemble en ayant soin que tous soient, autant que possible, également tendus, afin de devenir solidaires dans leur résistance à un mouvement de traction. Vous obtiendrez ainsi une petite corde de crin de 25 à 30 centimètres de longueur ; après l'avoir tordue, vous l'arrêterez par un nœud simple à chaque extrémité, pour l'empêcher de se détordre ; il serait même bon que les crins fussent préalablement trempés dans l'eau pendant quelque temps. Quelques personnes, au lieu de tordre les crins, préfèrent les tresser ; mais ce qu'il y aurait de mieux, ce serait de se procurer de ces petits métiers qui se trouvent chez tous les fabricants d'ustensiles de pêche, et au moyen desquels les crins sont tordus par une bobine à crochet dépendant d'un système mis en jeu par un rouet à main.

De quelque manière que vous ayez opéré, vous voilà en possession d'un petit faisceau, d'une petite corde de crin d'environ un pied de longueur. Recommencez l'opération sur de nouveaux crins, et quand vous aurez préparé ainsi 12, 15 ou 20 de ces *torons*, selon la longueur que vous voudrez donner à la ligne, réunissez-les bout à bout par des nœuds solides et aussi peu apparents que possible. Le corps de ligne sera fait.

J'ai parlé de nœuds solides et peu apparents ; il en est plusieurs, sans doute, parmi ceux que tout le monde sait faire, qui paraissent réunir cette double condition : mais qu'on y prenne garde, souvent on pourrait sur ce point commettre de fâcheuses erreurs. Il ne faut pas que, sous l'effort du poisson, un nœud qu'on aura cru bien attaché puisse glisser et ne laisser dans les mains du pêcheur qu'une gaule inutile, tandis que le poisson, emportant le surplus avec le dard qui l'aura piqué, se rira, quoique du bout des lèvres, du pêcheur qui croyait déjà le tenir dans son panier. Il ne faut pas non plus que de grossiers et épais assemblages nuisent à la légèreté et à la flexibilité de la ligne. Pour éviter tous ces inconvénients, le mieux est d'apprendre à faire le nœud de pêcheur, c'est celui que l'expérience a éprouvé comme le plus convenable et le plus sûr.

Prenez les deux fils qu'il s'agit de réunir et placez-les bout à bout en les faisant empiéter l'un sur l'autre de trois ou quatre travers de doigt (fig. 1).

Du premier doigt et du pouce de la main gauche, tenez les deux fils de gauche; de la main droite, faites avec les deux autres bouts une boucle dans laquelle vous passerez deux fois ces deux bouts ensemble (fig. 2). Puis, serrez autant que vous pourrez en tirant sur les quatre bouts à la fois, et vous obtiendrez (fig. 3) un nœud qui réunira les conditions désirées, après que vous aurez coupé les deux petits bouts qui dépassent; plus vous tirerez sur la ligne, plus vous serrerez la ligature, et vous verrez beau jeu si la corde ne rompt.

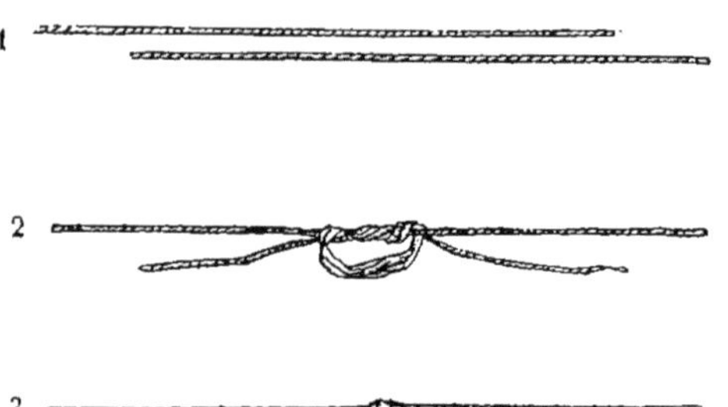

Toute cette petite manœuvre est simple et facile; elle peut cependant effrayer quelques personnes, plus jalouses du résultat de la pêche que passionnées pour les opérations manuelles : il ne faut pas qu'elles s'arrêtent pour si peu. Par sa transparence et par la presque impossibilité où se trouve le poisson de l'apercevoir de loin, le crin présente de grands avantages ; mais l'expérience prouve tous les jours que la partie qu'il s'agit surtout de bien dissimuler est le bas de la ligne, dans une étendue de 60 centimètres à 1 mètre ; quant au surplus, fût-il formé d'une matière moins translucide et plus facilement perceptible, cela n'importe pas absolument, surtout lorsque l'on pêche en province et à la campagne.

« Comment ? et pourquoi en province et à la campagne, et non pas à Paris ou dans les grandes villes ? »

Le pourquoi est bien simple et n'implique rien de désobligeant pour les poissons des départements, ni surtout pour les bipèdes sans plumes qui peuplent les susdites localités.

Le motif de cette différence s'explique par un fait généralement observé et tout à fait incontestable. L'habitude d'être poursuivis donne aux animaux qui peuplent les lieux où cette poursuite est fréquente, une certaine intelligence spéciale, une éducation pratique qui les rend plus habiles à discerner et à éviter les piéges qu'on leur tend. Qu'on lise les récits des voyages d'exploration, et l'on verra que, dans certaines îles inhabitées, les oiseaux, au moment de la découverte, étaient si familiers qu'ils ne fuyaient pas l'homme et se laissaient assommer à coups de bâton. Essayez donc d'aller avec un simple gourdin chasser les perdrix dans la plaine Saint-Denis, si tant est qu'il y ait des perdrix dans la plaine Saint-Denis ! Dans le temps encore bien près de nous où il était permis de chasser les cailles à l'appeau, si vous faisiez retentir dans une campagne peu fréquentée les sons du *courcaillet*, tous les mâles accouraient d'une lieue à la ronde se jeter dans vos halliers ; mais, là où cet instrument qui imite la voix de la femelle se faisait entendre trop souvent, les mâles s'y accoutumaient, ils étaient *rebattus*, ils devenaient *fûtés*. Ils distinguaient, avec une finesse qui aurait fait honneur à un dilettante, les sons faux de ceux qui imitaient la nature ; à moins d'être un instrumentiste parfait, à moins de jouer du *courcaillet* comme Baillot jouait du violon, le symphoniste en était pour ses frais. Une charmante demoiselle, Mlle Claire L...., s'amusait à pêcher des grenouilles dans le bassin de son jardin (je dirai plus tard quelques mots de ce genre de pêche); mais, comme son exquise sensibilité ne voulait la mort de personne, après s'être amusée un instant à voir le batracien exécuter quelques entrechats au boût de sa ligne, elle rejetait son butin dans le bassin. Au bout de quelques jours, ce fut en vain qu'elle agita au-dessus de l'eau les plus éclatantes amorces et qu'elle les anima des mouvements les plus naturels à un papillon qui rase la surface de l'eau; les grenouilles n'y voulaient plus mordre, et, après avoir considéré quelque temps ce manége de leurs grands yeux ébahis, elles plongeaient avec un signe de mépris qui semblait dire : « Vous ne nous y prendrez plus. »

Vous êtes-vous amusé quelquefois, au bord d'une rivière peu fréquentée, à voir un pêcheur à la ligne ? une ficelle à laquelle pend un énorme hameçon, tel est tout son attirail ; à l'appât d'un ver de terre il prend du poisson par paniers; essayez de la recette à Paris ou dans les parages de Saint-Ouen et de Charenton, et vous m'en direz des nouvelles.

Ce qu'il y a de remarquable, c'est que, dans ces circonstances, l'éducation des animaux, et celle des poissons en particulier, paraît ne pas être seulement individuelle ; elle est évidemment, dans la plupart des cas, transmise ou traditionnelle. Que la clairvoyance des poissons civilisés provienne de communications, en quelque sorte orales, échangées entre eux, c'est ce que je ne crois guère; cependant il existe dans la Seine, par exemple, des millions de poissons qui n'ont jamais senti les atteintes de la ligne ni la pointe de l'hameçon, et qui n'en sont pas moins rusés et défiants. C'est que, probablement, ils auront été témoins de la frayeur qu'inspirent ces appâts suspects à ceux qui y ont à grand'peine échappé ou qui ont vu quelques-uns des leurs en devenir les victimes. Ces vieux routiers, à l'aspect d'un ver traversé par un crochet de fer, auront dit, comme le vieux rat de La Fontaine :

> Je soupçonne dessous encor quelque machine;

puis, s'enfuyant avec terreur, ils auront porté les autres à les imiter instinctivement.

Quoi qu'il en soit, je ne m'en dédis pas, dans la plupart des cas, il suffit que le bas de ligne soit aussi fin et aussi transparent que possible; le surplus peut, sans inconvénient, être composé d'une autre substance. Un léger cordonnet de soie ou de lin remplit très-bien cet office, et il a l'avantage de donner, sans nœuds, autant de longueur qu'on le désire. Cet avantage est inappréciable, indispensable même pour la pêche au moulinet; mais pour la pêche à la ligne simple, il suffit que cette pratique soit sans inconvénient.

Il en existe un cependant, et un très-grave, qui résulte de la nature même des matières textiles qui entrent dans la composition du cordonnet de soie ou de lin. Ces substances, surtout la dernière, sont essentiellement hygrométriques, c'est-à-dire très-sujettes à l'influence d'un milieu humide. Une corde mouillée éprouve dans toutes ses parties une contraction qui tend à la raccourcir; chacune des parties qui la composent, en se retirant sur elle-même, exerce sur les éléments constitutifs de la corde une sorte de retrait ou de torsion susceptible de faire remonter un poids suspendu à l'une des extrémités de cette corde. Lorsqu'une ligne, composée d'un cordonnet de soie ou de lin, est placée dans l'eau, ce mouvement de torsion se trouve contrarié d'un côté par la ligature qui retient la ligne à la canne, et, de l'autre, par le corps flottant qui soutient l'hameçon; il s'exerce dès lors seulement sur la partie intermédiaire entre ces deux points, et la ligne se tourmente, se contracte en anneaux irréguliers, *se vrille* enfin, pour me servir du mot technique qui peint à merveille ce mouvement dont le résultat semble donner au corps de ligne une forme analogue à celle des *vrilles* de la vigne.

Pour conjurer cette action hygrométrique et les résultats fâcheux qu'elle produit, il suffit d'imbiber la ligne d'un corps gras qui la rende imperméable à l'eau ; d'ordinaire on se sert à cet effet d'un bain d'huile de lin bouillante; cette huile est extrêmement siccative, et il suffit de laisser pendant vingt-quatre heures au grand air la ligne qu'on y aura trempée, pour n'avoir plus à craindre de se graisser les doigts en y touchant. La meilleure manière d'obtenir une prompte dessiccation, est de tendre la ligne avec des clous, dans une cour ou dans un jardin. L'emploi de l'huile a encore cet avantage, au moins pour la soie, que ce corps gras la rend à peu près transparente, comme il ferait d'une feuille de papier; on obtient donc à la fois, par cette pratique, un remède contre le *vrillage*, une garantie de durée, et un moyen de mieux dissimuler la ligne aux regards des poissons.

En résumé, le corps de ligne doit être fait soit en crin de cheval, ce qui est toujours préférable, soit en cordonnet de soie, soit enfin, faute de mieux, en cordonnet de lin. La grosseur de la ligne doit, bien entendu, être proportionnée à la force présumée du poisson que l'on se propose de prendre; je donnerai plus tard, et à mesure que nous avancerons dans nos exercices, quelques indications à cet égard.

J'ai décrit l'hameçon, j'ai parlé de la monture destinée à le recevoir; il me reste à dire par quel moyen cette réunion doit avoir lieu, afin d'offrir à la fois une grande solidité et le moindre volume possible. La réunion de l'hameçon à la monture, l'*empilage*, s'opère au moyen d'un nœud assez élégant et qu'on appelle nœud d'empile (de *pilus*, crin). Voici de quelle manière on y procède : Prenez l'hameçon entre le pouce et les deux premiers doigts de la main gauche, la plus longue branche, celle qui est ordinairement terminée par la palette, dépassant les doigts et tournée vers la droite. De la main droite, prenez également, entre les deux premiers doigts et le pouce, le crin ou la racine, en formant avec l'une des deux extrémités une boucle dont l'un des deux bouts aura, selon le numéro de l'hameçon, de deux à cinq centimètres de longueur. Placez la boucle le long de la grande branche, l'ouverture de la boucle à gauche (fig. 1).

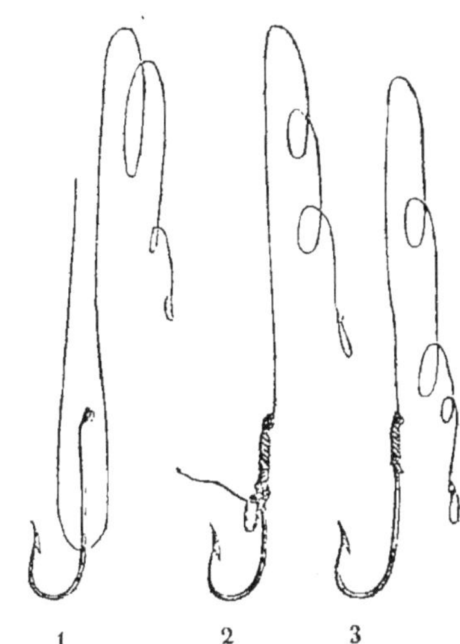

Avec l'ongle du pouce gauche, arrêtez sur la tige de l'hameçon, le plus près possible de la palette, les deux brins de crin, puis tournez autour de la tige le brin le plus court, en embrassant sous les spires le double crin et la tige elle-même; faites ainsi huit ou dix tours en remontant vers la gauche et en ayant soin de juxtaposer le plus près possible, sans les faire chevaucher l'une sur l'autre, les spires de votre hélice. Lorsque la branche de l'hameçon sera ainsi recouverte presque jusqu'à la hauteur du dard, engagez sous ce qui dépasse de la boucle le bout du crin dont vous avez formé vos spires, en ayant soin de bien serrer le dernier tour (fig. 2); maintenant ensuite la ligature avec le plat du pouce de la main gauche, tirez fortement le long bout du crin. La partie de ce crin engagée sous les spires glissera en attirant à elle la partie qui forme la boucle, laquelle se trouvera ainsi fermée et retiendra la dernière spire serrée contre les autres. Si vous continuez votre effort, si vous avez surtout imprégné d'huile la racine qui sert à cette ligature, une partie de la boucle s'engagera sous les dernières circonvolutions de la spire, entraînant avec elle le bout de crin qui y est engagé et consolidant, par le renflement même qui en résultera, la solidité de l'appareil. Il ne restera plus qu'à retrancher la partie du petit bout de crin qui dépassera, et vous aurez une ligature propre et solide, sans aucun nœud apparent (fig. 3). Il sera bon, afin d'exercer avec plus de force et de liberté sur le bout de crin la traction nécessaire pour faire rentrer la boucle sous les spires, de passer dans la courbure de l'hameçon un petit bout de bois cylindrique ou une petite verge de fer que vous retiendrez entre les doigts de la main gauche, pour soutenir l'effort opéré sur le crin par la main droite. Avec cette précaution, vous ne risquerez pas que l'hameçon, glissant brusquement, vienne s'engager dans la chair de l'un de vos doigts. C'est un petit accident auquel, dans leurs diverses manœuvres, les pêcheurs à la ligne ne sont que trop sujets; notez qu'il ne s'agit pas là seulement d'une simple piqûre, comme pourrait en faire la pointe d'une aiguille; la barbelure, comme je l'ai déjà dit, a été inventée tout exprès pour qu'une fois entrée dans les chairs, la pointe de l'hameçon ne pût plus en sortir sans les déchirer. Par suite de diverses circonstances, cette ingénieuse construction manque quelquefois son effet sur le poisson; mais quand elle est mise à l'épreuve sur le pêcheur, je puis affirmer par expérience qu'elle remplit son rôle en toute conscience : témoin certain jour où, au lieu de pêcher une truite, je ne réussis qu'à me pêcher le doigt annulaire de la main gauche;

après avoir, pendant une demi-journée, porté un hameçon n° 6 en guise de bague, je fus obligé, pour me défaire de ce trop tenace ornement, de recourir à l'emploi du bistouri.

Il est une petite précaution qu'il est bon aussi de prendre lorsqu'on empile des hameçons : c'est de faire préalablement tremper dans l'eau, pendant une heure ou deux, le bout du crin ou de la racine qui devra servir à la ligature; cette préparation bien simple le rendra plus souple et moins cassant, ce qui n'est pas un petit avantage, à raison de la torsion assez énergique qu'il est destiné à subir. Si enfin, par surcroît de précaution, vous voulez rendre l'appareil plus solide et plus adhérent, prenez un bout de soie fine et cependant un peu forte, bien imprégnée de poix de cordonnier, et, toujours par le procédé du nœud d'empile, recouvrez de cette soie les spires de votre crin; une fois le nœud serré, il faudra avoir soin de retrancher les deux bouts de la soie.

Dans certains cas, et notamment lorsque l'on pêche aux poissons qui n'habitent pas spécialement le fond, on se sert de lignes à deux ou trois hameçons : celui qui est monté sur l'empile principale doit toujours pendre au fond; les autres s'attachent sur cette empile ou sur le corps de la ligne, à 15 centimètres les uns des autres, au moyen d'un nœud d'assemblage (page 28). Le brin de crin ou de racine qui porte chacun de ces hameçons additionnels ne doit pas avoir plus de 8 ou 10 centimètres de longueur.

Tous ces détails sont passablement arides, j'en conviens; mais si le lecteur a vraiment l'amour de la pêche, s'il est animé de cette humeur indépendante, sous l'influence de laquelle le pêcheur et le chasseur éprouvent de véritables jouissances; s'il aime à se suffire à lui-même, et, comme Bias, à tout porter avec lui, il ne se plaindra pas de ma prolixité : sinon, qu'il aille chez le marchand d'ustensiles; pour son argent, sans se donner tant de peine, il trouvera mille engins bien, trop bien confectionnés même. Mais un jour, un jour d'action, au bord d'un cours d'eau poissonneux, quand l'atmosphère pesante ou une pluie douce et chaude lui présageront les plus beaux succès, s'il voit successivement ses lignes emportées ou ses hameçons démontés, c'est alors qu'il regrettera d'avoir dédaigné mes conseils; il lui restera, il est vrai, la ressource de monter en chemin de fer et de venir chez son fournisseur breveté ravitailler son arsenal. Laissons-le voyager en paix, et pendant ce temps pêchons, pêchons toujours, nous qui ne craignons pas d'acheter un grand plaisir au prix de quelque peu de peine. Patience, d'ailleurs, mon préambule technologique touche à sa fin. Nous voilà en possession de l'arme du pêcheur; il ne s'agit plus que de l'amorcer, de la régler, puis, sans tarder davantage, nous entrerons en action.

De toutes les manières d'employer la ligne, la plus connue, la plus pratiquée, la seule que la loi spéciale laisse complétement libre dans les eaux du domaine public, c'est la pêche à la ligne flottante. Or, la ligne que nous venons de construire ne mérite pas jusqu'ici ce nom; car, si on la jette à l'eau, la pesanteur seule de l'hameçon, dans un milieu calme et paisible, suffira pour l'entraîner au fond, où elle s'accrochera à la première pierre, au premier brin de bois. Pour qu'une ligne *flotte*, il faut qu'elle soit munie d'un *flotteur*, dont le but est de maintenir hors de l'eau la partie supérieure de la ligne, tandis que la partie inférieure, celle qui porte l'hameçon, entraînée verticalement par un corps plus ou moins pesant, se soutient, grâce à la résistance du flotteur, à une certaine distance du fond. Cette distance est réglée selon les circonstances, suivant la profondeur de l'eau et la nature du poisson que l'on se propose de pêcher.

Pour la pêche aux petits et moyens poissons, la meilleure flotte est une plume; on en retranche les barbes en ne conservant que le tuyau et une petite partie de la branche qui porte les plumules, afin que, de ce côté, l'eau ne puisse pas pénétrer dans la cavité intérieure; quant au bout du tuyau, on sait qu'il y existe un petit orifice qu'on aura soin, dans le même but, de boucher avec un peu de cire rouge ou bleu clair. Il sera bon aussi d'appliquer sur l'extrémité coupée un tampon de la même cire, afin de rendre le petit appareil tout à fait imperméable. Si j'insiste sur la couleur de la cire, ce n'est pas qu'assurément toute autre nuance que celles indiquées ne fût tout aussi convenable pour remplir le rôle d'obturateur; mais une couleur éclatante a cet avantage, qu'elle permet à l'œil de suivre plus facilement sur l'eau le mouvement de la plume et d'en vérifier à chaque instant la situation.

L'opération que j'ai indiquée vous met en possession d'une espèce de petite outre cylindrique, transparente, déplaçant très-peu d'eau, eu égard à son volume, par conséquent très-légère et par là même très-propre à soutenir un poids relativement assez considérable. Prenez ensuite un autre tuyau de plume d'un diamètre assez fort pour que chacune des deux extrémités de votre *flotte* puisse y entrer de 5 ou 6 millimètres; coupez cette seconde plume en travers, et perpendiculairement à son axe, par sections de 3 ou 4 millimètres de longueur; vous obtiendrez ainsi de petits anneaux plats, d'une substance légère, qui vous serviront à attacher la flotte sur un point quelconque de la ligne. Vous aurez toute facilité pour changer à volonté le point d'attache, et, par conséquent, pour faire varier la longueur de la partie de la ligne destinée à plonger dans l'eau. Afin d'arriver à ce résultat, il suffit de faire passer le fil de la ligne dans deux des tronçons de tuyau de plume taillés en anneau, et de placer la flotte de manière que chacune de ses extrémités s'insère dans un des anneaux (fig. 1), lequel, étant poussé vers la partie la plus renflée de la flotte, serrera celle-ci sur le fil et l'y fera complétement adhérer. Que si l'on désire allonger ou raccourcir le bout flottant de la ligne, il faudra desserrer les anneaux et faire glisser le fil jusqu'au point voulu, puis faire rentrer les deux bouts de la flotte dans les anneaux, en les assurant par une pression modérée dans le sens de la longueur de la plume.

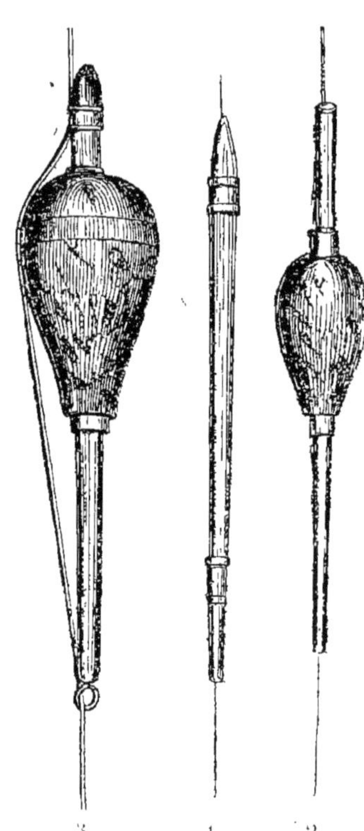

S'il s'agit de pêcher du poisson un peu plus gros, la flotte doit supporter un hameçon plus fort ; afin de faire descendre l'appât plus rapidement au fond dans un courant ordinairement rapide, le plomb doit être plus pesant; il faut donc, par une corrélation nécessaire, que la flotte soit d'un volume plus considérable, mais elle ne sera pas pour cela plus difficile à fabriquer. Dans les magasins d'ustensiles de pêche, on confectionne ces sortes d'objets avec un véritable luxe; les couleurs éclatantes, le travail même de la sculpture y sont prodigués ; si vous aimez les objets d'art, si vous croyez surtout que ce goût puisse être partagé par les poissons, allez, ne vous gênez pas, attachez à votre ligne des flottes bariolées de toutes les couleurs du prisme ou taillées en forme de singes, de tritons ou même d'Apollons du Belvédère, vous n'en réussirez ni plus ni moins si vous savez pêcher; quant à moi, laissez-moi me contenter d'un modeste bouchon : c'est plus simple et plus commode; il est vrai que cela a l'inconvénient de coûter moins cher.

Donc, si vous voulez m'en croire, vous prendrez tout bonnement un morceau du liége le plus fin et le moins caverneux, pour qu'il se conserve mieux malgré l'influence de l'eau. Vous taillerez votre liége en olive, avec des contours bien nets, tant pour la propreté que dans l'intérêt d'une plus longue durée; la grosseur pourra varier, selon la force de la ligne, depuis le diamètre d'une olive jusqu'à celui d'un œuf de pigeon allongé (fig. 2). Avec une vrille, vous percerez bien droit par le centre, et dans le sens du grand axe, un trou de la grosseur d'une plume petite ou moyenne; vous passerez ensuite le fil de votre ligne dans ce canal intérieur. Pour arrêter le fil au point que vous jugerez convenable, vous insérerez dans ce même canal un tronçon de plume (fig. 2) qui le remplira complétement dans toute sa longueur, et qui pressera la ligne sur la paroi intérieure du canal, de manière à ne pas lui permettre de glisser. Vous aurez soin de laisser, à la partie supérieure, dépasser un bout de plume de 1 à 2 centimètres de longueur, afin d'avoir la facilité de l'extraire pour obtenir plus ou moins de *fond*, c'est ainsi qu'on appelle la longueur de la partie immergée de la ligne. Je ne désapprouve pas d'ailleurs la flotte (fig. 3) telle que les fabricants la font le plus ordinairement pour les lignes en cordonnet.

J'ai parlé tout à l'heure avec un peu d'irrévérence des

enjolivements peinturlurés qu'on applique souvent aux flottes des lignes; je me reprocherais d'avoir usé de cette liberté si l'on prétendait en conclure que je suis un ennemi de la couleur, un fanatique de l'école de M. Ingres. Bien au contraire, en matière de pêche, je me glorifie d'être un coloriste fougueux, et, à cet égard, je suis de force à rendre des points à M. Delacroix lui-même. De la couleur! vive la couleur! Prenez-moi du vermillon le plus éclatant, broyé à l'huile, et enduisez-en votre bouchon; cette couche imperméable aura le double avantage de le préserver des atteintes de l'humidité et de le rendre facilement visible sur l'eau.

N'oublions pas, puisqu'il s'agit ici de la ligne flottante, qu'elle peut flotter de deux manières : ou l'hameçon et l'appât qu'il porte resteront à peu près à fleur d'eau, position qui, comme nous le dirons plus tard, peut convenir pour quelques pêches spéciales; ou bien l'hameçon doit être tenu à une distance plus ou moins grande du fond, sans toutefois pouvoir l'atteindre, et c'est là ce qui a lieu le plus ordinairement. Ce résultat s'obtient par l'action combinée d'un corps pesant, qui entraîne la ligne, et de la flotte qui soutient et arrête l'effort de ce poids, de telle sorte que le bas de ligne s'étend dans une position verticale, sans que l'hameçon puisse descendre plus loin que la distance qui le sépare de la flotte. Ce corps pesant doit être tout simplement un morceau de plomb qu'on attache à la ligne, à 15 ou 20 centimètres au-dessus de l'hameçon. C'est une coutume généralement pratiquée de se servir à cet effet d'un ou de plusieurs grains de plomb de chasse que l'on fend jusqu'aux deux tiers de leur épaisseur, et que l'on referme sur la ligne après l'avoir insérée dans la fente. Je ne voudrais certes point passer pour un trop hardi novateur, et cependant force m'est de dire que cette pratique, malgré sa quasi-universalité, ne me paraît pas satisfaisante. Il peut souvent arriver que l'on veuille changer de flotte, soit par suite d'un accident, soit parce qu'une trop grande variation dans la profondeur de l'eau aura forcé de modifier le rapport d'équilibre entre le plomb et la flotte; qu'on essaye alors de retirer, pour lui en substituer un plus gros ou un plus petit, le grain de plomb serré sur le fil de la ligne, et l'on verra combien cette opération est longue et difficile, combien surtout elle fatigue la partie la plus délicate de l'appareil, la monture. Tous ces inconvénients sont évités si, au lieu d'un grain sphérique, on se sert d'une petite lame de plomb laminé très-mince, que l'on roule autour du fil de la monture; on peut la mettre et l'ôter, l'augmenter ou la diminuer avec la plus grande facilité, à l'aide des doigts seulement et sans recourir à un instrument tranchant. En employant cette méthode, l'on sera certain d'obtenir presque instantanément la parfaite pondération nécessaire afin que la flotte ne surnage pas plus qu'il ne faut et n'enfonce pas non plus outre mesure. Pour qu'une ligne flottante soit convenablement ajustée, il convient que, dans l'eau, la flotte prenne une situation verticale et ne dépasse la surface que d'environ un tiers de sa longueur. De cette manière la ligne devient aussi sensible qu'elle peut l'être; la moindre attaque du poisson y est indiquée à l'instant même. Si, au contraire, comme c'est trop souvent l'habitude des pêcheurs négligents, la flotte reste étendue horizontalement sur la surface de l'eau, le poisson, avant de la faire enfoncer, aura d'abord à la redresser, et ce sera, pour le pêcheur, un temps perdu, temps quelquefois bien précieux à saisir quand il s'agit d'un poisson dont l'attaque est faible et instantanée, comme, par exemple, celle du gardon.

Voilà ce que j'avais à dire sur la construction de la ligne flottante simple ; maintenant qu'elle est faite et parfaite, il ne reste plus qu'à la plier de manière à la rendre facilement transportable, sans qu'elle puisse se mêler et sans que les hameçons risquent de s'accrocher aux objets extérieurs. On se sert ordinairement, pour plier la ligne, d'un demi-cylindre de roseau fendu dans le sens de sa longueur ; ce détail n'a pas une grande importance ; je dois dire cependant que le roseau a l'inconvénient d'être fragile et qu'il tient, en outre, trop de place dans la poche ou dans une trousse. Je conseillerai donc plutôt de se servir, en guise de *plioir*, d'une petite planchette bien dressée, un peu plus longue que la flotte et terminée en ligne concave à chacune de ses extrémités. A l'une de ces extrémités, on accroche l'hameçon ; on envide la ligne sur la planchette, en ayant soin que la flotte porte à plat dans toute sa longueur ; puis, quand on est arrivé au bout de la ligne, qui doit se terminer par une boucle, on en arrête l'extrémité dans une petite encoche pratiquée sur la tranche du *plioir*.

CHAPITRE III.

LA CANNE.

Une ligne, au premier aspect, ressemble assez à un fouet; elle a surtout ceci de commun avec cet instrument, qu'il lui faut un manche, c'est-à-dire une espèce de prolongement artificiel du bras, à l'aide duquel on puisse la porter au large, la manœuvrer, la faire sortir de l'eau d'un seul mouvement dans toute sa longueur, etc. Le manche de la ligne est appelé *gaule* par quelques-uns, *scion* par d'autres; plus généralement on lui donne le nom de *canne :* c'est ce dernier nom que j'adopterai, d'autant mieux qu'il désigne précisément la substance dont on se sert communément pour cet usage, la canne ou roseau.

La canne à pêcher doit être légère et facilement maniable, soit d'une seule main, ce qui est le cas le plus ordinaire, soit des deux mains, lorsque les circonstances exigent qu'elle ait une grande longueur. Il faut qu'elle soit assez solide pour ne pas se briser ou se tordre sous l'effort d'un poisson qui peut peser quelquefois plusieurs kilogrammes, et dont la pesanteur est multipliée par la vigueur de l'effort avec lequel il se débat. L'extrémité supérieure de la canne doit être en outre très-flexible, afin d'opposer à cet effort une résistance élastique, capable d'en atténuer la violence sans risquer de briser la ligne. Cet accident arriverait infailliblement si un fort poisson, en se débattant, rencontrait à l'extrémité du fil qui le retient la rigidité d'un point d'attache inflexible.

Si l'on se propose seulement de pêcher aux petits poissons, c'est-à-dire près du bord et dans une eau peu profonde, il n'est pas besoin d'y faire beaucoup de façons : une simple baguette de coudrier ou de frêne, bien droite, mince, fine par le bout et longue de 2 mètres et demi ou 3 mètres, fera parfaitement l'affaire ; le saule ou l'osier ne vaudraient rien : leur bois est pliant, mais pas assez élastique. Il faudra avoir soin qu'à l'extrémité supérieure se trouve un petit renflement, un nœud, destiné à retenir la ligne et à empêcher la ligature de s'échapper. C'est là une canne rustique dans toute l'acception du mot ; j'ajoute que le bois devra être cueilli à l'arrière-saison, lorsque ses fibres auront été suffisamment durcies par une végétation complète et par les chaleurs de l'été. Une autre canne, presque aussi simple et encore plus légère, se compose d'une branche de sureau bien droite aussi, longue de 1 mètre et demi ou de 2 mètres. Après l'avoir laissée bien sécher, on renforce le plus petit des deux bouts au moyen de quatre ou cinq tours de gros fil poissé, que l'on arrête par un nœud à bouts perdus, semblable à celui qu'on emploie pour empiler les hameçons (page 33). Dans la cavité laissée par la moelle que l'on extrait ou que l'on refoule, on insère le bout d'un brin, ou, pour parler le langage du métier, d'un scion de noisetier ou de tout autre bois flexible et élastique. Tout cela est très-facile à faire, et très-suffisant pour enlever ablettes, goujons, petits et moyens gardons, et même moyens barbillons.

Néanmoins, pour ceux qui seraient choqués par la trop grande simplicité de cet appareil, j'admettrai volontiers l'usage de ces cannes à plusieurs compartiments rentrant l'un dans l'autre et se réduisant, au moyen d'une pomme vissée et d'un bout en métal, au volume et à l'apparence d'une canne de promenade. Cet instrument, que l'on trouve chez tous les marchands, est incontestablement plus propre et plus portatif. Si le pêcheur habite une ville, cette canne a l'avantage de ne pas dénoncer aux yeux des passants les projets hostiles de celui qui la porte; on sort pour se promener la canne à la main; si l'on en trouve l'occasion, la canne s'allonge pour supporter une ligne. Quoi qu'il arrive, l'on rentre chez soi toujours la canne à la main, sans s'être exposé aux fades moqueries de ces plaisants qui, sur la foi d'épigrammes surannées, sont toujours prêts à railler un goût dont ils ne comprennent ni le charme ni les jouissances.

Mais, pour celui qui ne se contente pas d'une médiocre proie, pour celui qui est toujours prêt à confesser sa foi de pêcheur et qui ne se soucierait pas d'un plaisir pris en cachette, ce n'est pas là une canne convenable. Il lui faut un instrument à toutes fins ; il sait que les chances de la pêche sont infinies, que souvent tel qui cherchait une friture a rencontré l'élément d'une matelote.

A tous événements le sage est préparé.

Ainsi fait-il, et, pour ne pas être pris au dépourvu, il se munit d'une canne appropriée à tous les besoins et à toutes les circonstances. Pour arriver au mieux possible, on a essayé de bien des matériaux; ici encore, et plus qu'en aucune autre occasion, l'industrie et le luxe se sont donné carrière; les bois les plus rares, les vernis les plus brillants, l'éclat des métaux, tout a été mis à contribution pour faire de certaines cannes à pêcher de véritables objets d'art. Je ne suis pas plus qu'un autre insensible aux jouissances du confort, ou même à celles d'un luxe employé à propos, mais je suis obligé de convenir que tant de peine et tant de dépense pour un pareil objet me semblent assez déplacés.

Lorsqu'il est question de chasse, je laisse volontiers aux vitrines des fabricants ou aux panoplies des millionnaires ces fusils à la crosse sculptée et fouillée comme un retable du XVIe siècle, ces armes garnies de précieuses ciselures, incrustées d'argent et d'or, enrichies même de l'éclat des pierreries ; j'aurais presque honte de me présenter sur le terrain avec un pareil colifichet. De bons canons à l'épreuve, des platines à ressorts bien liants, le tout recouvert d'une simple patine couleur de rouille, telle est mon arme de prédilection, la seule à mon avis qui soit digne d'un chasseur sérieux ; le surplus n'est bon que pour un veneur d'opéra-comique.

Cette impression que j'éprouve en ce qui concerne l'armement du chasseur me préoccupe au même degré dans le choix des instruments de son frère le pêcheur, et, question d'argent à part, je tiens que pour confectionner une canne à pêche (car il faut bien revenir à nos moutons) il n'est pas de matériaux plus convenables à tous égards que ceux fournis par le simple roseau (*arundo donax*), plante commune en tous pays, mais qui n'acquiert que dans le Midi une maturité complète et par conséquent toute la force dont il est susceptible. Ce roseau, que tout le monde connaît, est léger, puisqu'il est creux à l'intérieur comme une tige de blé ; il est d'une extrême propreté, à raison du vernis naturel et inaltérable qui enduit sa surface ; il est élastique et point cassant (il plie et ne rompt pas, comme dit La Fontaine). C'est donc une canne de pêche toute préparée par la nature. L'on peut même dire que la belle couleur d'or et les nœuds saillants qui coupent avec un espacement régulier la tige de cette belle graminée lui donnent un cachet de grâce et d'élégance que l'on apprécierait peut-être bien haut si cette plante, au lieu de venir des étangs de Bouc ou des marais de la Camargue, arrivait à grands frais de l'Inde ou de quelque région encore à peine découverte dans le centre de l'Afrique.

J'ai dit que ce roseau était solide; La Fontaine prétend qu'il ne rompt pas : ce point comporte cependant quelques explications. La tige du roseau est droite et creuse, ses parois n'ont guère plus de 5 ou 6 millimètres d'épaisseur moyenne. De distance en distance, la cavité intérieure est séparée par des diaphragmes composés d'une espèce de moelle peu consistante et très-facile à percer. A la circonférence de chacun de ces diaphragmes, correspondent à l'extérieur des nœuds également circulaires, d'une matière très-solide et d'une extrême dureté, autour desquels prennent naissance les feuilles de la plante. Ce sont ces nœuds qui donnent surtout la consistance à la tige et qui maintiennent une parfaite solidarité entre toutes les parties du système. Mais, dans l'intervalle de deux nœuds, les parois cylindriques n'offrent qu'une résistance assez faible à une pression exercée latéralement; les fibres, à raison de leur assez longue portée, sont susceptibles de plier par le milieu, comme le feraient les douves d'un barillet très-allongé, qui ne seraient reliées que par leurs deux extrémités. Si donc on se servait du roseau dans l'état naturel, je ne voudrais pas répondre que l'effort exercé à l'extrémité de la canne par le poids et la résistance d'un fort gros poisson ne parvînt, à raison de la longueur du levier, à faire céder par le milieu l'une des cellules cylindriques de la perche. Cet accident serait surtout très à craindre si les parois, exposées souvent à l'humidité, puis à un soleil ardent, avaient éprouvé quelques-unes de ces fissures que les mouvements brusques de dilatation et de contraction y déterminent assez souvent. Fort heureusement, ce danger est facile à conjurer : il suffit de placer entre les nœuds, à distance égale de chacun d'eux, une bonne ligature de gros fil poissé, reliée à la façon d'un nœud d'empile. Cette ligature, pour continuer ma comparaison de tout à l'heure, produit le même effet que produisent des cerceaux sur les douves d'un tonneau : elle bande en quelque sorte la voûte circulaire formée par les parois du roseau; c'est une espèce de nœud artificiel qui, comme le nœud naturel, leur donne une rigidité et une adhérence telles, qu'aucune de leurs parties ne peut plus obéir au mouvement de flexion qui seul pourrait les disjoindre en brisant le faisceau qui les constitue.

Une canne ainsi construite réunit donc, à mon avis, toutes les conditions que l'on peut désirer; mais on comprend que, si on laissait au roseau toute sa longueur, c'est-à-dire quelquefois 4 ou 5 ou même 6 mètres, ce serait un meuble assez difficile à transporter. Porté à la main, il vous donnerait l'apparence d'un allumeur de lanternes à gaz; quant à le placer dans une voiture ou dans un wagon, il n'en faudrait pas parler. Heureusement il n'y a aucun inconvénient à fractionner cette canne en trois ou quatre morceaux de 1 mètre chaque; lorsqu'on a besoin de se servir de la ligne, on les réunit bout à bout, en insérant l'extrémité inférieure de chaque brin dans la concavité pratiquée par la suppression d'un diaphragme à l'extrémité du brin qui le précède immédiatement en grosseur. Comme la tige du roseau est légèrement conique, on arrive facilement, en élaguant un ou deux nœuds, à faire que l'extrémité du bout supérieur puisse s'insérer dans celle du brin inférieur, laquelle, pour plus de solidité, devra être cerclée d'une petite douille de cuivre. Il sera bon de veiller à ce que toute la surface de la partie insérée conserve son enduit naturel et n'ait pas été dénudée à coups de râpe; cet enduit empêche la surface contenue d'adhérer à la partie contenante, ce qui ne manquerait pas d'arriver à la moindre impression d'humidité, si les deux bouts se touchaient par des surfaces poreuses. Quelques personnes laissent à cette canne l'extrémité la plus fine du roseau qui se termine naturellement en pointe, et attachent la ligne à cette extrémité. C'est une pratique que je n'approuve pas : le bout du roseau n'est pas assez flexible pour l'usage qu'on lui destine; les nœuds, qui s'y rapprochent à intervalles très-pressés, donnent à ce prolongement une rigidité trop grande et le rendent en outre cassant. Il vaut infiniment mieux supprimer dans une longueur d'un mètre environ l'extrémité de la tige, et la remplacer par un scion bien flexible formé de l'un des bois que j'ai indiqués comme les plus propres à cet usage.

Les trois ou quatre compartiments qui composent la canne doivent, pour plus de commodité, être enveloppés d'un petit sac ou fourreau de toile; moyennant cette précaution, on échappera au risque de perdre en route une partie de cet ensemble, dont la réunion forme le manche de la ligne.

CHAPITRE IV.

LES APPÂTS.

Enfin nous voici en possession d'une ligne complète, en employant ce mot dans toute son étendue générique; nous avons la canne pour porter le corps de ligne, la flotte pour soutenir le fil sur l'eau, le plomb pour le solliciter à descendre vers le fond, et l'hameçon pour accrocher le poisson, pour peu qu'il veuille bien vous permettre d'insinuer dans sa bouche ce perfide crochet qui entre si bien et qui sort si difficilement.

A ce propos, je m'aperçois que le moment est venu de dire par quel moyen nous communiquerons à la proie convoitéé la velléité d'avaler l'objet que nous lui présentons. Ce moyen, eh mon Dieu! tout le monde le sait, c'est la gourmandise; pour les bêtes comme pour les hommes c'est encore là, il faut bien le reconnaître, le mobile le plus puissant. Comment s'y prenait le sage Énée pour faire accepter à l'affreux Cerbère une potion somnifère? il la déguisait sous l'apparence séduisante d'un gâteau au miel :

> Melle soporatam et medicatis frugibus offam
> Objicit.

C'est encore à peu près de la même façon, si nous en croyons le Tasse, qu'on doit procéder avec un enfant malade; on enduit de miel le bord de la coupe qui contient une potion amère :

> Così all' egro fanciul porgiamo aspersi

Di soave licor gli orli del vaso,
Succhi amari ingannato intanto ei beve.

C'est aussi par ce procédé renouvelé des Grecs que nous traitons le poisson ; il ne s'agit tout simplement que de lui dorer la pilule à son entière satisfaction ; mais ce n'est pas avec du miel, tant s'en faut, que l'on procède à son égard : il faut au poisson des amorces moins doucereuses et des condiments de plus haut goût. La liste de toutes les préparations qu'on a inventées pour exciter l'appétit des poissons et pour les déterminer à saisir l'hameçon caché sous l'apparence d'un mets attrayant, serait un catalogue sans fin ; en général, les formules de ce codex comprennent les ingrédients les plus odorants, ce qui ne veut pas dire les mieux odorants. Tous ces philtres, au contraire, semblent empruntés à quelques pharmacopées diaboliques, et jamais mixtures plus dégoûtantes n'ont été composées et mises en usage. Quelques-unes de ces compositions si vantées dérivent, pour ainsi dire, d'idées symboliques. Le *héron* détruit bon nombre de poissons à l'aide de son long bec *emmanché d'un long cou;* certains pêcheurs, inspirés par des idées de justice distributive, ont conclu de là que les poissons auraient grand plaisir à prendre leur revanche contre ce tyran des rivages; par une antithèse de laboratoire, ils ont fait de la chair et de la graisse du héron la base d'un appât composé auquel le poisson mord, bien entendu, ni plus ni moins qu'il ne mordrait à un autre appât.

Chaque pêcheur à cet égard a son petit secret, sa recette favorite, et Dieu sait quelles inventions saugrenues! Il y a quelques années, le propriétaire d'une vaste terre que la Sioule, rivière fort poissonneuse, traverse dans une étendue de cinq ou six kilomètres, M. le comte de M...., aperçoit des fenêtres de son château un homme qui, placé au milieu du courant et ayant de l'eau jusqu'à la ceinture, pêchait à la ligne et amenait du poisson presque à chaque coup. Propriétaire diligent et jaloux de ses droits, M. de M.... descend; il s'approche, et aperçoit flottant entre les jambes de l'heureux pêcheur un grand sac de toile retenu autour de sa taille par un cordon. Le braconnier s'enfuit, M. de M.... le poursuit, l'atteint, et, pensant que le butin enlevé à ses eaux est contenu dans le sac, il y plonge précipitamment la main. Pouah! pouah! comme disait M. de Voltaire, ce n'est pas du poisson qu'il rencontre, c'est, comment dirai-je? c'est du *guano* humain à l'état récent; le pêcheur avait compté sur l'attrait que ne pouvaient manquer d'exercer sur le poisson les effluves odorants distillés par son sac et emportés par le courant; soit qu'il eût bien calculé, soit hasard, le succès avait couronné son attente.

Parmi ces *recipe* plus ou moins bizarres, en voici un qui m'est fourni par le premier poëte dramatique de l'Angleterre, grand pêcheur lui-même, par William Shakspeare, dans sa pièce intitulée *The merchant of Venice*. On sait que l'aimable juif Schylock avait prêté une certaine somme à un jeune dissipateur, à condition que, si l'emprunteur ne pouvait se libérer à l'échéance en bonnes espèces d'or ou d'argent ayant cours, suivant le style des notaires, il consentirait à se laisser couper une once de chair. « S'il ne te rembourse pas, dit au juif un des personnages de la pièce, bien certainement tu ne prendras pas sa chair; à quoi te servirait-elle? — A en faire des appâts pour le poisson, répond Schylock; *to bait fish withal.* » Je vous livre la recette pour ce qu'elle vaut; quant à moi, l'occasion m'a manqué pour en faire l'épreuve; essayez-en si le cœur vous en dit.

Le plus grand nombre des procédés auxquels j'ai fait allusion tout à l'heure, et notamment celui qu'employait le pêcheur de la Sioule, impliquent cette hypothèse, que le poisson est sensible à la perception des odeurs ; j'ai été curieux de savoir ce que pensent à cet égard les savants. Quel n'a pas été mon désappointement lorsque j'ai vu doctement démontré, dans un livre de M. le professeur Duméril, que les poissons ne possèdent pas l'organe de l'odorat! Cela résulte clairement de cette circonstance qu'ils sont privés du nerf hypoglosse ; du nerf hypoglosse! entendez-vous? La chose devient plus claire encore quand on réfléchit que les odeurs ont besoin pour être transmises et perçues d'être charriées par un gaz, lequel gaz ne saurait arriver jusqu'aux poissons, attendu la nature de leur résidence habituelle. Quoi donc! la voix de tous les peuples et de tous les siècles, cete voix, que le proverbe assimile à la voix de Dieu, se serait si longtemps et si grossièrement trompée! Il y aurait là de quoi désespérer de toute tradition. Heureusement le même professeur, quelques lignes plus bas, a pris soin de nous rassurer ; toujours inébranlable dans sa conviction, ferme comme un roc à l'endroit de l'absence du nerf hypoglosse, il maintient, envers et contre tous, que les poissons ne *sentent* pas les odeurs; mais il admet qu'ils les perçoivent par l'organe du goût, qu'ils les *dégustent*. Dieu soit loué! qu'ils les flairent ou qu'ils les goûtent, les poissons, le fait est constaté par la science, sont sensibles aux odeurs; c'est ce que mon brave pêcheur de la Sioule avait parfaitement senti.

En ce qui me concerne, je suis tenté de croire que toutes ces recettes, que chacun de ceux qui les préconise présente comme infaillibles, sont pour la plupart inutilement compliquées. Je ferai à leur égard ce que les médecins modernes ont fait à l'égard de la matière médicale, dont ils ont si à propos simplifié les éléments. Lorsque je trouverai sur ma route un appât spécial à telle ou telle espèce de poisson, je l'indiquerai avec tous les détails nécessaires; quant à présent, je me bornerai à parler de ceux qui conviennent à toutes les pêches à la ligne, et auxquels je crois qu'on pourrait se borner là sans inconvénient.

Le plus connu et le plus employé de tous ces appâts, l'appât *omnibus*, comme on pourrait dire, c'est le ver de terre, ou lombric. Ce petit reptile ou, pour parler le langage de la science, ce *chétopode*, se trouve partout en abondance; il vit plusieurs jours après qu'on l'a tiré de la terre, il résiste même sans périr à une immersion assez prolongée. Son volume est variable depuis la grosseur d'un fil jusqu'à la grosseur et à la longueur du tuyau d'une plume de cygne; sa substance, molle bien que résistante, fournit au poisson un aliment dont il est avide : tout semblait donc le désigner pour l'usage auquel il est ordinairement consacré. Cet usage est probablement contemporain de l'invention de la ligne; sans doute c'est un ver de terre qui a figuré sur la pointe du premier hameçon.

Le lombric se cache pendant le jour dans la terre humide; la nuit, il sort pour aller chercher sa nourriture. C'est dans les plates-bandes des jardins, entre les racines des bordures, ou au pied des charmilles, qu'on le trouve le plus communément; il habite aussi les amas de fumier et les couches de terreau; on le rencontre enfin partout où il peut trouver les parcelles de matières animales et végétales dont il paraît se nourrir.

Le moyen de se procurer des lombrics est bien simple; les lieux qu'ils fréquentent le plus particulièrement sont signalés par de petits amas ou troches de figure vermiculaire, formés de la terre que les vers ont avalée en creusant leurs galeries dans le sol, et qu'ils rejettent ensuite par leur extrémité inférieure. Il suffit d'enfoncer dans la terre une bêche ou un bâton, et de l'agiter à droite et à gauche, de manière à ébranler le sol environnant; effrayés par cette commotion, soit parce qu'elle les menace de l'obstruction de leurs galeries, soit parce qu'elle leur fait craindre l'approche de la taupe, leur plus mortel ennemi, les vers sortent en foule, et l'on n'a que la peine de les ramasser. Mais pour y porter la main, il faut avoir le soin d'attendre qu'ils soient complétement sortis de leurs trous; si l'on s'avisait d'y vouloir toucher avant ce moment, on verrait le ver rentrer lestement; et, si l'on parvenait à le saisir, sa résistance serait si énergique qu'il se laisserait casser en deux plutôt que d'abandonner la terre dans laquelle il s'est cramponné. A défaut de bêche, on peut se contenter de piétiner le terrain, l'effet est à peu près le même et la récolte ne se fait pas attendre. Quant aux vers qui habitent le terreau ou le fumier, et ce sont ordinairement les plus petits et les plus tendres, on les met à découvert en fouillant avec une bêche ou une fourche.

Dans les temps de grande sécheresse, la terre est devenue aride, et les vers se sont enfoncés profondément dans le sol; il serait difficile de s'en procurer, si l'on ne prenait pas le soin de verser quelques seaux d'eau dans les endroits les plus fréquentés par les lombrics. Quelques heures après, les vers se seront rapprochés de la surface, et il sera facile de les faire sortir par les moyens dont je viens de parler. Même aux époques des grandes chaleurs, on réussit toujours à récolter des lombrics en ébranlant doucement, avec une bêche ou la pointe d'une pioche insérée dans les interstices, les pavés d'une cour placée au nord, ou les marches disjointes de quelque vieux seuil de pierre.

Il est encore un moyen de voir beaucoup de lombrics : c'est d'aller la nuit avec une lanterne visiter les lieux où les signes extérieurs dont j'ai parlé ont décelé leur présence; à ce moment ils sont sortis en grand nombre et rampent sur la terre; vous en verrez beaucoup, je le répète, mais il faudra être habile pour les saisir : car à peine approcherez-vous la main, que vous verrez celui que vous convoitez rentrer dans sa galerie avec une agilité et une prestesse que l'allure ordinaire de ces petits êtres ne vous aurait pas fait soupçonner.

On dit enfin que, si l'on renverse sur la terre une décoction de brou de noix, les lombrics se hâteront de sortir pour échapper au contact de cette infusion amère qui inondera leurs repaires. Je n'ai jamais essayé de ce moyen, tant j'ai toujours trouvé efficaces ceux que je viens d'indiquer; je suis cependant disposé à croire que la recette est bonne et mériterait d'être employée à l'occasion.

A mesure que l'on ramasse les vers, on les place dans une boîte de fer-blanc, ou tout simplement dans un vase de terre; on y met avec eux, pour les conserver, une poignée ou deux de terre modérément humide, ou encore mieux de la mousse bien fine légèrement mouillée. Les lombrics peuvent vivre ainsi pendant plusieurs jours, surtout si l'on a soin de renouveler de temps en temps la terre ou la mousse. On comprend qu'il importe de les entretenir en bonne santé, car la vivacité de leurs mouvements, lorsqu'ils sont attachés à l'hameçon, est un attrait de plus pour le poisson; d'ailleurs, une fois morts, les vers tomberaient bientôt en putréfaction et ne pourraient plus rendre aucun service.

On a remarqué que les lombrics récemment recueillis sont mous et cassants, ce qui les rend plus difficiles à attacher et permet d'ailleurs au poisson de les mutiler partiellement au lieu de les avaler en totalité. Deux ou trois jours après avoir été récoltés, les vers sont purgés de la terre qui les remplissait, leur substance s'est raffermie; au lieu de se casser sous la lèvre du poisson, ils résistent comme le ferait une viande fibreuse, et, en forçant le poisson à les avaler tout entiers, entraînent avec eux l'hameçon dans les cavités auxquelles il doit s'accrocher.

Le ver de terre est, de sa nature, tout à fait inodore à l'état frais; gardé quelque temps dans un vase clos, il contracte une certaine senteur de rance ou de moisi. Quelques personnes, dans le but de le rendre plus appétissant et susceptible d'attirer de plus loin le poisson, ont l'habitude de mettre dans le vase qui contient cet appât un petit sachet contenant une légère parcelle de musc. C'est surtout à l'égard de la truite que s'exerce, dit-on, d'une manière remarquable la puissance attractive de ce parfum; j'aurai occasion d'en dire plus tard quelques mots. D'autres, tout aussi fervents dans la même créance, mais moins magnifiques dans la manière de s'en servir, se contentent de placer dans la boîte quelques ramilles de thym, de sauge ou de lavande.

Après le lombric ou ver rouge, comme l'appellent les pêcheurs, le plus connu de tous les appâts est celui auquel on a donné le nom d'*asticot*; à Paris on n'en connaît presque point d'autre, et il est également employé dans quelques grandes villes. Pourquoi ce privilége qui semble réservé aux grandes agglomérations de population? C'est que l'asticot ne se trouve pas, comme le lombric, partout où il y a quelques mètres carrés de terre; c'est que sa préparation et surtout sa récolte sont des opérations assez peu ragoûtantes, et que si les pêcheurs peuvent consentir à se servir de cet appât, il en est bien peu qui soient disposés à pratiquer de leurs propres mains l'abominable cuisine à l'aide de laquelle on obtient ce produit, si apprécié cependant par le poisson.

Je ne dirai pas que l'asticot s'engendre par la corruption : il y a longtemps qu'on ne croit plus à ces facultés productives de la matière corrompue; mais ce qu'il y a de certain, c'est qu'il naît, se développe et prospère dans un foyer de corruption. L'asticot n'est autre chose que la larve de la mouche à viande (*musca carnaria*), grosse mouche à corselet rayé de lignes longitudinales grises et à l'abdomen soyeux; des larves à peu près semblables sont produites par la mouche verte (*musca cæsar*), bien reconnaissable à son corselet de couleur verte cuivreuse, à peu près de la même nuance que les élytres des cantharides. A peine un animal a-t-il perdu la vie, dans une chaude journée d'été, que l'on voit arriver autour de son cadavre des légions de ces deux espèces de mouches, averties par ce sens particulier qui ne trompe jamais les animaux dans l'accomplissement des manœuvres destinées à la reproduction de leur espèce. Ce n'est pas pour en faire curée que les mouches se pressent autour de cette chair morte, c'est pour lui confier les germes de leur race future, et pour assurer le développement de ces germes en les déposant dans un milieu approprié à leurs besoins. La mouche grise pond sur ces débris animaux de petites larves presque microscopiques; la mouche verte y insère des œufs qui ne tardent pas à éclore et à donner naissance à des centaines d'êtres de la même espèce. La croissance de ces petits animaux s'opère avec une rapidité prodigieuse, et, pour ainsi dire, à vue d'œil; armés, malgré leur petitesse, d'un appareil buccal très-solide, ils pénètrent en rampant dans les tissus, les réduisent en une sorte de bouillie dont ils se nourrissent, et prospèrent au milieu de la fermentation putride que favorisent le déchirement, le broiement des chairs, et même, à ce que l'on croit, l'influence d'une liqueur toute spéciale que sécrètent ces larves immondes. Admirable travail de la nature, qui, pour faire disparaître plus rapidement les restes des animaux privés de la vie, appelle à son aide ces millions de petits ouvriers dont le travail ne laissera bientôt sur le sol que les parties osseuses dénudées! Bientôt ces légions de vers, que vous voyez grouiller dans une chair infecte, se seront assimilé les gaz et tous les éléments chimiques dont la combinaison entretenait la vie organique de ces masses tout à l'heure animées, aujourd'hui inertes, privées qu'elles sont de ce principe mystérieux qu'on appelle la vie.

Mais ce n'est pas comme des agents de salubrité, comme des manipulateurs du grand laboratoire chimique de la nature, que le pêcheur a à considérer la larve dont je viens de parler; c'est uniquement comme un appât précieux pour le poisson qu'elle a le privilége de l'intéresser. L'asticot, rendons-lui son nom vulgaire, recèle sous son enveloppe rondelette et dodue une pulpe animale très-appétissante pour les habitants des eaux; l'odeur que cet appât doit aux lieux qu'il a fréquentés est un puissant attrait pour le poisson, et, à ce titre, l'asticot mérite toute la considération du pêcheur.

Tous ces détails, je dois l'avouer, sont médiocrement séduisants, et je comprends la répugnance qu'on éprouve généralement pour l'asticot, malgré ses propriétés précieuses pour la pêche à la ligne. Cependant, le dirai-je? une fois sorties de leur gangue pestilente, purifiées de leurs souillures au moyen de quelques poignées de son dans lequel on les dépose, ces larves blanches et rebondies, presque sans odeur à l'air libre, ne sont guère plus repoussantes que des vers à soie, ou, pour ne pas sortir de mon sujet, que de simples vers de terre. L'habitude aidant, on en arrive bientôt à manier l'asticot sans y penser. C'est une si belle chose que l'habitude!

Ne voit-on pas les Chinois manger comme un mets délicieux des holothuries qui, par leur aspect et leur origine, ne valent guère mieux que les larves de mouche ? n'apprécie-t-on pas à Pékin comme un entremets délicat certaines crèmes de chrysalides de bombyces, dont la pensée seule fait soulever l'estomac d'un Européen ? Ce que je puis affirmer, c'est que j'ai vu un pêcheur manchot ne pas hésiter à mettre un asticot dans sa bouche ; il ne le mangeait pas, c'est vrai, mais il le tenait serré entre ses lèvres, de manière à pouvoir, avec la main qui lui restait, l'accrocher à son hameçon. Ce brave invalide, dans cette opération, ne semblait pas éprouver le moindre sentiment de dégoût ; toute sa préoccupation était de ne pas s'enfiler la lèvre avec le dard de l'hameçon.

Ce n'est pas là ce que j'attends de vous ; mais je suis convaincu que, lorsque vous serez un peu blasé sur les idées assez disgracieuses que rappelle la génération de l'asticot, quand vous vous serez familiarisé avec ce fourmillement très-peu séduisant, j'en conviens, qui soulève et agite sans cesse cet amas de matière animée, quand vous aurez surtout éprouvé l'efficacité de cet appât, vous surmonterez facilement la répulsion instinctive qu'inspire le ver de viande.

J'ai dit que c'était principalement dans les grandes villes qu'on pouvait facilement se procurer ces larves si utiles ; c'est en effet surtout dans ces localités que l'abondance des consommations fournit en quantité toujours renaissante les détritus animaux dans lesquels la mouche à viande aime à déposer sa progéniture ; les abats de boucherie y sont plus abondants que les plates-bandes des jardins. C'est aussi parce que, dans les villes plus qu'ailleurs, il se trouve de ces existences déclassées, de ces industriels interlopes que leur génie prédestine à l'exercice de commerces inconnus et impossibles, comme, par exemple, la fabrication de l'asticot. Je dis la fabrication, et c'est à dessein que je me sers de ce mot. Dans ces dernières années, on a beaucoup fait pour l'assainissement des habitations humaines ; il n'est plus, l'heureux temps où les boucheries situées au milieu des villes y entretenaient ces vastes foyers d'infection et de putréfaction si nuisibles à la santé publique, mais si favorables à la multiplication de la *musca carnaria*. Pour parler de Paris en particulier, il n'y a pas quarante ans encore que dans la plaine de Montfaucon, lieu de sinistre mémoire, habitaient des tribus d'équarrisseurs à la porte desquels affluaient chaque jour de malheureux animaux voués à la mort. Abattus par le couteau, dépouillés, sanglants, leurs cadavres restaient sur le terrain, où bientôt des légions de rats et des myriades d'asticots mettaient à nu leurs ossements destinés à devenir du noir d'ivoire. Malheur à qui s'oubliait près de ces charniers infects ! on a vu, les annales de la médecine en font foi, des individus, terrassés par le sommeil qui suit l'ivresse, se relever au bout de quelques heures labourés par la piqûre de la mouche à viande, portant écloses déjà sous tous leurs téguments des larves innombrables, et livrés tout vivants à l'action dévorante de ces vers, dont rien ne pouvait arrêter les ravages. C'est dans le laboratoire des équarrisseurs que le négociant en asticots allait faire tous les matins une abondante et facile récolte ; il n'avait littéralement qu'à se baisser et prendre. Mais un beau matin, sous prétexte que tout le nord-est de Paris était infecté par les exhalaisons putrides des clos de Montfaucon, l'autorité municipale s'est émue, on a imaginé de cuire les chevaux morts au lieu de les laisser pourrir ; on a ôté la chair de la bouche des asticots, pour en nourrir des porcs dont l'em bonpoint et la chair succulente font aujourd'hui l'orgueil de nos marchés. A partir de ce moment, le commerce de l'asticot, qui n'était à Paris qu'une simple cueillette, est devenu une exploitation industrielle; des hommes intrépides se sont rencontrés, qui ont entrepris de cultiver *intra muros* cette utile denrée, et, comme ces messieurs ne disposent pas en général de vastes espaces, comme d'ailleurs une douce chaleur est nécessaire pour obtenir l'asticot de primeur, si précieux et si cher après les dernières rigueurs de l'hiver, ils n'ont pas craint d'amonceler sous leur lit même des amas de chairs putréfiées !.... *Auri sacra fames!* C'est là ce qu'on appelle la fabrication de l'asticot en chambre, industrie non encore cependant patentée ni tarifée. Mais c'est assez de ces tableaux hideux; prenons l'asticot tel que ces débitants nous le livrent, sans trop nous enquérir des procédés par lesquels ils l'ont obtenu.

Si cependant vous habitez la campagne, si l'amour de la pêche vous fait passer par-dessus la crainte de quelques nausées, vous pourrez encore, sans vous exposer à trop de dégoûts, vous procurer cette manne du pêcheur. Il suffira, par un temps chaud, d'enfouir à demi dans la terre, entre deux lits de paille, un morceau de viande, ou le cadavre d'un animal, en recouvrant le tout d'une pierre assez pesante pour que les chiens ou les bêtes carnassières ne puissent pas la déranger. Au bout de quelques jours, les larves se seront formées. Lorsqu'elles auront atteint de 1 à 2 centimètres de longueur, vous pourrez les ramasser en quantité, à l'aide d'une écumoire, en vous plaçant, toutefois, au-dessus du vent, et pour cause. Vous aurez soin de mettre le produit de votre récolte dans un vase à demi rempli de son, et quelques heures après, l'asticot, séché et presque purifié par le contact de cette poussière végétale, aura perdu en grande partie son extérieur immonde et repoussant. On peut aussi se servir d'un foie d'animal suspendu dans un grenier au-dessus d'un vase à demi rempli de terre sèche ; les larves se laisseront tomber d'elles-mêmes dans le vase lorsqu'elles seront suffisamment mûres, s'il est permis de parler ainsi.

CHAPITRE V.

HABILLEMENT ET ÉQUIPEMENT DU PÊCHEUR.

La sonde, l'anneau à décrocher, le panier, l'épuisette.

Nous voici, Dieu merci, sortis de tous ces détails techniques, souvent arides, saugrenus quelquefois, mais indispensables toujours. Le pêcheur est en possession de ses armes, de ses munitions ; il est temps de lui apprendre la manière d'en faire usage. Habillons-nous donc et partons. Puisque j'ai dit habillons-nous, l'occasion se présente tout naturellement de dire quelques mots sur le costume convenable pour le pêcheur. On n'attendra pas sans doute de moi un nouveau chapitre à ajouter au code de la toilette, ou un article du *Journal des Modes*. Si, pour vous, la pêche n'est qu'un prétexte afin de vous présenter sous un costume pittoresque, si vous voulez surprendre et charmer les dames par la coupe et l'effet d'une sorte de déguisement non masqué, la carrière vous est ouverte : vêtez-vous en matelot, avec la chemise bleue à col rabattu, le chapeau ciré, et tout ce qui s'ensuit, en Masaniello, ou en pêcheur de l'Adriatique : c'est une affaire à régler entre vous et le tailleur ou le costumier, je n'ai rien à y voir. Mais si vous pêchez pour pêcher, et non pour vous montrer dans une tenue plus ou moins pittoresque, endossez tout simplement un costume de campagne, léger pendant l'été, chaud dans l'arrière-saison ; que vos pieds soient mis à l'abri de l'humidité par une chaussure épaisse et solide, et qu'un large chapeau de paille ou de feutre, suivant le temps, protége votre visage, votre col et vos yeux, contre les rayons du soleil. Quelque ardent que soit cet astre, vous ne devez pas vous servir de gants : jamais chat ganté, dit le proverbe, ne prit de souris. Je ne dis pas que l'usage des gants vous empêcherait de prendre du poisson, mais vous risqueriez à chaque instant de voir vos hameçons s'engager dans le tissu dont vos mains seraient recouvertes, sans compter que les gants rendent le tact moins délicat et nuisent par conséquent au placement des appâts; j'ajoute qu'à raison de leur fréquent contact avec le ver ou l'asticot, ils se salissent promptement et s'imprègnent de mauvaises odeurs. Si vous craignez le hâle aux mains, faites en sorte que les manches de votre veste ou de votre blouse soient un peu longues; vos mains, cachées sous cet abri, échapperont à l'influence brûlante du soleil, sauf le bout des doigts, qui, à tout événement, doit toujours rester libre et prêt à agir.

Quand on manœuvre la ligne hors de l'eau, il faut avoir soin d'éviter qu'un hameçon ne s'accroche à l'étoffe du vêtement; car, comme la belette de la fable, le dard ne peut plus sortir par le même trou qui lui a donné entrée. Lorsque ce petit accident arrive, on n'a que deux partis à prendre : ou agrandir le trou avec la pointe d'un canif, pour faciliter un mouvement rétrograde, ou couper la monture de l'hameçon et le faire sortir du côté de la palette. Quelquefois même, si l'hameçon est un peu gros et l'étoffe serrée, il faut briser la tige d'acier pour supprimer la palette ; dans tous les cas, il y a dommage, et surtout temps perdu. Il est à noter qu'avec un vêtement de velours, l'hameçon est bien moins sujet à s'accrocher, par la raison que la pointe glisse le plus souvent sur ce tissu soyeux et serré.

Les lignes, car on doit toujours en avoir plusieurs de rechange, doivent être roulées sur leurs plioirs, et placées dans une trousse ou dans un portefeuille de cuir. Divers compartiments contiendront des hameçons tout empilés, quelques morceaux de plomb en lames minces, et une ou deux plumes ou flottes de rechange. On peut aussi y joindre la petite pierre à aiguiser pour raviver la pointe des hameçons, si elle vient à s'émousser.

Divers instruments accessoires doivent encore figurer dans l'équipement du pêcheur : ce sont notamment une sonde formée d'un petit cube de plomb portant un anneau sur l'une de ses faces, et un morceau de liége mince, collé, ou mieux, retenu à queue d'aronde sur la face opposée; un anneau de cuivre ou de fer assez pesant, du diamètre de 7 ou 8 centimètres, et attaché à une corde de 8 ou 10 mètres, pour décrocher la ligne si un hameçon vient à se prendre au fond; enfin, un couteau bien tranchant, avec une lame de canif.

Tous ces objets, y compris la boîte aux appâts, peuvent être portés dans les poches des vêtements; je dois dire cependant que, pour mon usage personnel, j'ai toujours trouvé plus avantageux de les mettre dans un carnier de chasse, dont les poches nombreuses sont extrêmement commodes pour placer chaque objet en ordre. Le carnier se porte facilement sur l'épaule, et, selon moi, embarrasse moins que ne feraient les poches des habits remplies de ces divers ustensiles. N'oublions pas que si nous allons à la pêche, c'est apparemment dans l'espoir d'en rapporter du poisson, et pourvoyons-nous dès lors des moyens de le transporter aussi intact et aussi frais que possible. Dans les pêches sédentaires, lorsque l'on compte changer rarement de place, il n'y a rien de mieux qu'une poche ou sac en filet, dont l'ouverture est maintenue ouverte par un petit cerceau de bois. Arrivé à la place qu'on a choisie, on attache à un piquet planté en terre, ou à une racine, une corde qui retient le filet; on l'arrange de telle sorte que, plongeant dans l'eau pour la plus grande partie, il présente son orifice à la portée du pêcheur, qui y fait entrer son butin à mesure qu'il s'en empare. Moyennant cette précaution, le poisson se conserve vivant pendant toute la durée de la pêche; lorsqu'elle est finie et qu'il faut revenir au logis, le sac, tiré de l'eau, sera placé dans le filet du carnier, ou porté à la main. Il sera bon lors de ce transport, si la chaleur est un peu forte, de séparer les poissons par plusieurs lits d'herbe fraîche mouillée.

Si, au contraire, le pêcheur est sujet à changer souvent de place, comme dans la pêche à la volée ou celle à la mouche artificielle, l'emploi du filet deviendrait incommode, et même nuisible, à raison de la nécessité où l'on se trouverait de le tirer de l'eau à tous moments, et de faire souvent passer son butin d'un élément dans l'autre. Le mieux est alors de se servir d'un panier oblong, retenu derrière le corps par une ceinture, et dans lequel, au fur et à mesure de la capture, on dépose le poisson sur un lit d'herbes mouillées. Ces sortes de paniers, faciles à fabriquer d'ailleurs par le premier vannier, se trouvent chez tous les marchands d'ustensiles de pêche : c'est la principale pièce de l'équipement, d'après la méthode anglaise.

Il faut enfin tout prévoir, et ici la prévision n'a rien que de séduisant et de flatteur; il peut arriver que vous accrochiez un poisson que son volume et sa force ne vous permettent pas d'enlever d'autorité, comme on dit, sans risquer de briser votre ligne. Dans l'attente de cet agréable incident, il est bon de porter toujours une épuisette ou puisette; c'est ainsi qu'on appelle un petit filet conique ayant 30 ou 40 centimètres d'ouverture et 40 ou 50 de profondeur. Ce filet est monté sur un cercle de fort fil de fer et attaché par une douille à un manche de roseau de 1 mètre 50 à 2 mètres de longueur; on s'en sert pour envelopper le poisson lorsque la ligne l'a amené à portée et pour l'enlever ensuite et le porter à terre sans danger. L'emploi de l'épuisette est le dernier acte de ce drame émouvant qui se joue entre le pêcheur et un gros poisson piqué par l'hameçon, drame fécond en péripéties dans lesquelles la prudence et l'habileté sont en lutte avec le désespoir et l'instinct, et à la fin duquel l'épuisette apparaît pour précipiter le dénoûment, comme le *Deus ex machina* de la tragédie antique.

CHAPITRE VI.

LE PREMIER COUP DE LIGNE.

L'ablette, le véron, l'épinoche.

Nous partons, nous sommes partis; qu'allons-nous faire? Pas d'illusions, je vous prie; n'allez pas vous imaginer que je vais vous ramener d'une première excursion chargé de dépouilles opimes, et que pour vos coups d'essai je vous prépare des coups de maître. Non, chaque chose a son temps. Du calme et du sang-froid, et surtout de la patience; nous allons tout bonnement commencer par le commencement; nous n'en arriverons au but que plus vite. Vous avez de bonnes armes à votre disposition, il s'agit d'apprendre d'abord à en faire usage. Pour rendre les occasions de leçon plus fréquentes, n'allons pas nous adresser à ces poissons nobles et rares dont un ou deux capturés en un jour suffiraient à satisfaire une ambition de pêcheur; adressons-nous au menu fretin, à cette population vulgaire qui se trouve dans toutes les eaux, faisons nos expériences *in anima vili;* la science que vous acquerrez ici à peu de frais sera toujours de mise dans les occasions plus importantes, et vous n'aurez, pour en tirer gloire et profit, qu'à l'appliquer plus tard à des objets plus relevés. Qui sait bien tirer une alouette, à plus forte raison, ne manquera pas un sanglier, pourvu, bien entendu, qu'il n'ait pas peur de la riposte, ce qui, Dieu merci, n'est jamais à craindre du poisson.

Nous choisirons pour cette fois, au bord d'une rivière, une petite anse tranquille et sablonneuse, dans les eaux de laquelle nous voyons déjà étinceler, comme de pâles éclairs, la cuirasse argentée des petits poissons qui s'y jouent et s'y croisent de toutes parts.

Commencez par monter votre ligne; si vous êtes muni d'une canne à plusieurs brins, ajoutez-les solidement l'un au bout de l'autre, en tournant jusqu'à ce que vous sentiez que les deux surfaces en contact ont suffisamment mordu l'une sur l'autre. Cherchez maintenant dans votre trousse une ligne mignonne composée pour la moitié supérieure de trois crins, de deux à la partie intermédiaire et d'un seul crin à la monture; qu'elle soit garnie de deux ou trois hameçons nos 15 ou 16 et d'une plume légère lestée d'une petite lame de plomb enroulée sur le nœud qui retient l'empile du deuxième hameçon. Dégagez l'extrémité du corps de ligne de l'encoche qui la retient sur le plioir (page 42). Passez dans la boucle qui doit y être pratiquée une petite portion du corps de ligne, et engagez le bout de la canne dans l'anneau que vous aurez ainsi formé. Faites descendre cet anneau sur la canne, au moins jusqu'après la jonction du scion avec le premier bout; bien que nous n'ayons pas aujourd'hui la prétention de soulever des monstres marins, c'est une bonne habitude à prendre, et le meilleur moyen d'utiliser dans toute son étendue l'élasticité du scion combinée avec la résistance de la canne qui y adhère. Cette règle est absolue et je vous engage à ne jamais vous en départir, à moins que ce ne soit pour renchérir encore sur mon précepte et pour arrêter la boucle après la jonction du deuxième compartiment. Roulez ensuite la ligne en hélice à larges spires autour de la canne, en remontant jusqu'au bout du scion, puis arrêtez-la par deux ou trois tours bien serrés et par une double boucle, de manière à ce que la petite saillie qui doit se trouver à cette extrémité (page 44) empêche la ligature de s'échapper.

Ceci fait, vous dégagez la ligne du plioir sur lequel elle était roulée, en prenant vos mesures pour que l'extrémité à laquelle pend le dernier hameçon ne dépasse pas de plus de 30 à 40 centimètres la longueur totale de la canne; une longueur plus grande vous empêcherait de tirer le poisson de l'eau et de l'amener à portée de votre main avec le seul secours de cette même canne.

A la grande rigueur, l'emploi de la sonde dont vous vous êtes muni d'après mon conseil n'est pas ici bien nécessaire ; ce menu fretin, auquel seul nous prétendons en ce moment nous attaquer, nage un peu partout, à la surface comme entre deux eaux, et il n'est pas nécessaire d'aller le chercher au ras du fond, comme cela deviendra indispensable pour des poissons classiques et plus sérieux. Cependant, ne fût-ce que pour prendre dès le début une bonne habitude et pour ne pas risquer d'ailleurs, en le laissant tomber trop bas, d'accrocher au fond votre dernier hameçon, je vous conseille de sonder; ce qui abonde ne vicie pas.

Pour se servir de la sonde, on fait passer l'hameçon à travers la boucle placée à la partie supérieure du plomb, puis on en pique la pointe dans la petite planche de liége placée sous la face inférieure. On jette ensuite la ligne à l'eau au moyen de la canne, en ayant soin que la sonde s'enfonce doucement et en agitant l'eau le moins possible. Lorsque le plomb est arrivé au fond, on le promène dans tous les sens aussi loin que peut s'étendre le bras. Si la profondeur n'est pas égale partout, ce qui est une mauvaise condition, ce qui même, s'il s'agissait de poissons de fond, devrait faire abandonner la place, on retire la ligne, on ajuste la flotte en la faisant glisser en avant ou en arrière, de telle sorte que l'hameçon inférieur se trouve suspendu à quelques. centimètres de la moindre profondeur de l'eau. Il est bon d'essayer ensuite, en jetant la ligne de nouveau, mais sans la sonde cette fois, si la flotte est convenablement équilibrée, de manière à se tenir dans une position verticale, immergée environ jusqu'aux deux tiers. C'est aussi le moment de vérifier si, la flotte étant définitivement fixée, il existe une distance convenable entre cette flotte et le bout du scion où le corps de la ligne est fixé. Cette partie de la ligne qu'on appelle *la bannière* doit être réglée de telle sorte que, la canne étant tenue à peu près horizontalement et faisant avec la surface de l'eau un angle de 100 à 120 degrés, la bannière soit toujours tout entière hors de l'eau et modérément tendue. Dans cette situation, le pêcheur est constamment prêt à agir sur la flotte par le plus léger mouvement, et à répondre sans retard à l'appel du poisson. Il n'en serait pas de même si la bannière traînait en grande partie sur l'eau; la manœuvre ne pourrait se faire qu'avec une certaine lenteur, l'eau serait soulevée et agitée, toutes sortes de conditions propres à faire manquer le poisson. Pour allonger ou raccourcir la bannière, on enroule ou on déroule une partie du corps de ligne au point d'attache, à l'extrémité du scion.

Tout va bien, les préliminaires sont terminés, la flotte bascule avec aisance, la bannière est convenablement réglée, votre main est prête à agir au premier appel sur la flotte et par conséquent sur l'hameçon que celle-ci soutient; maintenant il ne vous reste plus qu'à amorcer : car, je vous le répète, il n'y a pas d'exemple que le poisson soit jamais venu avaler l'hameçon par goût pour l'hameçon lui-même; il faut qu'il y soit convié par l'espoir d'une friande curée : ces gaillards-là ne sont pas si bêtes que d'aimer l'art pour l'art.

Si vous pêchez au ver rouge, ce qui d'ailleurs n'est

pas la meilleure amorce pour prendre de petits poissons, prenez un de vos plus petits lombrics : il faut bien que les mets soient proportionnés à la taille des convives. Le ver de terre a l'une de ses extrémités finissant en pointe, c'est la tête ; l'autre bout est un peu plus gros et obtus, c'est le contraire de la tête. Par plusieurs motifs, vous choisirez cette extrémité pour y enfoncer le dard de votre hameçon. D'abord, cette partie offre plus de surface, et, partant, est plus facile à piquer dans son centre; et puis, les organes vitaux, les trachées, le cœur (eh! mon Dieu oui, un vil ver de terre a un cœur tout comme la plus belle dame), sont contenus dans la portion du corps qui avoisine la tête. Donc, en empalant le ver, on lui laisse plus de chances de vivre longtemps, ce qui n'est pas à dédaigner, car les mouvements de l'appât dans l'eau attirent le poisson et le déterminent à mordre. Lorsque la pointe de l'hameçon est entrée dans le corps, enfoncez-la en poussant le ver de la main gauche, de manière à ce que cette pointe se maintienne toujours dans les chairs, sans venir percer les téguments extérieurs. Le corps du ver forme ainsi une espèce de fourreau qui embrasse et couvre les contours de l'hameçon en remontant jusqu'à la palette, et même en la couvrant ; elle passera sans difficulté pour peu que le ver soit gros. La partie antérieure du ver doit dépasser la pointe et rester libre dans une longueur de deux ou trois centimètres tout au plus.

Dans le cas où vous seriez assez favorisé pour posséder de l'asticot, l'opération ne serait pas tout à fait la même. Cette larve a la forme d'un cône très-allongé ; comme dans le lombric, une des extrémités est pointue : c'est la tête ; l'autre est mousse et se termine par une surface circulaire : c'est la base du cône. Si l'on tentait d'opérer avec l'asticot comme avec le ver, on ne pourrait pas réussir à fixer l'appât sur la pointe de l'hameçon ; la substance molle et pour ainsi dire laiteuse de la larve se répandrait au dehors à la moindre piqûre, et il ne resterait plus dans les doigts du pêcheur qu'une peau flasque, morte, incapable de se maintenir sur l'hameçon, où elle serait d'ailleurs à peu près inutile, tant le poisson la trouverait peu appétissante. Ce n'est donc point par la base qu'il faut attaquer l'asticot, c'est par le côté ; et en procédant de cette manière on obtient un succès complet. Il n'est pas inutile d'entrer dans quelques détails succincts sur cette petite opération pratique, à défaut de laquelle beaucoup de personnes ont souvent renoncé à se servir du meilleur et du plus commode des appâts.

En examinant une larve de mouche, on voit au premier coup d'œil que son corps est cerclé d'un certain nombre d'anneaux très-apparents, articulés entre eux et formant tout à la fois son enveloppe extérieure et sa charpente osseuse (fig. 1). Prenez l'asticot entre le premier doigt et le pouce de la main gauche, la partie obtuse tournée vers votre corps ; de la main droite insérez la pointe de l'hameçon vers le troisième ou le quatrième des anneaux inférieurs. Faites entrer cette pointe sous la peau, presque parallèlement à l'axe de l'insecte (fig. 2), jusqu'à ce que le dard soit complétement engagé, ce dont vous serez d'ailleurs averti par une espèce de petit craquement causé par la contraction du cartilage, qui

1 2 3

se referme après avoir donné passage au dard. Cette opération terminée, l'asticot pendra la pointe en bas, retenu seulement par sa base (fig. 3) ; aucun des fluides dont son corps est gonflé n'aura pu s'échapper par l'orifice de la piqûre, qui s'est refermée par l'obturation des téguments, et l'appât pourra conserver encore assez longtemps la vie et le mouvement.

Vous voilà prêt enfin; le moment est venu où vous allez récolter le fruit de vos peines et de toutes ces minutieuses préparations, bien moins longues cependant à exécuter qu'à décrire. Jetez votre ligne à quelque distance du bord, et lorsque l'amorce aura descendu, lorsque la flotte aura pris sa position verticale, attendez que le poisson, en l'agitant, vous révèle son attaque. Quelques petites secousses, un léger enfoncement de la flotte, sont un signe certain qu'il a saisi sa proie. Tenez! voyez-vous la plume s'agiter et fuir? allons! piquez, il est temps. Eh mon Dieu! que faites-vous? vous enlevez votre ligne avec autant de force que s'il était question de déplacer un lourd fardeau; vous faites parcourir dans l'air, au poisson que vous venez d'accrocher, une demi-circonférence dont vous êtes le centre, et le voilà tombé dans l'herbe bien loin derrière vous. Gardez-vous de prendre cette détestable habitude de pêcher à la force du poignet : cette pratique est féconde en mauvais résultats. D'abord, si le poisson était un peu fort, vous risqueriez de briser la ligne par la secousse que vous lui imprimez; si le poisson est petit et que l'hameçon ne soit entré que dans une partie charnue, il peut arriver que vous arrachiez un morceau de la mâchoire et que la proie s'échappe mutilée mais libre, tandis que vous ne recueillerez qu'un échantillon de sa chair ou de la peau de sa bouche. Enfin, si vous avez derrière vous quelque arbre ou quelque buisson, la projection désordonnée et violente que vous donnez à la ligne pourra fort bien lui faire rencontrer une branche dans laquelle les hameçons s'empêtreront et d'où vous ne pourrez les dégager qu'en vous livrant à un exercice gymnastique, ou en risquant, si vous tirez à vous, de briser la monture. Lorsque vous jugez qu'un poisson a mordu, c'est-à-dire que, non content de tirailler l'amorce, il l'a engagée dans sa bouche, circonstance qui vous est ordinairement révélée par l'enfoncement de la flotte ou par le déplacement rapide que lui imprime le poisson en fuyant brusquement, comme il a coutume de le faire après avoir saisi sa proie, alors *piquez* ou *ferrez* ; ces deux mots sont également employés. Mais, pour ferrer prudemment et élégamment, il faut se garder de tout mouvement violent; il suffit, par un petit coup sec du poignet, de soulever la flotte de quelques centimètres; l'hameçon suspendu à l'extrémité de la ligne obéit au mouvement, et la pointe entre dans les chairs du poisson, d'où, comme nous l'avons vu, le dard ne lui permet plus de sortir sans déchirement. Vous sentez à l'instant même, au poids et au mouvement qui se communique jusqu'à votre main, que la prise est opérée, et il vous est loisible alors, sans secousse, sans précipitation, de faire sortir le poisson de l'eau et de l'amener jusque dans votre main; bien entendu, s'il est de petite taille : car s'il s'agit d'une pièce un peu forte, il faut plus de précautions et de cérémonies. J'aurai à m'expliquer plus tard sur ce point; quant à présent, la capture est assez mince pour qu'il ne soit pas besoin de tant de façons.

Vous avez mal pris votre premier poisson; c'est un petit malheur dont je vous conseille bien de vous consoler, car il vous est commun avec tous les débutants, mais enfin vous avez pris quelque chose : voyons ce que ce peut être. A son corps comprimé, à l'éclat nacré et à la blancheur de ses écailles, à son dos légèrement teint de vert tirant sur le bleu, reconnaissez une ablette.

Ce petit poisson si commun sur le bord des cours d'eau, dont la forme ressemble à celle d'une sardine, et qu'on appelle *ovelle* dans beaucoup de localités, mord avec avidité à toutes les amorces, et surtout à l'asticot. Voyez comme, rien qu'en le touchant, ses écailles faciles à détacher ont laissé sur votre main des traces argentées ; vous douteriez-vous que c'est là la source d'une

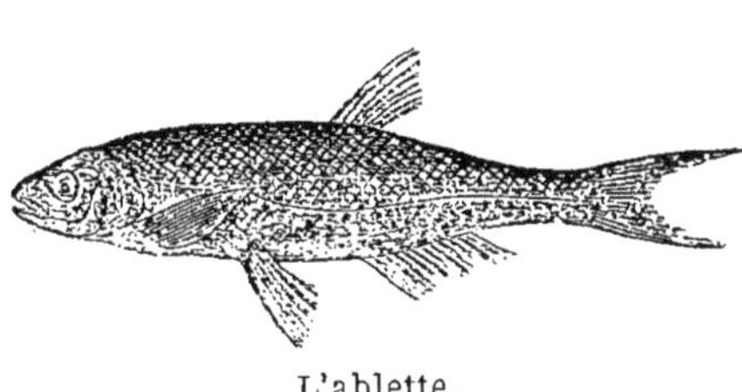

L'ablette.

ndustrie importante ? Ces écailles, recueillies et lavées, fournissent une substance nacrée dont on se sert pour imiter les perles fines. C'est ce que, dans la langue du commerce, on appelle *essence d'Orient*, sans doute parce que ce n'est pas une essence et parce que cela ne vient pas d'Orient. Sur ce dernier point, cependant, je ne voudrais pas chercher une mauvaise querelle aux nomenclateurs; dans le commerce des pierres précieuses on a coutume d'appeler orient cet éclat spécial qui les distingue des autres minéraux analogues. Dans ce sens, on peut dire que l'*orient* de la pâte tirée des écailles de l'ablette imite parfaitement l'*orient* des perles fines; récemment encore, à l'Exposition universelle de 1855, des perles fines et des perles fausses entremêlées dans une riche parure, n'ont pu, à la simple inspection, être discernées les unes des autres, même par des connaisseurs.

Après avoir enlevé et saisi le poisson, occupez-vous tout d'abord de le débarrasser de l'hameçon. Il est facile d'y parvenir en pressant sur la branche principale et en faisant sortir le dard par l'endroit où est entrée la pointe. Cette opération ne peut se faire sans un peu de désordre local; elle est cruelle, c'est certain, mais elle est nécessaire; et puis, chose bizarre, mais vraie, tandis qu'il se trouve un grand nombre de personnes qui compatissent aux souffrances des quadrupèdes ou des oiseaux, tandis que beaucoup de chasseurs, et j'avoue que je suis de ce nombre, éprouvent un sentiment pénible à voir se tordre dans les douleurs de l'agonie un lièvre ou une perdrix, je n'ai encore trouvé personne qui fût sympathique aux souffrances d'un poisson. Il semble que plus l'organisation d'un être animé s'éloigne de la nôtre, moins nous sommes disposés à nous mettre pour lui en frais de sensibilité; d'où il suit que celle que nous témoignons à certaines espèces d'animaux serait tout simplement le résultat d'un retour égoïste sur nous-mêmes.

Sympathique ou non, voilà votre ablette décrochée; mettez-la dans le sac ou dans le panier, et remplacez le ver qu'elle a dévoré ou tout au moins sucé. Je vous conseille de profiter de l'occasion pour vérifier si vos autres amorces sont intactes. C'est un soin qu'il faut avoir de temps en temps, même quand on ne croit pas avoir été mordu; d'abord, le ver peut avoir été sucé avec tant de discrétion que vous ne vous en serez pas aperçu; il peut être mort; il est possible qu'il se soit détaché, et vous comprenez que si, négligeant cette prudente vérification, vous persistiez à pêcher avec un hameçon tout nu, vous auriez de grandes chances de ne rien prendre.

La ligne est remise à l'eau; la flotte s'agite légèrement, puis, au lieu de s'enfoncer, elle se redresse et flotte horizontale, comme si elle était insensible à la pesanteur du plomb dont elle est chargée. Si je ne savais pas que votre hameçon inférieur est encore assez loin du fond, je pourrais croire que cet effet est dû à ce que votre plomb, reposant sur le sol, cesse d'exercer l'action de la pesanteur; mais il n'en peut être ainsi : c'est tout simplement une ablette qui, après avoir saisi le ver, s'élève dans l'eau en se jouant au lieu de s'enfoncer ou de fuir, comme font presque toujours les poissons en pareil cas;

c'est ce qu'on appelle un *coup de relevage;* piquez donc hardiment. Très-bien, un petit coup sec donné obliquement, c'est tout ce qu'il fallait pour vous assurer votre proie; la voilà maintenant rivée à vous par l'intermédiaire de la ligne et de la canne : *Hæret letalis arundo.* Tirez maintenant l'hameçon hors de l'eau; encore mieux : au lieu d'une ablette que vous attendiez, en voici deux; cela n'est pas rare quand la place est bonne; souvent plusieurs poissons mordent à la fois, et chaque hameçon rapporte sa proie; quelquefois même, le mouvement que fait le pêcheur pour ferrer accroche un poisson qui ne faisait que tourner autour de l'hameçon et le saisit par un œil, par le flanc, voire par la queue.

Allons! dégageons les victimes et amorçons encore. Oh! cette fois, la flotte, au lieu d'être relevée par des mouvements vifs et par de brusques attaques, s'enfonce doucement, et fuit par un mouvement lent et régulier. Tout annonce que ce n'est pas d'une ablette qu'il s'agit. Tenez, vous en voilà certain, le petit poisson que vous venez de piquer n'a ni la même forme, ni la même couleur : corps arrondi et cylindrique, écailles presque invisibles, robe nacrée, légèrement glacée de rose, tête cunéiforme, avec une tache noirâtre en forme de cœur, raies bleues, allant du dos à la ligne latérale, tache brune sur la queue : c'est un véron ou vairon.

L'ablette atteint rarement au delà de 15 centimètres de long; jamais la taille du vairon ne dépasse 7 ou 8 centimètres, ce qui n'empêche pas que ce petit poisson ne soit très-bon à prendre; d'abord il est délicat en friture, et il fait nombre, bien qu'exigu dans ses proportions;

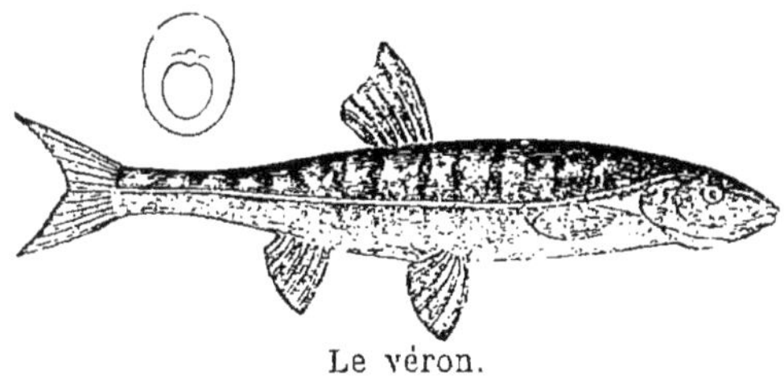

Le véron.

et puis c'est un excellent appât pour certains gros poissons, et notamment pour la truite, comme je le dirai à l'occasion.

Si vous avez la patience de continuer votre guerre au menu fretin, peut-être, comme le héron de la fable, descendrez-vous encore dans l'échelle des proportions décroissantes; si vous jetez la ligne près du bord, si le fond surtout y est trouble et fangeux, peut-être aurez-vous la chance de tirer un petit poisson plat de 4 ou 5 centimètres tout au plus, garni et comme cuirassé de plaques osseuses, ayant sur le dos trois pointes dures, dont la plus longue est surtout très-aiguë, et portant à la nageoire ventrale un semblable aiguillon; les savants l'appellent *gasterosteus aculeatus;* les enfants l'appellent *savetier;* pour nous, prenant un juste milieu entre la science et la trivialité, nous lui donnerons son nom le plus simple et le plus honnête : c'est l'épinoche. Ce petit poisson n'est bon à rien; car je ne suppose pas que vous soyez tenté de le piquer à un fétu de paille par son aiguillon supérieur et de le rejeter ainsi dans l'eau, où il resterait retenu à la surface, faisant de vains efforts pour entraîner au fond son flotteur ou pour s'en débarrasser. C'est une récréation que les gamins affectionnent : cet âge est sans pitié. Cependant, ce chétif animalcule mérite d'occuper quelques moments votre attention; c'est le plus dangereux ennemi du brochet. N'allez pas croire, au moins, que, nouveau David, l'épinoche attaque à force ouverte le Goliath des eaux douces. Non, il commence par se laisser manger; mais comme ses aiguillons se redressent au moment où il expire, comme ils sont acérés et inflexibles, le brochet se trouve avoir avalé une terrible poire d'angoisse, et ne tarde pas à succomber aux blessures que lui inflige sa victime, soit en plantant ses dards dans sa bouche, soit en labourant ses intestins.

C'est du moins ce qu'on raconte, car je n'ai jamais assisté à l'autopsie d'un brochet mort de cette manière; mais l'histoire est intéressante et surtout morale : à ce titre, je ne pouvais me refuser à la recueillir et à l'enregistrer.

Il vous arrivera peut-être aussi quelquefois, si vous pêchez sur un fond caillouteux et si votre dernier hameçon est très-rapproché du fond, de prendre un poisson de douze ou quinze centimètres, au corps brun, tacheté de noir, et exsudant une matière grasse et visqueuse. Il est remarquable surtout par sa tête démesurément grosse à proportion de son corps, ce qui lui donne à peu près la figure de cet animal héraldique et fabuleux si connu sous le nom de dauphin, poisson qui, sous la forme que lui donnent les peintres, n'a jamais existé que sur l'écu du Dauphiné et sur les enseignes des marchands. Le petit poisson dont je parle est le chabot, que d'autres appellent aussi têtard, tête d'âne, etc. Le chabot se creuse un trou dans le sable, sous une pierre; là, placé en embuscade, il attend, pour s'élancer sur eux et pour les dévorer, les insectes ou les tout petits poissons dont il fait sa nourriture. Il mord très-rarement à l'hameçon; mais, lorsqu'il arrive qu'on le prenne, il ne faut pas craindre de le mettre dans le sac avec les autres et de lui dire :

Vous irez dans la poêle à frire.

Malgré sa tête difforme et son aspect assez peu engageant, le chabot a la chair grasse, fine et délicate, qualités culinaires qui ne sont pas à dédaigner; mais ce poisson se prend trop peu souvent à la ligne pour qu'on puisse en faire l'objet d'une pêche spéciale.

Au nombre des petits poissons que l'on peut prendre à la ligne dans les mêmes conditions que ceux dont je viens de parler, quelques pêcheurs en signalent un qu'ils appellent éperlan bâtard ou éperlan de Seine. Cette espèce n'atteindrait pas une taille supérieure à 5 ou 6 centimètres. J'avoue que les diverses descriptions que j'ai trouvées dans quelques livres ne me paraissent pas établir de différences sensibles entre le prétendu éperlan et une ablette non encore adulte; la question, d'ailleurs, n'a guère d'importance pratique; abandonnons-la donc aux naturalistes, et contentons-nous de prendre ces petits poissons comme ils viennent, en attendant que nous en prenions de gros. Il est bien entendu que l'éperlan bâtard n'aurait, dans tous les cas, rien de commun avec l'éperlan légitime, joli et délicieux poisson d'embouchure qui ne se prend qu'au filet, et dont je parlerai plus tard.

Avant d'abandonner, pour n'y plus revenir, cette pêche à la menuise, sur laquelle je n'ai tant insisté que par ce motif qu'elle me paraissait un thème favorable pour développer les notions élémentaires de la pêche à la ligne, je dirai encore quelques mots de quelques méthodes spéciales à l'aide desquelles on peut prendre en grand nombre le plus commun des petits poissons dont j'ai parlé : je veux dire l'ablette.

Si jamais à Paris vous vous êtes donné, dans un jour de flânerie, le plaisir, qui n'est pas sans charmes, de regarder couler l'eau, il n'est pas que vous n'ayez remarqué au milieu du courant quelque intrépide pêcheur, dans le fleuve jusqu'à la ceinture, agitant sans cesse son bras droit qui oscille comme un balancier de pendule, dans la direction du courant; sa main est armée d'une canne portant une longue ligne; il abandonne le tout au fil de l'eau aussi loin que peut s'étendre la portée de son bras; puis, par un mouvement brusque, il retire sa main en arrière, ramenant à lui vivement la ligne toujours flottante, pour l'abandonner de nouveau au courant qui l'entraîne. Cet homme intrépide qui ne s'effraye pas d'un demi-bain dans l'eau froide, et qui reste quelquefois pendant des heures entières cloué à la même place, sans autre mouvement que l'oscillation régulière de son bras droit, cet homme pêche *à fouetter;* cette pêche qui, exercée dans de bonnes conditions, rapporte un grand nombre d'ablettes, sans compter les rhumes de cerveau, mérite bien une description spéciale.

La ligne à fouetter, destinée à prendre de très-petits poissons, peut, sans inconvénient, être composée d'éléments très-légers; c'est même une des conditions du succès : car plus le brin qui porte les hameçons est imperceptible, et moins il déplace d'eau dans le mouvement de va-et-vient qui lui est périodiquement imprimé; moins, par conséquent, le poisson s'en effraye. Prenez donc une ligne formée, tout au moins dans la partie qui doit supporter les hameçons, d'un simple crin de cheval, le plus solide que vous puissiez trouver; garnissez-la de cinq ou six hameçons n° 16, espacés de vingt à vingt-cinq centimètres; il n'est besoin ici ni de plomb ni de flotte, le tact seul vous indiquera d'une manière infaillible le moment où le poisson aura mordu.

Jusqu'ici nous nous sommes contentés d'aller chercher le poisson au hasard, en nous guidant, pour le choix de la place, sur des présomptions et sur des indications locales; mais ce serait une pauvre science que celle de la pêche, si elle était constamment réduite à s'en remettre ainsi à la grâce de Dieu. Il fait toujours bon, il est constamment nécessaire d'aller chercher le poisson là où il peut et doit être, selon les probabilités; mais s'il n'y est pas, ce qui arrive assez souvent en dépit des indications et du diagnostic local, eh bien! il faut l'y faire venir; c'est là le fin du métier, et c'est à quoi l'on réussit toujours, au moins dans une certaine mesure, lorsque l'on a appris par l'expérience ou par la tradition les secrets de la science halieutique (un beau mot tiré du grec). Amorcer, *faire une place*, est aussi nécessaire pour un pêcheur qu'il l'est pour un industriel de faire des prospectus et des annonces : l'un et l'autre pèchent à la ligne (pardon pour ce mauvais jeu de mots); l'amorce sur place, c'est la *réclame* du pêcheur.

Cette vérité trouvera son application dans la suite de ce livre sous des formes diverses. En ce qui concerne l'ablette, qui seule nous occupe en ce moment, voici de quelle manière il faut s'y prendre pour l'attirer au moyen de l'amorce. On prend quelques poignées d'asticots que l'on mêle dans une boîte ou dans un sac avec du crottin de cheval desséché, ou même simplement, et pour rendre la mixture moins repoussante, avec du son ou de la balle d'avoine, cette sorte d'excipient n'ayant guère pour objet que de faire foisonner l'amorce et de remplir la main du pêcheur. On choisit ensuite un endroit où le courant soit assez rapide, et l'eau profonde de 60 ou 75 centimètres. Si l'eau et la journée sont chaudes, on entre dans la rivière. Après avoir placé un asticot à chacun de ses hameçons, on répand devant soi quelques pincées d'amorce; on jette sa ligne, et on se livre à la gymnastique que je décrivais tout à l'heure. Il peut arriver cependant, quel que soit l'état de la température, que vous ne soyez pas disposé à vous immerger la moitié du corps; alors prenez un bateau, et, après l'avoir amarré dans les conditions que je viens d'indiquer, procédez le long d'un des bords de l'embarcation. Au demeurant, les chances doivent être les mêmes; et cependant je serais tenté de croire, en me fondant sur des expériences réitérées, que l'agitation et l'espèce de remous occasionnés par le courant se brisant contre les jambes du pêcheur, ajoutent pour l'ablette un attrait de plus à celui des amorces que lui porte le fil de l'eau. Quoi qu'il en soit, que vous restiez au sec ou que vous vous décidiez à vous mouiller les jambes, voici comment les choses se passent : le courant emporte au loin les vers que votre main gauche répand par pincées de minute en minute; les ablettes, rencontrant ce filon nourricier, se rassemblent peu à peu, cherchent à remonter à la source, et se rapprochent de vous. Parmi les vers qui flottent se trouvent aussi ceux dont vos hameçons sont garnis, et que vous aurez eu soin de choisir parmi les plus gros et les plus appétissants ; le mouvement de va-et-vient que vous imprimez constamment à la ligne donne à ces appâts, qui semblent fuir la bouche lorsqu'elle veut les saisir, tout l'attrait d'un fruit défendu ; aussi agile qu'avide, l'ablette, que cette vue tantalise, s'élance et saisit la proie convoitée. A peine y a-t-elle touché, qu'un frémissement vibre jusque dans votre main et vous avertit de cette attaque ; en retirant vivement la ligne, vous piquez le poisson, ou plutôt il se prend lui-même en voulant arrêter dans leur course les reliefs séduisants qui fuient devant lui.

Il pourrait se faire encore que, peu disposé à descendre dans l'eau de votre personne, vous n'eussiez pas de bateau à votre disposition ; dans ce cas, qui est le plus défavorable, il ne faudrait pas cependant désespérer encore de la pêche à fouetter : un petit promontoire s'avançant dans le lit de la rivière, une jetée, un perré le long duquel l'eau court sur un lit peu profond, peuvent encore vous permettre de vous établir, sauf, au lieu de laisser la canne flotter parallèlement à l'axe du courant, à la tenir devant vous perpendiculairement à cet axe, et à imprimer le mouvement à la ligne par un coup de poignet oblique et non plus direct.

Il n'est pas rare que cette profusion de vers abandonnés au courant amène à la suite des ablettes des poissons blancs d'une plus grosse espèce : alors gare la rupture de la ligne ; mais si cet accident arrive, patience, vous ne tarderez pas à prendre votre revanche. Attachez à votre canne une ligne plus forte, garnie d'un petit morceau de plomb près du dernier hameçon, et continuez la même manœuvre : au lieu de rester à la surface de l'eau, la ligne s'enfoncera alors plus près du fond, c'est-à-dire dans la région où se tiennent le plus souvent les poissons de forte taille ; vos appâts, en *roulant* sur le fond, opéreront à leur égard comme ils ont opéré à la surface pour les ablettes ; et, parti pour prendre avec la ligne *à fouetter* une friture de *blanchaille*, vous reviendrez peut-être au logis avec quelques belles pièces capturées à l'aide de la ligne *à rouler*.

L'ablette n'est pas non plus insensible à l'appât d'une mouche ordinaire que l'on placerait sur l'hameçon, et que l'on ferait sautiller sur la surface de l'eau. Disons, avant d'en finir avec elle, qu'elle figure au nombre des poissons que l'on peut pêcher à la mouche artificielle, genre de pêche dont je me propose de parler tout au long à propos de la truite.

CHAPITRE VII.

LE GARDON.

Indépendamment des petites espèces que je viens de décrire, et qui n'atteignent jamais de plus grandes proportions, cette première séance expérimentale vous a rapporté quelques petits poissons auxquels ne peut s'appliquer aucun des signalements qui précèdent : ce sont de minces individus appartenant à des espèces susceptibles d'acquérir une grosseur beaucoup plus considérable ; pauvres petits vagabonds non encore disciplinés aux habitudes régulières de leur race, et qui ont payé bien cher le malheur de s'être trouvés en mauvaise compagnie.

Voyez, au milieu de ces ablettes d'un blanc fade et de ces vairons aux teintes ternes, ce joli poisson qui se fait remarquer par des nageoires rouges tranchant sur sa robe argentée ; à ses beaux yeux couleur de sang et cerclés d'or, à son corps comprimé et un peu large, il est impossible de méconnaître le gardon (*cyprinus rutilus*). Parmi les habitants des eaux douces, c'est peut-être le plus pétulant et le plus vif ; son nom, à cet égard, est devenu proverbial.

Le gardon est susceptible d'acquérir des dimensions assez fortes, et il atteint quelquefois le poids de 750 grammes ou de 1 kilogramme. Il habite communément les eaux vives et un peu rapides, les fonds sablonneux ou caillouteux. Bien qu'il monte assez souvent à la surface pour se nourrir des insectes charriés par le courant, c'est surtout dans des fonds d'un mètre et demi à deux mètres que se cantonnent les individus arrivés à une certaine croissance ; c'est là qu'il faut les aller chercher, ou plutôt c'est là qu'il faut les faire venir en employant les plus puissants de tous les moyens de persuasion : la gourmandise et la curiosité.

Lorsqu'il s'agissait d'appeler sur la ligne du pêcheur de petits poissons qui se tiennent presque toujours à la surface de l'eau , il suffisait d'abandonner de temps en temps au courant quelques pincées d'asticots ; mais du moment où l'hameçon doit être maintenu à une assez

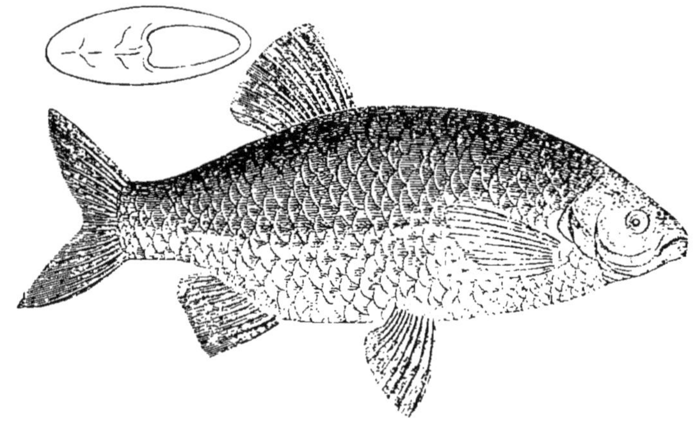

Le gardon.

grande profondeur, cette manière d'amorcer serait insuffisante; les vers jetés libres, entraînés par le cours de l'eau, iraient au loin réjouir les ablettes et les vairons. Pour provoquer le *remontage* du gardon, il faut faire en sorte que les vers provocateurs se répandent et se maintiennent dans la région où est descendu l'hameçon. Ce petit problème de statique est résolu de la manière la plus satisfaisante par l'emploi d'une pelote de terre grasse dans laquelle on a pétri une petite poignée d'asticots, et qui, jetée au fond de l'eau , laisse de temps en temps s'échapper quelques-unes des larves captives.

La préparation de ces pelotes est assez simple; néanmoins elle exige quelques soins, et, comme ce genre d'amorce doit servir pour la pêche de plusieurs espèces de poissons, je saisis tout de suite l'occasion d'en dire quelques mots. La terre destinée à la confection des pelotes doit tenir le milieu entre la terre glaise, trop compacte et trop imperméable, et le sable, trop peu susceptible d'adhérence et trop friable; la plus convenable est une terre forte végétale d'un brun jaunâtre. On commence par la bien purger de tous les cailloux qui peuvent y être mêlés; puis on l'humecte et on la pétrit jusqu'à ce qu'elle ait pris la consistance du beurre à une température moyenne. Muni d'une motte de terre ainsi préparée, le pêcheur se rend à la place où il se propose d'amorcer, et qu'il a choisie dans les conditions indiquées tout à l'heure. Il prend un morceau de terre de la grosseur du poing, l'étend et l'aplatit en forme d'écuelle, dépose dans la cavité une forte pincée d'asticots et l'y renferme en repliant les bords; de cette manière, les vers se trouvent réunis au centre d'une boule qu'on arrondit avec les deux mains et qu'on fait descendre à la place choisie. Il faut avoir soin de la jeter assez loin en amont pour que le courant qui doit l'entraîner dans sa chute la dépose plutôt un peu au-dessus qu'au-dessous du point où sera placée la ligne; deux ou trois pelotes ne sont pas de trop pour commencer à amorcer le coup. Cette préparation, qui, du reste, ne comporte aucun dégoût puisqu'il ne s'agit que de manier de la terre, a seulement l'inconvénient de salir les mains; aussi est-ce une bonne précaution que de se munir d'une éponge attachée à une ficelle. La manipulation finie, on jette l'éponge dans l'eau, puis, la retirant avec la ficelle, on se lave à loisir les mains avec l'eau dont elle est imprégnée. C'est un usage commode, qui dispense de se baisser ou de descendre jusqu'au bord de l'eau, au risque quelquefois d'y faire un plongeon la tête la première, et, de quelque manière que l'on pêche, je conseillerai toujours de se munir de ce simple appareil pour les ablutions manuelles que rend souvent si nécessaire le contact de certains appâts, et même le maniement des poissons, toujours enduits de mucosités.

Tout étant ainsi préparé, comme il est question de poissons plus lourds et plus vigoureux que ceux dont nous nous sommes occupés jusqu'ici, prenez une ligne formée de 6 ou 8 crins ou d'un mince cordonnet de soie. La flotte et le plomb seront proportionnés à la force de la ligne; la monture doit être de fine racine et porter un hameçon n° 10 ou 12; en général j'aime les hameçons plutôt petits que gros, car l'expérience prouve que ce n'est pas pour se servir de trop petits hameçons qu'on manque le plus souvent le poisson. Pour appât, piquez un simple asticot et jetez votre ligne après en avoir, à l'aide de la sonde, réglé la longueur; il faut que l'hameçon se tienne à 4 ou 5 centimètres du fond, dans la direction où vous supposez que se trouvent les pelotes. Il est bien entendu que la canne doit être plus longue que celle dont vous vous êtes servi jusqu'ici, toujours en proportion de la longueur de la ligne; elle doit avoir de 3 à 4 mètres. Une bonne habitude à prendre pour ne pas effrayer le poisson par la chute subite et bruyante de l'hameçon et de la flotte, c'est d'immerger le tout graduellement en soutenant la ligne, jusqu'à ce que la flotte touche l'eau; on la laisse alors obéir à l'impulsion du courant qui l'entraîne et on la suit avec le bout de la canne, de façon à ce que la bannière toujours tendue, sans être roidie, puisse agir instantanément sur la flotte au premier mouvement de la main. Lorsque le bras est arrivé au bout de son développement et ne peut plus suivre davantage, on relève la ligne et on la replace de nouveau en amont aussi loin que le bras peut s'étendre, afin de donner une plus longue durée au séjour de l'appât dans l'eau. Arrivé au bout du coup, lors même qu'aucun mouvement n'aurait agité la flotte, il est bon, avant de retirer la ligne, de donner un petit coup de poignet comme si l'on voulait ferrer. Il n'est pas rare de prendre ainsi un poisson dont on ne soupçonnait pas la présence, et que le mouvement rétrograde de l'appât décide aussitôt à mordre.

Voici maintenant ce qui se passe au fond : la terre de la pelote, amollie par le contact de l'eau, sollicitée par l'action du courant, se dissout peu à peu et produit un petit filon de vase que ce courant charrie au loin ; c'est déjà un premier appel pour le poisson, averti par son instinct qu'il doit chercher sa nourriture en eau trouble. Pendant ce temps les asticots toujours remuants, toujours grouillants, percent peu à peu les parois de leur prison et, entraînés à leur tour, vont servir de proie aux gardons déjà en éveil et justifier à leurs yeux les inductions que leur a suggérées la logique de leur estomac. Les poissons avides s'empressent de remonter ; plus ils remontent et plus le festin devient abondant, jusqu'à ce qu'enfin parvenus à la source même de tant de bonnes choses, ils s'y arrêtent, picorant à droite et à gauche et n'épargnant pas le ver qui cache le perfide hameçon. Mais c'est dans cette occasion surtout qu'il vous faut avoir l'œil subtil et la main leste ; le gardon saisit la proie du bout des lèvres, il la lâche pour la reprendre encore, mais chacune de ses attaques est rapide et instantanée. Certains poissons entraînent l'appât dans leur bouche pour aller le dévorer à loisir ; que l'on ferre un peu plus tôt ou un peu plus tard, ils ne sauraient manquer d'être pris. Mais le gardon ne fait qu'effleurer ; au premier mouvement de la flotte, piquez ou il est déjà loin. Il va sans dire que, pour entretenir le *remontage*, il faut de temps en temps, par exemple de demi-heure en demi-heure, renouveler les pelotes, qui se dissolvent lentement et finissent par disparaître.

Le gardon mord très-volontiers à l'asticot à l'état de larve, mais il affectionne plus particulièrement encore la chrysalide de cet insecte. Pour peu que l'on conserve des asticots pendant quelques jours dans du son, on ne tarde pas à les voir se transformer en une espèce de petite fève brune, ressemblant pour l'extérieur au fruit de l'épine-vinette. C'est sous la forme de cette chrysalide qu'immobile et en apparence privé de vie, l'insecte se prépare à subir sa dernière transformation; encore quelques jours, et de ce petit cylindre, terminé à ses deux bouts par une calotte sphérique, sortira une mouche complète munie de ses ailes et toute prête à accomplir le dernier acte de son existence par la reproduction de l'espèce. Ces chrysalides que les pêcheurs, à raison de leur forme, appellent l'épine-vinette, sont recouvertes d'une peau rigide et cassante; leur intérieur, dans les premiers jours au moins, renferme une substance blanche, molle et laiteuse, dont le gardon est singulièrement friand. L'épine-vinette est donc, comme appât, préférable encore à l'asticot; la difficulté est de la fixer sur l'hameçon. Lorsqu'on en fait usage, il faut la piquer avec délicatesse et vérifier à chaque coup de ligne si l'hameçon est encore garni. C'est surtout lorsqu'on fait usage de l'épine-vinette qu'il faut être prompt à *ferrer* au moindre mouvement de la flotte; car, à raison du peu de consistance de la chrysalide, il suffit au poisson du moindre coup de dent pour la détacher. Une *flotte* très-sensible et surtout un temps calme sont des éléments indispensables pour le succès de cette pêche.

Le moindre vent qui d'aventure
Vient rider la face de l'eau

agite la plume ou le bouchon et empêche l'œil même le plus exercé de distinguer si le mouvement provient de l'agitation du liquide ou de l'attaque du poisson.

En indiquant l'asticot et l'épine-vinette comme appâts à employer pour le gardon, je n'ai pas prétendu qu'il fût impossible de réussir à cette pêche avec le ver rouge; le lombric, je l'ai déjà dit, est l'appât universel, et il n'est pas de poisson qui n'y morde volontiers; mais il a, notamment pour la pêche du gardon, un grave inconvénient, c'est qu'il ne permet pas d'amorcer la place et de provoquer le remontage; avec le ver rouge on pêche au hasard, on ne prend le poisson que si son caprice le conduit à la portée de l'appât, tandis qu'au moyen des pelotes garnies d'asticots on l'appelle, on le retient dans un lieu choisi et préparé à l'avance, on met toutes les chances favorables de son côté, on joue pour ainsi dire à coup sûr : les dés sont pipés et les cartes biseautées.

Cependant, et fort heureusement pour les amateurs assez dénués ou assez dégoûtés pour ne pouvoir ou ne vouloir pas se servir d'asticots, le gardon, comme les autres espèces similaires, n'est pas seulement avide de substances animales; il est également frugivore, il s'accommode volontiers de substances végétales, et notamment des graines de céréales ramollies et gonflées par l'action de l'eau; il est surtout friand de blé cuit. A défaut d'asticots et, dans tous les cas, lorsque la saison trop avancée aura fait disparaître les mouches et leur progéniture, le blé devra être employé avec d'autant plus de confiance qu'il donne les plus grandes facilités pour amorcer sur place.

Prenez donc quelques poignées de froment, le plus gros que vous pourrez trouver, et faites-le bouillir à grande eau jusqu'à ce que les grains, renflés autant qu'ils le peuvent être sans rompre leur enveloppe, deviennent mous et faciles à écraser sous les doigts. On a l'habitude d'ajouter à l'eau qui sert à cette cuisson une poignée de sel gris ; je n'oserais affirmer que ce condiment, si nécessaire pour faire accepter les aliments à des estomacs humains et civilisés, soit un assaisonnement bien attrayant pour les poissons ; ce dont je puis répondre, c'est qu'il ne les dégoûte pas : le sel a, d'ailleurs, l'avantage de retarder les progrès de la fermentation dans les matières qui en sont saturées ; c'est donc, à tout prendre, une bonne pratique de saler le blé pendant sa cuisson.

Arrivé à la place qu'on a choisie, et où le fond devra, autant que possible, avoir de deux à trois mètres, car c'est dans les grands fonds que se tiennent les plus gros poissons, on jettera un peu au-dessus du coup, plus ou moins haut, selon la rapidité du courant, quelques petites poignées de blé cuit, en calculant les distances de telle sorte, que les grains, obéissant aux lois de la pesanteur, se déposent sur le fond à l'endroit où devra descendre l'hameçon ; puis ayant piqué un des plus gros grains, on placera sa ligne en attendant l'événement. L'attente ne se prolongera pas longtemps, surtout si l'on a amorcé plusieurs heures à l'avance, ou mieux encore la veille au soir. Maintenant, ayez toujours l'œil vigilant et la main alerte, le succès est là. Je ne dois pas oublier de dire que, pour pêcher au blé ou avec tout autre appât à enveloppe résistante, c'est une bonne précaution de laisser un peu sortir au dehors la pointe de l'hameçon, sans toutefois que le dard dépasse en entier. Lorsqu'on se sert de vers, dont la consistance est molle et la peau tendre, la moindre secousse imprimée par un mouvement de la main suffit pour que la pointe d'acier pénètre instantanément l'épaisseur de l'appât et les chairs du poisson. Mais si cette pointe, avant de pénétrer dans la chair, a d'abord à percer une enveloppe un peu dure, comme, par exemple, l'écorce d'un grain de blé, il peut en résulter un instant de retard, un petit temps d'arrêt presque imperceptible, mais pendant lequel le poisson, averti par ce mouvement inaccoutumé, saura bien ouvrir la bouche et échapper à la piqûre. Ce serait une erreur de croire, comme on se le figure généralement, que la vue de la pointe qui le menace fût capable d'empêcher le poisson de mordre ; il faudrait plus de perspicacité, plus de connaissance des effets et des causes qu'il n'en est donné aux habitants des eaux, pour qu'un imperceptible aiguillon d'acier, faisant sur un friand morceau une saillie à peine visible à l'œil nu, les arrêtât dans la satisfaction de leurs instincts gloutons. Le gardon est également avide de la sauterelle, à laquelle il faut avoir soin d'arracher les grandes pattes dont la détente est son principal moyen de locomotion.

C'est dans les cours d'eau d'une rapidité moyenne et sur les fonds de gravier, que le gardon se rencontre le plus ordinairement; mais il affectionne aussi certaines eaux non courantes, comme, par exemple, un étang dont l'eau est fréquemment renouvelée par quelque ruisseau, ou bien encore les anciennes tourbières en communication avec des cours d'eau. Voulez-vous jouir à la fois des charmes de la plus pittoresque solitude et d'une abondante récolte de gardons? venez avec moi passer une journée dans cette belle vallée où l'Essonne donne le mouvement et la vie à tant d'industries puissantes et diverses. A quelques kilomètres de Paris, le désert vous attend, les eaux les plus poissonneuses vous appellent. A peine vous avez quitté le railway de Corbeil, à peine vous avez dépassé les riches usines de Corbeil et le riant village de Mennecy, que devant vous se déroulent d'immenses forêts de roseaux, semblables aux pampas ou aux savanes de l'Amérique. Jamais contraste plus brusque et plus complet ne sépara deux mondes plus différents : là le mouvement et le bruit, ici l'immobilité et le silence ; tout à l'heure la locomotive rugissait, l'immense roue hydraulique faisait mouvoir les mille bras de fer des machines ; maintenant tout se tait, tout est immobile, et, si le vent vient parfois animer la solitude, la vaste nappe de joncs flétris s'agite seule et gémit sous son souffle. Là, au fond d'une vallée qui s'étend dans une longueur de trente kilomètres sur une largeur de deux à quatre, et que l'Essonne traverse de son courant paisible, le temps a déposé de profondes couches de tourbe que l'industrie a exploitées en partie. De place en place, de vastes excavations produites par l'extraction de ce combustible végéto-minéral se sont remplies d'eaux pluviales et des infiltrations de la rivière. Dans ces bassins creusés de main d'homme et communiquant, par de nombreuses coupures, avec le lit de l'Essonne, le gardon abonde et offre une proie facile. Au sein de ces solitudes animées par des vols nombreux d'oiseaux voyageurs, embaumées par les senteurs de la végétation aquatique, vous comprendrez mieux que nulle part ailleurs quelles séductions présente la récréation à laquelle je vous convie, assez attachante pour ne pas vous laisser oisif, trop peu absorbante pour entraver le vague essor de la pensée et la contemplation de la nature.

CHAPITRE VIII.

LA BRÈME.

Partout où vous trouvez des gardons, vous êtes exposé à rencontrer des brèmes ; et quand je dis *exposé*, n'allez pas prendre le mot en mauvaise part : c'est, au contraire, un accident très-souhaitable que la rencontre d'une brème. A mesure que nous pratiquons, nous montons dans l'échelle des êtres aquatiques, au moins au point de vue de la grosseur : un gardon de 1 kilogramme peut être considéré comme d'un échantillon fort respectable, mais il n'est pas rare de rencontrer des brèmes de 2 kilogrammes et plus ; dans ce cas, gare à votre ligne si vous n'avez eu soin de la prendre solide. Il est donc sage, lorsqu'on va pêcher au gardon dans des eaux profondes, surtout si le courant est peu rapide et le fond légèrement vaseux, de bien s'assurer que la monture est en bon état, que la racine est forte, bien cylindrique et égale dans toute sa longueur ; deux ou trois crins de plus dans le corps de la ligne ne peuvent qu'ajouter à la sécurité du pêcheur. Si une grosse brème vient à être piquée, ce sera l'occasion d'appliquer pour la première fois les principes que l'expérience a démontrés les plus efficaces pour triompher de la résistance désespérée, et trop souvent victorieuse, qu'un poisson d'une certaine force ne manque jamais d'opposer à l'effort de la ligne à laquelle l'hameçon le tient attaché. C'est dans ce combat, pour ainsi dire corps à corps, que se déploient surtout la patience et l'adresse du praticien, qualités bien nécessaires pour conduire à bonne fin le dénoûment de cette pantomime à deux acteurs, dont l'un s'obstine à ne pas vouloir suivre hors de son élément la route fatale où l'autre s'efforce de l'entraîner.

Nous voici à la place que vous avez amorcée, soit avec du blé, soit avec des pelotes de terre mêlée d'asticots. De temps en temps déjà, vous avez tiré hors de l'eau quelque gardon de bonne taille, qui, par son poids multiplié par sa résistance, a fait tendre votre ligne et plier votre scion; je ne voudrais pas répondre que par votre empressement, je dirais presque votre brusquerie, vous n'ayez pas plus d'une fois brisé, sur une proie que vous croyiez déjà captive, le fil léger qui devait vous en rendre maître. C'est une première leçon, et vous voilà averti que, lorsqu'un poisson offre des dimensions un peu respectables, il faut y faire un peu plus de façons et ne pas prétendre enlever d'autorité un poids de plus de 1000 grammes comme vous feriez d'une ablette. Vous vous trouvez ici entre deux exigences contradictoires : plus la ligne est fine, moins elle est visible, par conséquent moins le poisson s'en défie et plus il est facile de l'accrocher ; mais aussi, par contre, plus il est difficile de le tirer hors de l'eau sans tout briser. C'est là le *desideratum* du métier, mais c'est aussi un des éléments les plus puissants du plaisir que donne la pêche; car c'est dans ces occurrences surtout que se manifestent le mieux les qualités requises pour faire un bon pêcheur.

Et tenez! l'occasion ne se fait pas longtemps attendre : à peine venez-vous de *ferrer*, que votre ligne se tend comme si elle allait se rompre; la flotte est rapidement emportée en divers sens; vous voulez enlever votre canne, et la voilà qui plie comme un roseau qu'elle est : gardez-vous bien de céder à cette résistance et de conserver à la canne la position horizontale. Si vous permettiez que l'effort du poisson s'exerçât par une ligne droite de lui à votre poignet, ses chances de succès seraient accrues de 100 pour 100 ; le fil de la ligne, rencontrant une résistance inflexible, n'y tiendrait probablement pas. Relevez au contraire le poignet sans faire agir le bras ; amenez la canne, sans mouvement brusque, à la position verticale, de telle sorte que votre scion, sollicité par la pesanteur et la résistance du poisson, décrive une ligne courbe la plus prononcée qu'il vous sera possible, dût-elle même être plus fermée qu'un demi-cercle. Dans cette situation, l'effort de votre adversaire, au lieu de s'exercer sur un point fixe, s'amortira contre une force élastique, et une partie de sa violence sera neutralisée par la flexibilité même du point d'attache. D'un autre côté, si vous n'avez pas oublié une indication formulée dans un de nos premiers chapitres, si la longueur de votre ligne ne dépasse pas de plus de 30 centimètres celle de la canne, la position que vous venez de donner à votre main amène nécessairement le poisson à peu de distance devant vous. Le voici, en effet, à fleur d'eau ; il ruse, il se débat, puis il se calme tout à coup pour s'agiter ensuite avec plus de violence ; laissez-le faire, et surtout maintenez la courbure de votre scion ; si la ligne se casse, c'est qu'elle était intrinsèquement trop faible, et à cela je ne connais d'autre remède que d'en prendre une plus forte à l'avenir. Quoi qu'il arrive, vous aurez du moins pour vous le témoignage de votre conscience et la certitude qu'avec toute autre manœuvre l'accident aurait été encore plus prompt et plus certain.

Mais la ligne résiste, Dieu merci ; redoublez de prudence, l'épreuve décisive est faite : il est certain maintenant que dans les conditions actuelles, c'est-à-dire tant que le poisson restera dans l'eau, la ligne est assez forte pour le retenir. Résistera-t-elle à une autre épreuve ? Suffira-t-elle à porter dans l'air et jusqu'à terre ce poids, dont une partie est actuellement contre-balancée par celui du volume d'eau qu'il déplace ? Rassurez-vous, l'avantage est désormais de votre côté ; le raisonnement et l'adresse ne pourront manquer de triompher de la force aveugle et du désespoir inintelligent. Les poissons ne respirent point comme nous par la bouche ; chez eux la circulation s'entretient et le sang se renouvelle au moyen d'une petite quantité d'air contenue dans l'élément qu'ils habitent ; ils avalent quelques gorgées d'eau et la font ressortir par les branchies, vulgairement appelés ouïes, qui sont placées de chaque côté de la tête ; cet appareil est pourvu d'une foule de petits organes qui absorbent au passage la portion d'air nécessaire pour entretenir la vie de l'individu. Forcer un poisson à absorber par la bouche plus d'eau qu'il n'en peut expulser par les branchies, ou bien le priver de la quantité d'eau qui lui est nécessaire, c'est le réduire à un état d'asphyxie dont les différents degrés lui causent un grand malaise et un notable affaiblissement. Or, maintenant que vous tenez votre victime suspendue et oscillante au bout d'une ligne, rien n'est plus facile que d'arriver à ce résultat : faites-lui sortir autant que possible la tête à moitié hors de l'eau ; le liquide entrera à flots par sa bouche forcément entr'ouverte ; vous le ferez boire, comme le disent trivialement les pêcheurs, avec plus de justesse qu'on ne se l'imagine ; ou bien, si les lèvres sont trop élevées au-dessus de l'eau pour que l'eau puisse y entrer, le poisson, à chaque aspiration, humera l'air pur dont il ne peut longtemps, sans périr, souffrir l'action sur ses organes respiratoires : il se noiera littéralement tout à la fois dans l'eau et dans l'air. Lorsque, fatiguée par le trouble apporté dans son organisme, épuisée par les vains efforts auxquels elle s'est livrée, votre victime restera inerte et sans mouvement, aux trois quarts enfoncée dans le milieu qui la supporte encore, mais qui n'alimente plus sa vie, le moment est venu de vous en emparer; mais si sa force musculaire est paralysée, si elle ne se défend plus par ces évolutions rapides qui doublent son poids, ce poids existe encore et va peser de toute sa puissance à l'extrémité de la ligne, pour peu que vous tentiez de l'attirer à terre à l'aide de ce seul instrument. Gardez-vous bien surtout, comme le font certains pêcheurs imprudents, de porter la main sur le fil de la ligne pour enlever brusquement le poisson; ce fil, d'autant plus tendu que sa longueur serait plus réduite, perdrait par cela même beaucoup de sa force de résistance. C'est le moment de recourir à un auxiliaire dont j'ai déjà décrit la nature et la forme (page 67); passez la canne dans la main gauche, en ayant soin d'en bien maintenir la situation et la courbure; de la main droite saisissez l'épuisette qui doit toujours être à portée

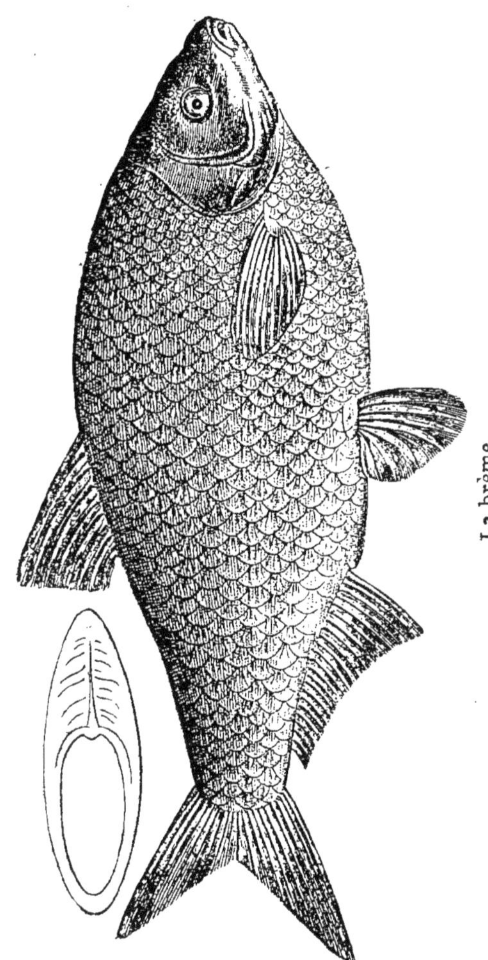

La brème.

de votre main ; à l'aide du manche sur lequel elle est montée, introduisez ce filet dans l'eau et passez-le dessous, sans toucher le poisson, s'il est possible, de peur de réveiller en lui un reste d'énergie ; soulevez ensuite l'épuisette et ramenez à terre la proie qui s'y trouvera enveloppée et qui s'y débattra en vain sans pouvoir trouver sur les parois de mailles qui l'entourent un point d'appui suffisant pour s'élancer au dehors.

Je ne m'étais pas trompé, et vous voilà en possession d'une belle pièce. A son corps plat et comprimé, à la courbure de son dos et de son ventre, qui lui donne presque la forme d'un disque allongé, à cette tache noire en forme de croissant qui marque le dessus de sa tête, à sa mâchoire supérieure un peu proéminente, reconnaissez une brème (*Abramis*).

C'est un des poissons les plus communs dans nos rivières, ce qui n'empêche pas que, pris dans une eau pure et courante, il ne fournisse une chair délicate et de bon goût. La brème habite les mêmes lieux que le gardon, et, lorsqu'on pêche de la blanchaille à la ligne ou aux filets, il s'y trouve ordinairement une certaine quantité de jeunes brèmes que les pêcheurs de Paris appellent, dans cet état, des *henriots*.

CHAPITRE IX.

LA VANDOISE OU VAUDOISE.

Il est encore une espèce de poisson dont les mœurs et les lieux d'habitation sont à peu près les mêmes que ceux des poissons dont j'ai parlé jusqu'ici : c'est la vandoise, vaudoise ou dard, ainsi nommée à raison de la rapidité de sa natation (*cyprinus Leuciscus*). La vandoise a le corps allongé, la tête petite, les écailles de moyenne grandeur et la nageoire de la queue très-fourchue ; son dos est brun et son ventre blanc, la ligne latérale un peu courbe, la convexité tournée en bas.

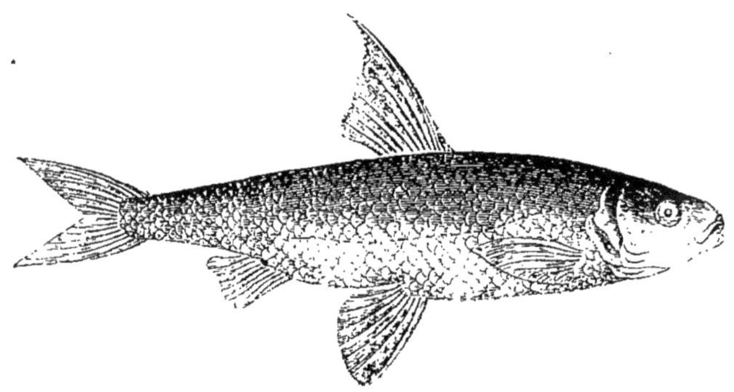

La vandoise.

On pêche la vandoise avec les mêmes appâts et dans les mêmes circonstances que les autres poissons blancs. Il est cependant une espèce d'appât dont cette espèce est plus particulièrement avide : c'est celui que les pêcheurs appellent le *porte-bois*.

Vous avez vu souvent le soir, au bord des eaux, des myriades d'insectes voltiger près des lumières, exécuter autour d'un foyer lumineux de rapides et fantastiques évolutions, et décrire en quelque sorte de mouvantes arabesques d'argent. Cet insecte, c'est la *phrygane*, de la famille des éphémères. Ce serait une étude curieuse et intéressante que celle de ces espèces de papillons qui vivent si peu de jours et qui, dans la courte durée de leur existence, accomplissent tant de miracles de transformation et d'industrie ; mais un pareil chapitre d'histoire naturelle serait ici tout au moins un hors-d'œuvre. Il me suffira donc de dire qu'à l'état de larve, la phrygane, qui alors est à peu près de la grosseur d'un asticot, pour se préserver de la dent de ses ennemis et afin de se préparer un berceau pour la durée de son sommeil à l'état de nymphe, a l'instinct de se construire un abri. Avec des matériaux qu'elle agglutine à la surface extérieure de la soie filée par elle, elle fabrique une espèce de gaîne ou de fourreau, composé soit de débris de plantes aquatiques, soit même de petits graviers. Elle s'empare pour cet usage de ce qui se trouve, je n'ose pas dire sous sa main, mais à sa portée ; à ce point que, dans l'état de captivité, on a amené des phryganes à se faire des habits de mosaïque, en plaçant auprès d'elles de tout petits éclats de verres colorés. Dans l'état de nature, les larves des phryganes ne s'habillent pas aussi splendidement, et pour l'ordinaire on les voit, enveloppées de quelques détritus végétaux, flotter au bord des eaux, au milieu des brindilles de bois et de jonc repoussées vers la terre par le courant. En cherchant bien au milieu de ces petites épaves, on trouvera la larve tapie dans son étui, d'où, malgré une résistance passive assez énergique, il n'est pas difficile de la tirer en la prenant par la tête. Attaché sur l'hameçon, cet appât sollicite puissamment la voracité de la vandoise, et j'ajouterai que les autres espèces congénères ne dédaignent pas non plus cet insecte, lorsque la main de l'homme, en le dépouillant de sa cuirasse protectrice, en a préparé pour eux un facile festin.

CHAPITRE X.

LE CHEVESNE.

De tous les habitants des eaux, le plus complétement omnivore, c'est peut-être le chevesne ou chevanne, que les pêcheurs appellent volontiers par contraction le *juène* (*Leuciscus dobula* ou *cyprinus jeses*); il n'en est aucun qui ait reçu plus de noms différents : on l'appelle, selon les localités, meunier, parce qu'il fréquente volontiers les rapides des moulins, vilain, têtard, chaboisseau, garbotteau, etc. Tous les appâts lui sont bons et l'on aurait bien plus tôt fait de dire ceux qu'il rejette, s'il en est quelques-uns, que ceux dont il s'accommode. Toujours accompagné de mon pêcheur novice, je vais essayer de mettre en action quelques-uns des procédés les plus appropriés pour pêcher ce poisson avec succès.

Le chevesne a le corps rond, gros et robuste, la bouche large et le museau peu proéminent ; ses yeux sont grands, ses écailles larges et légèrement bordées d'une teinte bleuâtre ; la queue est grosse et peu fourchue, les nageoires sont d'un violet clair, la ligne latérale est formée de points d'un jaune brun.

Ce poisson fréquente les eaux claires et rapides et les fonds de gravier; il se plaît particulièrement dans les remous ou contre-courants formés vers les bords des cours d'eau par la réaction d'un courant rapide ; nulle part on ne le trouve en plus grande quantité qu'en aval des piles des ponts ou des cataractes, là où les masses d'eau divisées momentanément par un obstacle viennent se rejoindre en tourbillonnant, et forment au milieu du courant cette espèce de nappe indépendante du courant même et toujours agitée, que les pêcheurs de Paris appellent *haïs*.

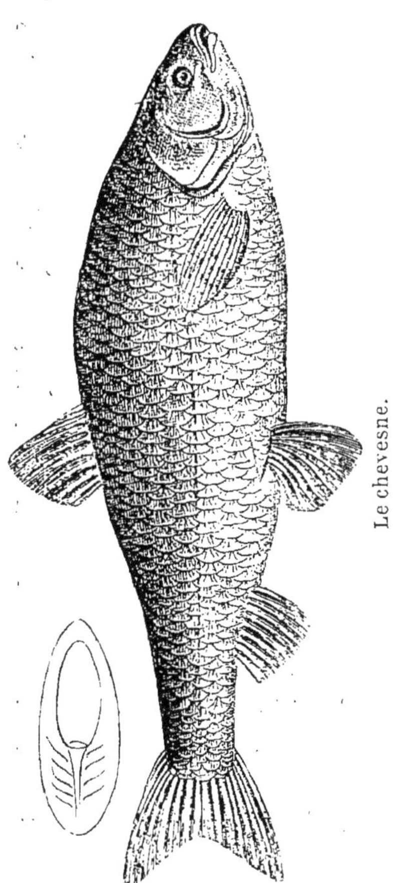

Le chevesne.

Que la ligne soit solide, c'est la première condition, car le chevesne atteint quelquefois le poids de 3 ou 4 kilogrammes. Une douzaine de crins à la partie supérieure, huit à la partie moyenne et six à l'extrémité inférieure du corps de la ligne, ne sont pas trop pour la sécurité du pêcheur. Un bon cordonnet de soie, aussi fin qu'il peut l'être sans se briser à l'épreuve d'un poids de 7 ou 8 kilogrammes, est très-convenable aussi pour cet usage, pourvu qu'il ait été dévrillé préalablement comme je l'ai indiqué plus haut. La monture doit être formée d'une racine bien cylindrique, forte et homogène, et même, si l'on espère un poisson de la plus forte taille, de deux brins de racine tordus en corde et portant un hameçon du n° 4 ou du n° 2.

Quant à la canne, elle doit être forte sans être trop pesante, solide et flexible ; c'est là le cas de recourir au jonc renforcé par des liens de fil poissé dans les intervalles qui séparent les nœuds de la tige ; le corps de ligne doit être attaché au deuxième ou même au troisième compartiment, tout doit être vérifié, préparé pour vaincre une résistance énergique et puissante.

Plus tard, à l'occasion de la pêche de la truite, je parlerai de la ligne à anneaux et à moulinet, et peut-être est-ce à cet engin que j'arrêterai mes préférences ; mais quant à présent, et pour ne pas anticiper sur l'ordre que je me suis tracé, ces préparatifs suffiront, et, grâce à l'emploi de l'épuisette toujours indispensable au moment décisif de la lutte, vienne le plus beau chevesne que jamais aient nourri les eaux de nos fleuves, il n'échappera pas à nos efforts.

Quant aux appâts, je l'ai dit, nous n'aurons que l'embarras du choix ; le chevesne s'accommode de tout, à preuve qu'un beau jour, comme avant de m'installer je sondais le fond de la rivière à l'aide d'un morceau de plomb neuf et brillant, un chevesne a avalé ma sonde, et j'ai ramené jusqu'à la surface un énorme poisson, qui malheureusement, n'étant pas retenu par la pointe d'un hameçon, a abandonné la sonde au moment où elle allait l'entraîner hors de son élément. Un des appâts les plus efficaces contre le chevesne, c'est le sang coagulé. On sait que le sang, lorsqu'il se refroidit, se divise en deux parties : le *serum*, qui reste sous la forme d'un liquide jaunâtre, et la *fibrine*, qui prend une sorte de consistance et ressemble alors à du foie pour l'apparence et la couleur. On découpe cette espèce de chair molle et rudimentaire en morceaux de la forme d'un dé, dans lesquels on insère l'hameçon, mais avec précaution, pour ne pas briser et dissoudre cette matière très-peu consistante. Ceci fait, laissez descendre doucement, et sans la compromettre par un jet trop brusque, cette amorce au fond de l'eau, et suivez la flotte aussi loin que le bras pourra s'étendre ;

au moindre coup et, dans tous les cas, lorsque vous serez arrivé au bout de la longueur du bras, ferrez franchement, puis retirez la ligne et amorcez de nouveau, car l'un des inconvénients de cet appât, c'est qu'il faut constamment le renouveler : le mouvement de rétraction imprimé à la ligne fait nécessairement échapper le petit lobe de sang, qui se fend sur l'hameçon à la moindre secousse. Pêcher au sang n'est pas précisément une récréation de petite-maîtresse; la main y est constamment souillée par le contact de cette gelée animale. Mais dans les grands fonds d'eau, pratiquée sur un bateau ou le long d'une berge, cette pêche est presque toujours fructueuse, surtout si l'on a eu soin de placer en amont du coup un panier ou un filet lesté d'une forte pierre et rempli de sang et de détritus de boucherie. C'est principalement dans les mois les plus chauds de l'année que cette pêche réussit le mieux, à raison sans doute de l'odeur que la fermentation développe promptement dans la masse du sang coagulé.

Mais si cet appareil de boucher vous dégoûte et vous effraye, ne renoncez pas pour si peu à l'espoir de prendre le chevesne; il est facile d'emprunter au règne animal, et même au règne végétal, des appâts moins répugnants et presque aussi sûrs. Il va sans dire que le ver rouge est vivement recherché par ce poisson, qui s'accommode aussi parfaitement du ver de viande ou asticot. Pour le pêcher avec ces appâts, on procède comme pour le gardon et pour la brème, et souvent on le prend pêle-mêle avec ces derniers poissons.

Mais comme le chevesne ne fréquente pas moins la surface que le fond des eaux, il est une espèce de pêche qui lui est particulière et qui exige des procédés spéciaux : c'est ce qu'on appelle la *pêche à la volée*, pêche dont le caractère distinctif est d'être moins sédentaire que celles dont j'ai parlé jusqu'ici; c'est un exercice essentiellement ambulatoire : à ce point de vue, il doit convenir particulièrement à ces impatients qui reprochent à la pêche à la ligne l'immobilité à laquelle elle condamne d'ordinaire.

Avez-vous à votre disposition un cours d'eau peu profond, peu rapide et dominé par des berges praticables, non plantées d'arbres ou bordées seulement de buissons peu élevés? La place est favorable pour la pêche à la volée. Munissez-vous d'une canne longue de 5, 6, ou même 7 mètres; que la limite à cet égard ne soit que celle de vos forces et du poids que pourront facilement supporter vos deux mains. La ligne, comme toujours, ne doit guère dépasser de plus de 40 ou 50 centimètres la longueur de la canne. Ici nous ne devons pas chercher à descendre à de grandes profondeurs; l'hameçon devra au contraire se tenir à la surface ou très-près de la surface; si vous mettez du plomb à la monture, que ce soit très-modérément et seulement lorsque vous vous servirez d'appâts assez légers et assez volumineux pour que ce contre-poids soit nécessaire afin de les tenir complétement immergés à quelques centimètres de profondeur. Au lieu d'une seule flotte, mettez-en cinq ou six espacées de 50 à 60 centimètres. Nous sommes, je le suppose, au mois de mai; munissez-vous de quelques douzaines de ces scarabées que les naturalistes désignent sous le nom de *melolontha vulgaris*, et que nous appelons plus vulgairement hannetons; piquez l'insecte par le dos entre les deux élytres, et faites un peu ressortir la pointe de l'hameçon vers la partie inférieure et postérieure du corps; saisissant ensuite la canne à deux mains, lancez la ligne devant vous aussi loin que vous pourrez atteindre; le courant ne tardera pas à l'entraîner, et vous la laisserez flotter à la surface, où elle se trouvera soutenue de place en place par les flottes dont elle est garnie. Suivez ensuite le bord en tenant l'œil fixé sur les flottes les plus proches; lorsqu'un chevesne s'élancera sur l'appât, il les entraînera toutes, et vous n'aurez plus qu'à ferrer vigoureusement.

Si la saison des hannetons ou des caquerolles, comme dit Rabelais, est passée, la sauterelle verte qui se trouve dans toutes les prairies, et à laquelle vous arracherez les longues pattes à l'aide desquelles elle opère en sautant ses rapides évolutions, le grillon des champs que vous ferez sortir à l'aide d'une baguette flexible des terriers qu'il pratique dans les éminences sablonneuses exposées au midi; une simple mouche noire enfin, tout sera bon pour exciter à coup sûr la convoitise de ce poisson omnivore.

Au milieu du mois de juin, un appât très-friand pour le chevesne, c'est la cerise, dont la couleur vermeille séduit ses yeux et dont la pulpe délicate flatte son goût. A l'arrière-saison, vous obtiendrez des résultats non moins satisfaisants en amorçant l'hameçon avec des grains de raisin. J'ai même essayé de garnir mon hameçon de raisins secs, à une époque où ce fruit n'existe plus à l'état frais, et cette expérience m'a plus d'une fois réussi.

CHAPITRE XI.

LE GOUJON.

« Comment! le goujon? me dira quelque censeur chagrin; c'était bien la peine de nous éblouir par le mirage de ces gros chevesnes de tout à l'heure, de nous armer de ces fortes lignes et de ces perches formidables que vous savez, pour nous ramener tout à coup à l'une de ces chétives proies des premiers jours, bonnes tout au plus pour dresser des pêcheurs novices et pour servir d'exercice préparatoire à leur inexpérience ! »

Eh mon Dieu! oui, c'est comme j'ai l'honneur de vous le dire, et n'allez pas vous hâter de répondre comme le héron de la fable :

> Du goujon! C'est bien là le dîner d'un héron!
> J'ouvrirais pour si peu le bec! A Dieu ne plaise.

J'ai des raisons, veuillez bien le croire, pour vous faire descendre du grand au petit, pour vous ramener de l'île de Brobdingnac à l'île de Lilliput, et ces raisons, c'est dans une pensée de classification que je les puise. De ce que j'ai cru devoir écarter, dans un ouvrage usuel et tout pratique, les nomenclatures savantes et les dénominations tirées du grec, il ne s'ensuit pas que j'aie prétendu abjurer toute méthode et faire passer pêle-mêle, sans ordre et sans raison, tous les poissons de nos eaux douces sous les yeux de mon lecteur. Ce traité de la pêche n'est pas un livre de science, soit; mais il ne doit pas être non plus comme l'éventaire d'une marchande de poissons, où se trouvent confondues toutes les races et toutes les espèces : j'ai aussi ma petite classification à moi, et, puisque l'occasion se présente, souffrez que je vous en dise deux mots. Cette méthode, naturelle s'il en fut, est déduite des mœurs propres aux diverses espèces de poissons ; elle procède en raison de leur plus ou moins grande vulgarité, de la facilité plus ou moins grande aussi que présente leur capture et, par une conséquence rigoureuse et constante, en raison de leur plus ou moins grande valeur au point de vue alimentaire : je m'explique.

Certains poissons abondent dans toutes les eaux, on les rencontre partout, on les pêche presque sans peine ; mais, en vertu de cette loi commune qui veut que chaque chose vaille en raison du travail qu'exige sa production ou sa conquête, leur chair, bien que fraîche et salubre, est en général réputée peu délicate et n'est que médiocrement estimée. Ces espèces de poissons, qu'en latin et en grec on nommait *leucisques*, et que, par une traduction en même temps littérale et pittoresque, nous appelons *poissons blancs*, sont ceux dont j'ai parlé jusqu'ici. On pourrait aussi les appeler poissons de surface, non pas qu'ils soient impuissants à se plonger dans la profondeur des eaux, mais parce qu'on les voit se jouer et poursuivre leur proie principalement dans les couches supérieures du liquide qu'ils habitent. On peut les pêcher indifféremment à la surface, au fond ou entre deux eaux. D'autres races se distinguent de celles-là par un caractère bien tranché, c'est surtout au fond des eaux qu'elles habitent : et qu'elles cherchent leur pâture ; on les nomme spécialement *poissons de fond*.

Sur la foi de ces dénominations de poissons de surface et de poissons de fond, il ne faut pas croire que les uns et les autres soient invariablement parqués dans les zones supérieures ou inférieures, suivant un ordre constant et immuable, comme les fossiles dans les couches de l'écorce terrestre; les besoins de leur existence et la facilité de leur locomotion contribuent à les mêler sans cesse, et tout ce que l'on peut conclure de la division que j'ai indiquée, c'est qu'il convient de chercher principalement les uns en haut, les autres en bas.

Plus tard, dans une division spéciale, j'aurai à m'occuper des poissons de proie, et enfin, dans quelques chapitres à part, je parlerai de ce que je crois pouvoir appeler les poissons exceptionnels; je les nomme ainsi parce qu'ils ne se trouvent que dans certaines eaux et parce que leurs instincts en font l'objet de procédés de pêche spéciaux, dont l'application présente l'intérêt le plus vif et le plus varié. J'ajouterai enfin quelques mots sur certains poissons qui ne mordent à la ligne que la nuit, et sur d'autres qui ne se pêchent qu'aux filets.

Après ce prodrome un peu trop didactique, mais auquel on m'a contraint en me cherchant une querelle d'Allemand, je reviens à mes moutons, je veux dire à mes poissons de fond.

Indépendamment des différences que je viens de signaler, il existe entre les poissons compris dans cette catégorie et les poissons blancs une distinction qui saute aux yeux et qui ne permet pas de confondre les uns avec les autres. On dirait que ces derniers, fréquentant d'ordinaire une région plus rapprochée de la lumière, ont emprunté au grand jour, dont ils sont presque toujours éclairés, quelque peu de son éclat; leur teinte générale est celle d'un métal brillant et poli; l'argent étincelle sur leurs écailles, et chaque mouvement auquel ils se livrent dans l'eau fait scintiller comme des éclairs. Les poissons de fond, au contraire, plus habituellement éloignés de la source de toute clarté, affectent des nuances plus sombres, et n'ont pas au même degré ces reflets éclatants qui donnent aux poissons de surface un certain air de clinquant. L'acier bruni, l'or et l'azur, suivant les différentes espèces, prêtent à leur cuirasse des tons riches, mais mâles et sévères, qui contrastent vigoureusement avec l'armure de fer-blanc poli de l'ablette, du gardon ou du chevesne.

Au nombre des poissons de fond, figure le goujon, joli, gentil petit poisson dont la taille ne dépasse pas au *maximum* 12 ou 15 centimètres. La forme de son corps est arrondie, ses écailles sont larges et sa tête un peu allongée; sa couleur, d'un vert sombre sur le dos, offre sur les flancs et sur le ventre des dégradations successives du bleu clair au blanc et au jaunâtre; il est pour ainsi dire transparent, et émaillé, surtout à la partie supérieure des flancs et sur les nageoires, de taches noirâtres régulièrement disposées.

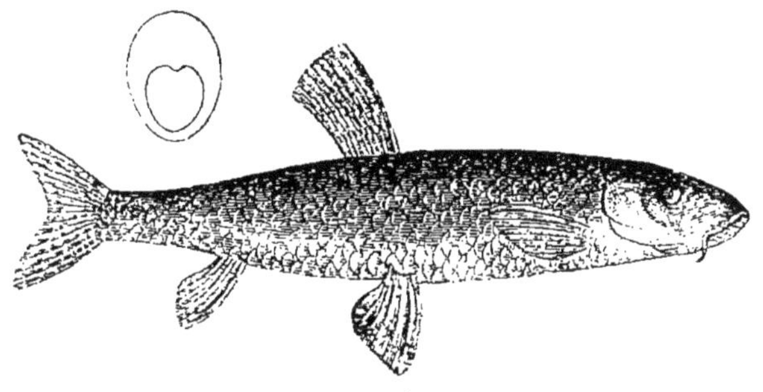

Le goujon.

Comme presque tous les poissons de fond, le goujon porte de chaque côté de la bouche des barbillons charnus et mobiles, doués, selon toute apparence, d'une exquise sensibilité, et qui, dans les profondeurs où il vit, suppléent à l'insuffisance de la lumière en lui servant de tentacules ou de palpes. C'est au moyen de ces appendices qu'il cherche dans le sable les animalcules dont il fait sa nourriture.

Culinairement parlant, le goujon est un mets fort distingué; sa chair légère et savoureuse est agréable au goût et d'une digestion facile; ces avantages, peu poétiques sans doute, mais fort estimables au demeurant, placent le goujon bien au-dessus de l'ablette et des petits poissons blancs; il existe entre eux la même différence que l'on trouve dans une autre branche de la zoologie entre la caille et le moineau. Tuez à la chasse des douzaines de passereaux, de pinsons ou de linottes, et vous n'en reviendrez pas moins bredouille; une seule caille, au contraire, vous sauve cette humiliante qualification. Le goujon c'est, pour ainsi dire, la caille des pêcheurs; c'est un menu gibier, c'est vrai, mais c'est un gibier d'eau de bon aloi.

On comprend déjà, sans que j'aie besoin de le dire, que pour la pêche du goujon il faut en revenir aux lignes menues et légères, et qu'ici une solidité exagérée serait plus nuisible qu'utile. Un corps de ligne formé de deux ou trois brins de crin, une monture d'un simple crin blanc le plus fort que l'on peut trouver, un ou deux hameçons n° 12 ou 15, un bouchon de moyenne force, attendu que, le goujon mordant vivement et longtemps, il n'est pas besoin d'une flotte trop sensible, un plomb roulé d'un poids suffisant pour faire légèrement basculer le bouchon, enfin une canne de 3 mètres, légère et flexible; tels sont les engins dont il suffit de se munir pour pêcher le goujon.

On s'est beaucoup occupé de savoir d'où vient ce petit poisson, qui se montre surtout en abondance dans les cours d'eau pendant les mois d'août, de septembre et d'octobre. On a prétendu que pendant l'hiver il se retirait dans les lacs, d'où il sortait au printemps pour frayer dans les eaux courantes. Dans les lacs? Où prenez-vous les lacs, je vous prie? Nous jouissons de peu de lacs dans la France centrale. Si vous voulez parler des étangs, les goujons ne fréquentent guère ceux dont les eaux sont stagnantes; quant aux étangs traversés par des cours d'eau, ils sont assez rares. Pourrait-on me dire de quels lacs viennent les goujons qui abondent dans la Seine et dans ses affluents? Laissons donc là les lacs, et, sans tant nous occuper de savoir d'où viennent les goujons, contentons-nous de savoir où ils se trouvent.

Le goujon aime les eaux vives, mais ni trop froides ni trop rapides; il se plaît exclusivement sur les fonds de sable; les eaux troubles font ses délices, et il a, comme certaines gens, une telle passion pour ces eaux-là, que si en agitant le sable du fond vous arrivez à troubler momentanément une onde limpide, les goujons arrivent de tous côtés pour se disputer les insectes microscopiques que cette agitation livre au courant : c'est là un instinct précieux, précieux pour les pêcheurs, entendons-nous, et que nous devons tâcher d'exploiter.

La plupart des appâts dont j'ai eu occasion de parler jusqu'ici seraient inutilement employés pour tenter la convoitise du goujon; celui dont il est avant tout friand, c'est le ver rouge, surtout le ver que l'on trouve dans le terreau ou dans le fumier. Il ne faut pas croire, pourtant, qu'à défaut de pareils vers, le goujon repousse absolument le ver blanc, ou asticot; mais il le recherche avec bien moins d'avidité que le ver rouge, et comme, dans la plupart des localités, ce dernier est le plus facile à se procurer, tout est, comme vous voyez, pour le mieux à cet égard.

Le premier soin, pour se livrer à la pêche du goujon, doit être de choisir un fond sablonneux, de 50 centimètres à 2 mètres de profondeur, bien uni et bien horizontal surtout, car l'hameçon devant presque raser la terre, la moindre inégalité l'arrêterait et empêcherait la ligne de flotter : cette vérification préliminaire et hydrographique sera très-facile à faire au moyen de la sonde. Le lieu favorable une fois trouvé, j'établis mon bouchon à une distance telle de l'hameçon, que celui-ci traîne à 1 ou 2 centimètres du sable; j'amorce avec un ver d'une grosseur proportionnée à celle de l'hameçon; je jette la ligne et j'attends. Tout à coup la flotte s'est redressée, elle a reçu deux ou trois secousses, et puis elle s'enfuit en ligne droite en s'enfonçant : c'est un goujon, il n'en faut pas douter. Cette attaque persévérante, acharnée, si près du fond, ne peut venir d'un gardon, qui donne un coup de dent timide et s'enfuit pour revenir encore; tout vous dit, je le répète, que c'est un goujon, à moins que ce ne soit un.... mais je ne veux pas anticiper sur le chapitre suivant. C'est un goujon : ferrez, *secundum artem*, d'un petit coup sec du poignet, et enlevez; ne craignez rien, le poisson ne brisera pas la ligne.

Mon ami Elzéar Blaze a raconté quelque part l'histoire de ce chasseur méthodique qui, sorti de chez lui dans l'intention bien arrêtée de tuer des grives, refusait de tirer sur un lièvre qui lui partait sous les pieds. Si vous avez l'intention bien arrêtée de ne prendre que des goujons, il est un moyen facile d'éviter jusqu'à une tentation de la nature de celle à laquelle sut résister ce brave chasseur : c'est d'exploiter l'instinct qui, comme je viens de le dire, porte le goujon à rechercher les eaux troubles. Placé dans un bateau ou sur le bord de l'eau, ayez un peu au-dessus de vous un homme qui, à l'aide d'une perche ou d'une drague, fouillera incessamment le sable, et jetez votre ligne dans le filet d'eau jaune qui s'établira au milieu du courant; vous pouvez être certain que ce remue-ménage aura fait fuir bien loin tous les poissons des autres espèces, et que le goujon seul y sera resté. Que dis-je? il y sera venu d'aussi loin qu'il aura pu comprendre l'appel adressé à sa gourmandise ; il y accourra en foule pour recueillir la manne abondante mise en circulation par le mouvement opéré dans le sable du fond.

Que si vous êtes jeune et robuste, si le temps est chaud et l'eau tiède, si vous ne craignez pas les rhumatismes, il n'est pas besoin de tant d'appareil : entrez dans l'eau jusqu'à la ceinture, soulevez le sable incessamment avec vos pieds, et jetez la ligne dans l'eau trouble. Souvent, en pareille occurrence, il m'est arrivé de prendre des goujons à moins d'un mètre devant moi, et plus d'une fois j'ai senti frétiller sur mes pieds nus des convives empressés de prendre part au festin auquel je les appelais.

Après avoir parlé pour la première fois d'un poisson de fond, le moment me semble venu de dire un mot sur l'emploi d'un ustensile dont je vous ai conseillé de vous munir, et qui souvent rend de grands services lorsque l'on pêche près du fond : je veux parler de l'anneau à décrocher. Trop souvent, surtout dans les petites rivières, le sol est garni de touffes d'herbes qu'il n'est pas possible d'apercevoir ; l'hameçon les rencontre quelquefois et s'y embarrasse ; en tirant avec force, vous risqueriez de tout briser. Recourez alors à l'anneau, faites-y passer le gros bout de votre canne, et, en inclinant cette canne, faites couler l'anneau sur la ligne : entraîné par son poids, il descendra jusqu'à l'obstacle ; soulevant alors modérément la ligne, vous engagerez dans la concavité de l'anneau le faisceau d'herbes qui retient l'hameçon ; tirant ensuite fortement la corde attachée à l'anneau, vous arracherez ce faisceau et vous ramènerez votre hameçon avec les débris de la plante.

CHAPITRE XII.

LE BARBEAU.

Vous aimez les gros poissons, vous voulez un beau poisson, n'en fût-il plus au monde, je le comprends; soyez donc content : ce ne sera pas ma faute cette fois si, en appliquant les principes que je me suis efforcé de développer dans un ordre progressif, vous ne parvenez pas à vous emparer de quelqu'un de ces robustes habitants des eaux, qui sont l'honneur d'un panier de pêcheur, et la pièce de résistance de toute matelote un peu respectable.

C'est un noble et beau poisson que le barbeau ou barbillon ; car ce diminutif, qui devrait servir à désigner les individus de petite taille, est souvent, et surtout à Paris, appliqué à l'espèce en général. Il est facilement reconnaissable au premier coup d'œil par sa conformation particulière : son ventre, au lieu d'être plus ou moins caréné, comme celui de presque tous les poissons, décrit une ligne presque droite de la pointe du museau jusqu'à la queue ; le dos est, au contraire, convexe comme un arc peu saillant, mais assez régulièrement courbé, dont la ligne du ventre formerait la corde. Son corps est arrondi, olivâtre en dessus, argenté sur les flancs et blanc sous le ventre ; le troisième rayon de sa nageoire dorsale est dentelé des deux côtés ; la queue est profondément échancrée en triangle et légèrement bordée de noir ; ses lèvres sont rouges et contractiles, la supérieure dépasse un peu l'inférieure ; quatre barbillons charnus attachés à ses lèvres désignent assez un poisson destiné à vivre au fond de l'eau et à chercher sa proie, en grande partie à l'aide du tact, dans les anfractuosités et dans les replis du sol, près duquel il se plaît à habiter.

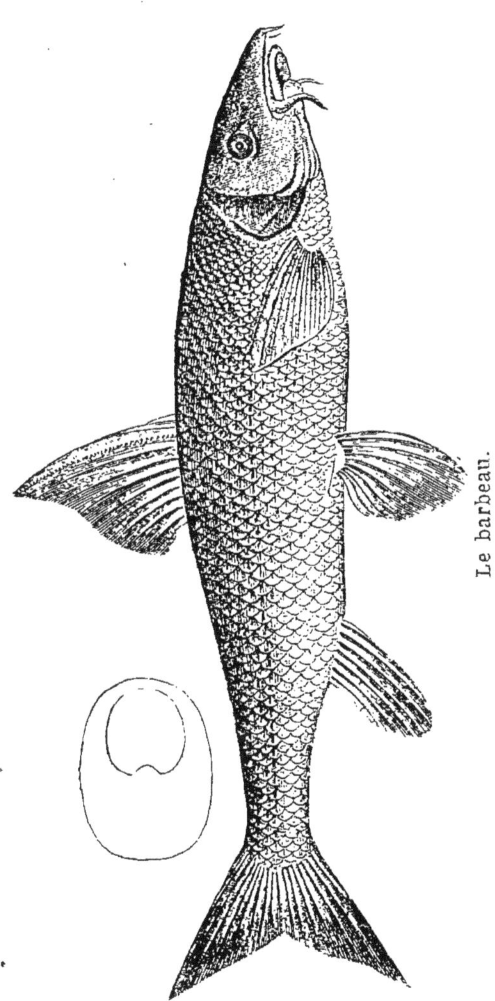
Le barbeau.

Le barbeau est à peu près omnivore ; il affectionne cependant les aliments de haut goût et, j'ai honte de le dire, de tous les appâts qu'on peut lui présenter au bout d'une ligne, celui qu'il préfère est une espèce de larve de mouche, que la longueur de son appendice caudal a fait désigner sous le nom vulgaire de *ver à queue de rat*. Dirai-je où il se trouve ? décidément non, car il ne se rencontre que dans les amas déjà fermentés des déjections les plus immondes ; et quelque spécifique que puisse être le ver à queue, je n'aurai jamais le courage de vous envoyer faire provision de ces appâts dans les *lieux* où ils se trouvent. L'asticot réussit d'ailleurs à cette pêche d'une manière très-suffisante, et le ver rouge lui-même n'est pas malvenu du barbeau. Mais si, vous armant d'une ligne ordinaire, vous allez confier au courant ces appâts qui attirent également tous les poissons, vous pourrez pêcher à l'occasion quelque barbeau, entre un gardon et un chevesne, et peut-être une ablette, vous ne serez jamais certain de pêcher spécialement le barbeau. J'ajoute que, si quelqu'un de ces derniers vient en passant mordre à votre ligne, il pourra fort bien arriver qu'elle soit trop faible pour le retenir; car j'ai oublié de vous dire que les barbeaux de 1 et même de 2 kilogrammes sont assez communs; que ceux de 3 à 4 kilogrammes ne sont pas excessivement rares, et qu'on en a rencontré qui pesaient jusqu'à 8 ou 10 kilogrammes. Allez donc chercher à enlever de pareils gaillards avec une ligne à gardons! autant vaudrait essayer de soulever un bœuf avec un fil d'araignée.

On comprend, d'ailleurs, combien il est désagréable, lorsqu'on se propose de pêcher *à la grosse bête*, si je puis parler ainsi, de voir à chaque instant ses appâts dévorés par le menu fretin, et, lorsque la flotte s'agite sous la dent du poisson, de se donner des émotions comme pour un barbeau monstre, et de n'attraper peut-être qu'un vairon : c'est comme si, à la chasse au chien courant, au lieu de faire le bois pour détourner un cerf ou un chevreuil, vous allez découpler au hasard et, comme on dit, à la billebaude; il y a dix à parier contre un qu'au lieu de rencontrer la voie d'une noble bête fauve, vos chiens se fourvoieront sur le train d'un ignoble lapin, ou tout au plus d'un chétif lièvre.

Heureusement les instincts et les habitudes du barbeau nous donnent le moyen, lorsque nous convoitons d'une manière spéciale cette belle proie, de lui tendre des embûches spéciales aussi et d'employer contre lui des artifices auxquels seul ou presque seul il est sensible.

Avant d'aller plus loin cependant, je dois faire ici une réserve en forme d'avis au lecteur. Jusqu'ici nous n'avons employé que la ligne flottante, c'est-à-dire celle dont l'appât est suspendu dans l'eau sans toucher le fond et suit librement le courant. Cette sorte de pêche est la seule qui soit déclarée par la loi complétement libre sur les cours d'eau du domaine public. Je me propose d'exposer dans un chapitre final l'ensemble de la législation en matière de pêche, et je ne dois pas devancer ici ce que j'aurai à dire à cet égard ; il me suffira d'affirmer que les modes de pêche que je vais indiquer sont parfaitement licites (autrement je n'en parlerais pas), mais que leur emploi est subordonné à certaines conditions légales très-simples, que vous vous hâterez de remplir dès que vous les connaîtrez, je n'en doute pas : se conformer aux lois de son pays, même dans les petites choses, est, à mon avis, tout à la fois prudent et de bon goût. Je suppose donc tout d'abord que vous êtes muni de l'autorisation nécessaire pour pêcher *à fond* ; il ne me reste plus qu'à vous indiquer la manière de vous en servir.

Accoutumé à se tenir dans les couches d'eau inférieures et à chercher sa pâture dans les graviers des fonds rocailleux, le barbeau, pour mordre à l'appât, a besoin qu'il lui soit présenté dans les régions qu'il fréquente le plus ordinairement. Mais comme il aime les courants un peu vifs et les terrains accidentés, la ligne flottante y courrait trop vite et l'hameçon risquerait de s'accrocher souvent ; d'un autre côté, quelque abondants qu'on les suppose, les barbeaux sont moins nombreux et mordent, par conséquent, moins souvent que les ablettes, les gardons et les goujons : le pêcheur passerait la plus grande partie de son temps à jeter sa ligne et à la retirer, occupation peu récréative, temps perdu de toutes façons. Décidément il y avait là quelque chose à faire, et on l'a fait. Frappé de ces diverses circonstances, un observateur, un bienfaiteur de l'humanité pêchante, un homme de génie dont la mémoire inconnue (ô ingratitude !) se perd dans la nuit des temps, a imaginé de fixer l'appât à un corps pesant capable de le tenir à poste fixe au fond de l'eau, à la disposition des barbeaux de bonne volonté. Mais ici une autre difficulté se présentait : comment être averti du moment où le poisson saisit sa proie? par quel moyen se tenir au courant de ce qui se passe dans les profondeurs du fleuve? car, dans cette circonstance, je n'ai pas besoin de le dire, il n'est plus question d'employer cette flotte indicatrice qui, dans la ligne flottante, révèle par ses mouvements la moindre secousse imprimée à l'appât qu'elle tient suspendu. Heureusement notre observateur a tout prévu : il a remarqué qu'un fil tendu transmet rapidement à l'une de ses extrémités les vibrations imprimées à l'extrémité opposée; il a compris qu'un sens pouvait remplacer l'autre, et qu'à défaut de la vue le tact pouvait parfaitement indiquer l'attaque du poisson, et même, lorsque ce sens est suffisamment exercé, les diverses nuances et la phase décisive de cette attaque.

Résumez ces notions, mettez-les en pratique, et vous voilà en possession d'un nouveau mode de pêche approprié à la nature de la proie que vous recherchez; c'est la *pêche à soutenir*. Le corps de la ligne doit être formé d'un solide cordonnet de soie ou de lin, dévrillé par le mode précédemment indiqué ; la monture se composera d'un ou de deux brins de bonne racine portant un hameçon nos 1, 2 ou 3. Munissez-vous ensuite d'un petit poids de plomb d'une pesanteur suffisante pour qu'il ne soit pas entraîné par le courant; dans la plupart des cas, il suffit qu'il pèse 1 ou 2 hectogrammes. Ce lingot devra être muni d'une petite anse de fil de fer dont les deux bouts auront été engagés dans le métal encore en fusion. Pour l'attacher à la ligne, vous pliez celle-ci en deux à environ 30 ou 40 centimètres de l'hameçon, et vous passez la tête de cette boucle dans l'anse de fil de fer, comme vous passez un fil dans la tête d'une aiguille; vous ouvrez la boucle lorsqu'elle est engagée de 6 ou 8 centimètres, et vous y faites passer à son tour le lingot; vous serrez ensuite le nœud à la base de l'anse. Le plomb se trouve alors fixé de manière à ne pouvoir glisser ni en avant ni en arrière, et cependant vous avez toute facilité de le retirer en renversant la manœuvre qui a servi à l'attacher. On peut encore, et avec plus d'avantages peut-être, se servir d'une olive en plomb percée dans le sens de son grand diamètre; on y fait passer le corps de la ligne et on l'arrête par un nœud.

Pour pêcher à soutenir, il n'est pas besoin de se servir, comme pour la pêche à la ligne volante, d'une canne à peu près aussi longue que la ligne elle-même; cela serait même presque toujours impossible, le plomb devant être jeté à une distance de 10 ou 15 mètres et quelquefois bien plus loin. On voit tous les jours à Paris des individus pêcher à soutenir du haut d'un pont, c'est-à-dire avec une ligne qui, eu égard à l'angle qu'elle doit décrire à raison de la force du courant qui l'emporte, ne peut pas avoir moins de 30 à 40 mètres de longueur. Heureusement, dans cette sorte de pêche, la ligne est assez forte pour que le poisson une fois accroché puisse être, sans aucun risque, tiré à l'aide de la main seule, et ramené sur le bord sans le secours d'un intermédiaire flexible et élastique comme le scion de la ligne ordinaire. Il suffit donc de monter la ligne à soutenir sur un scion de bois ou de baleine, ayant 30 ou 40 centimètres de longueur et muni, à la partie inférieure, d'un renflement en bois ou poignée qui permette de le tenir bien en main ; on peut même tenir le fil roulé autour d'un doigt.

Quant à l'appât, il se composera, soit d'un gros ver de terre, soit d'un petit cube de fromage de gruyère le plus odorant possible, soit même d'un morceau de viande cuite et préférablement de rate de bœuf. Le ver à queue réussit merveilleusement à ceux qui ont le courage d'aller le recueillir à la source ; mais, je le répète, je n'ai pas de conseil à vous donner sur ce point : honneur au courage heureux !

Armé de la sorte, vous cherchez dans un cours d'eau un endroit profond où l'eau coure sur un fond de gros sable ou de cailloux ; priez Dieu qu'il ne s'y trouve pas de roches trop abruptes : car alors, trop souvent, le plomb s'engage, par l'effet de sa pesanteur, dans des fentes ou dans des anfractuosités d'où il est difficile et quelquefois impossible de l'arracher. Dans la prévision de cet accident, ne laissez pas que de vous munir de montures, d'hameçons et de plombs de rechange. C'est surtout là où le courant, resserré entre des bas-fonds ou des touffes de végétations aquatiques, s'ouvre un rapide passage désigné sous le nom de *rigole ;* c'est là surtout, dis-je, qu'il convient d'envoyer votre appât. Le plomb entraîné d'abord par le courant ne tardera pas à s'asseoir sur le fond en tendant la ligne, et vous vous assurerez par quelques mouvements de la main qu'il est bien arrêté sur le sol et qu'il ne flotte pas entre deux eaux, auquel cas il faudrait en employer un plus pesant. Dans cette situation, les 30 ou 40 centimètres de monture qui restent libres au delà de la plombée flottent au ras de terre, et l'appât agité par le mouvement de l'eau appelle l'attention du poisson ; tandis que vous, tendant la ligne autant qu'il est possible de le faire sans déplacer le plomb, vous attendez que quelque heureux hasard amène à portée de la trompeuse amorce quelque barbeau affamé en quête d'un succulent repas.

Dans cette pêche, je le répète, les yeux ne servent de rien : elle conviendrait parfaitement à un aveugle ; mais, pour être autrement perçue, la sensation qui révèle l'attaque du poisson n'en est ni moins certaine ni moins immédiate. De l'hameçon au plomb et, par continuation, du plomb à votre main il s'établit une communication intime, et pour ainsi dire électrique. Si un barbeau touche l'appât de ses lèvres, le fil conducteur vibre aussitôt et vient vous annoncer l'approche de l'ennemi. Attention ! à ces secousses intermittentes imprimées à tout l'appareil par les tâtonnements préliminaires du poisson, succède un mouvement continu qui se traduit en un effort incessant, capable, si vous n'y prenez garde, de vous arracher le scion de la main. Courage ! c'est l'instant de la crise : le barbeau tient l'appât dans sa bouche et cherche à l'entraîner avec lui ; peut-être déjà la résistance du plomb a-t-elle suffi pour faire entrer l'hameçon dans la chair. N'importe ; pour plus de sûreté, donnez brusquement un coup de poignet, et la proie est à vous : il ne vous reste plus qu'à l'amener à votre portée en tirant la ligne à pleines mains; si le poisson est assez gros pour vous faire craindre de l'enlever d'autorité, n'oubliez pas de recourir à l'intercession de sainte épuisette.

Si l'eau est claire et transparente, le succès est moins probable que si elle est troublée et jaunie comme il arrive après de fortes pluies, à moins que vous ne pêchiez la nuit ou de très-grand matin ; car c'est toujours en l'absence d'une lumière trop forte que les barbeaux et un certain nombre de poissons des espèces les plus recherchées abandonnent les crônes et les sous-rives, où l'éclat de la lumière et les bruits du dehors les engagent à se réfugier pendant le jour. Pêcher la nuit est toujours le plus sûr; malheureusement, au point de vue légal, c'est une question assez délicate : j'aurai occasion de m'en expliquer plus tard. Quoi qu'il en soit, pendant le jour, c'est surtout lorsque l'eau charrie avec elle ces particules de terre délayée qui troublent sa limpidité, que le barbeau se met en quête et sort de ses retraites pour picorer ; là où un ruisseau rapide se jette en bouillonnant dans une rivière, vous aurez toute chance de le rencontrer. Comme le goujon, il aime à pêcher en eau trouble; mais, malheureusement, il est moins familier ou moins intrépide que ce dernier, et si vous alliez essayer, pour l'attirer, de fouiller le fond et d'agiter le sable, tout ce qu'il y a de barbeaux à cent mètres alentour ne manqueraient pas de suivre l'exemple prudent du célèbre chien de Jean de Nivelle.

Or, admirez encore ici jusqu'où l'esprit d'observation et la logique d'une innocente passion peuvent conduire les hommes. Les barbeaux aiment l'eau trouble et craignent l'agitation et le bruit ; d'un autre côté, nous aimons peu à tendre nos piéges au hasard et à attendre au bord d'une eau claire le bon plaisir de ces messieurs. Eh bien! soit, l'affaire peut s'arranger ; vous aimez la terre délayée, on vous en donnera, on poussera l'attention jusqu'à l'assaisonner des ingrédients les plus friands, et rira bien qui rira le dernier.

A l'occasion du gardon, j'ai déjà parlé de ces pelotes de terre grasse remplies d'asticots, qui ont la propriété d'attirer et de faire remonter le poisson ; le même artifice réussira merveilleusement avec le barbeau; car l'asticot, je ne saurais trop le répéter, c'est la manne, c'est le mets de prédilection de cet estimable poisson. Préparez donc, suivant la formule, deux ou trois bonnes pelotes bourrées de vers à viande; jetez-les dans la direction du point où vous voulez placer la ligne, et toujours en amont du coup. Enfilez sur votre hameçon, par la partie inférieure du corps, huit ou dix de vos asticots les plus dodus et les plus appétissants; enfermez l'hameçon ainsi garni au centre d'une pelote lardée d'asticots et grosse comme la moitié du poing; puis, après avoir bien resserré la terre avec les mains pour qu'elle se détache le moins promptement possible, jetez la ligne et attendez. Selon toute apparence, vous n'attendrez pas longtemps; voici ce qui se passe au fond de l'eau, à une profondeur où les yeux ne peuvent atteindre, mais où peuvent pénétrer avec nous le raisonnement et l'esprit d'analyse.

L'eau imbibe peu à peu la terre humide que vous lui avez confiée; le courant charrie incessamment les parcelles de terre qu'il enlève, et établit ainsi un filon d'eau trouble qui attire l'attention et excite la convoitise du barbeau. Le poisson s'engage dans cette atmosphère aquatique, qu'il suppose conforme à l'état général du cours d'eau; il récolte de moment en moment quelque asticot, bonne aubaine, qui lui démontre victorieusement la justesse de son hypothèse. Il arrive enfin à la pelote, il y reconnaît la source de tant de bonnes choses, il l'odore, il la retourne, il en voit sortir des vers blancs qu'il happe : c'est alors que vous sentez les premières secousses qui attirent votre attention. Bientôt, comme la bonne femme de l'apologue, le barbeau se décide à éventrer la poule aux œufs d'or; d'un coup de son vigoureux boutoir il fend la pelote; il aperçoit une douzaine d'asticots qui sont comme l'amande délicate de ce fruit qu'il a convoité; il les hume, il veut fuir en les emportant; allons, ferme, un bon tour de main, le voilà pris! Le voilà pris, c'est vrai, et, si vous avez le feu sacré, ce moment suffit pour vous consoler d'une longue attente pendant laquelle vous n'avez pas même pour vous distraire cette espèce de passe-temps mécanique que donne au pêcheur à la ligne volante la nécessité de tirer de temps en temps, pour la rejeter en amont, la ligne emportée en aval.

Il est certain que cette nécessité de rester longtemps, pendant des heures quelquefois, le bras tendu, immobile en manière de cariatide, pourrait, à toute force, sembler à quelques âmes tièdes, à quelques vocations peu décidées, une occupation un peu bien monotone. Que de fois cependant, couché sur une rive gazonnée, jouissant du calme de la campagne, bercé par le murmure des eaux, recueilli dans de vagues et silencieuses méditations, j'ai vu, sans m'en apercevoir, le temps s'enfuir! Je m'abandonnais avec délices à un demi-sommeil, interrompu de temps en temps par le brusque appel adressé à mes instincts de pêcheur par une proie invisible qui venait d'elle-même me tirer, pour ainsi dire, par la main. Je comprends cependant que tout le monde ne soit pas sensible au même degré aux charmes de ce *far niente*, si doux surtout pour celui qui, la veille, se sera livré à l'exercice violent de la chasse ou à un travail d'esprit immodéré. Eh bien! venez encore sans crainte, je puis vous promettre de beaux barbeaux sans qu'il vous en coûte d'autre peine que d'attendre, un livre à la main, ou, madame, un ouvrage de tapisserie entre vos jolis doigts, que le poisson vous appelle de lui-même et vous avertisse par un coup de sonnette qu'il se tient à votre disposition.

Et n'allez pas croire que je me permette ici une mauvaise plaisanterie; écoutez-moi un instant, et j'espère vous convaincre que rien n'est plus sérieux. Vous êtes muni de la ligne à soutenir dont j'ai parlé tout à l'heure; vous n'avez rien à ajouter à cet appareil, si ce n'est que le scion doit être armé à son extrémité inférieure d'une pointe de fer longue de 7 à 8 centimètres, et, vers l'extrémité supérieure, d'un grelot de 3 ou 4 centimètres de diamètre. Amorcez et pelotez comme je viens de l'indiquer, jetez la ligne; puis, au lieu de tenir le scion dans la main, enfoncez dans la terre la pointe de fer qui y est adaptée. Lorsqu'un barbillon viendra pour saisir l'appât, la ligne, que vous aurez eu soin de maintenir bien tendue en l'attachant à la partie supérieure du scion, agitera le grelot et vous avertira d'être attentif; lorsque le carillon deviendra continu et procédera par doubles croches, saisissez brusquement le fil de la ligne en tirant à vous; si vous avez bien pris votre temps, vous amènerez infailliblement un barbeau. Ce mode de pêche m'a, je l'avoue, laissé les meilleurs souvenirs; c'est en l'employant qu'un beau soir j'ai pris, un peu au-dessous du pont au Change, à Paris, un barbeau de 4 kilogrammes; c'était un de ces vétérans dont les pilotis de la pompe du pont Notre-Dame et les restes sous-marins de la Samaritaine, près du Pont-Neuf, conservent encore, dans leurs retraites inaccessibles, quelques échantillons. La pêche au grelot a encore cet avantage qu'on peut y consacrer simultanément plusieurs lignes, ce qui multiplie tout naturellement les chances de succès. Je ne conseillerais pas néanmoins à une seule personne d'en employer à la fois plus de trois ou quatre; car, à cette pêche comme à celle à soutenir à la main, il faut avoir soin de renouveler tout au moins de demi-heure en demi-heure les pelotes que le courant délaye lentement et finit par emporter tout à fait. Et comme la confection et l'agencement de ces pelotes prennent encore un certain temps, il est bon d'échelonner les choses de manière à relever une des lignes toutes les huit ou dix minutes, sauf, bien entendu, le cas où une heureuse capture obligerait à devancer le terme de cette période régulière. Une grave question partage les maîtres à l'occasion de ce genre de pêche. Les uns placent un plomb près de l'hameçon, d'autres au contraire y mettent un bouchon de liége. Le premier de ces procédés retient l'appât au fond, après même que la pelote s'est entièrement dissoute; le second, dans cette même circonstance, soulève la ligne et l'amène à la surface de l'eau. Quelque disparates que soient ces deux modes, il est pourtant vrai de dire qu'ils sont également bons; à mon avis, le choix que l'on doit faire entre eux dépend uniquement du point de vue sous lequel on se place. Un homme régulier et méthodique peut sans inconvénient se servir du plomb, grâce auquel la brochette d'asticots continuera pendant un temps donné de rester offerte à l'appétit du barbeau, même après que la pelote aurait disparu. Le pêcheur distrait ou préoccupé fera bien, au contraire, de se servir du liége, qui, après que la pelote est dissoute, fait surnager la ligne et avertit aussitôt de renouveler l'amorce.

Je n'ai pas besoin de rappeler que c'est surtout à cette pêche que doit trouver fréquemment son emploi, l'éponge retenue par une ficelle et qui, imbibée d'eau, servira à déterger les mains fréquemment salies par le contact de la terre.

Le barbeau se prend aussi à la ligne de fond, autrement dit *au jeu*; comme cet engin est employé contre un grand nombre d'autres poissons, j'en ferai, pour éviter les répétitions, l'objet d'un chapitre particulier, me bornant à dire ici que l'appât le plus usité pour pêcher le barbeau au jeu pendant le jour, est du fromage de Gruyère vieux, coupé en forme de dés.

CHAPITRE XIII.

LA CARPE, LA TANCHE.

Les espèces dont j'ai parlé jusqu'ici naissent et prospèrent surtout dans les eaux vives et courantes des fleuves, des rivières et des ruisseaux ; mais ces eaux ne sont pas (sans parler de la mer dont je n'ai pas à m'occuper) les seules qui se rencontrent à la surface du globe ; les lacs et les étangs couvrent des espaces considérables, et, pour ces localités spéciales, la sagesse du Créateur aurait été en défaut si elle n'avait pas créé une population spéciale aussi, destinée à les animer par le mouvement et par la vie.

Les lacs d'eau douce, les seuls dont le cadre de ce petit livre me permette de parler, sont ordinairement formés par une expansion locale et naturelle d'un grand cours d'eau qui les traverse; le lac de Genève est un exemple de cette espèce. Les poissons qui habitent ces amas d'eau participent de la nature de ceux que nourrit le fleuve lui-même, dont le lac peut, jusqu'à un certain point, être considéré comme une partie. Certains lacs, qui occupent d'anciens cratères dans les chaînes de montagnes volcaniques, sont quelquefois sans communication apparente avec aucun cours d'eau connu; mais les eaux qui les alimentent proviennent ordinairement de sources intérieures et s'échappent par des canaux souterrains. Ces amas d'eaux toujours limpides et fraîches nourrissent des poissons des espèces les plus distinguées, et auxquels je consacrerai bientôt un chapitre particulier.

Quant aux étangs, ce sont, en général, des pièces d'eau formées de main d'homme dans une dépression de terrain, au moyen d'une digue ou chaussée qui barre le cours d'un ruisseau ou d'une petite rivière ; cet obstacle artificiel force le ruisseau à refluer sur les fonds environnants, jusqu'à ce que le niveau de la pièce d'eau ait atteint celui d'un déversoir par lequel s'épanche le trop-plein. Certains étangs enfin sont uniquement formés de l'égout des eaux pluviales, et n'ont ordinairement d'autre moyen de se décharger de leur trop-plein que l'évaporation lente de leur contenu. Il existe aux environs de Paris deux spécimens bien remarquables d'étangs de cette dernière espèce. Lorsque Louis XIV se vit forcé de renoncer à l'espoir d'amener jusque dans son royal Versailles les eaux de la rivière d'Eure ; lorsque la découverte d'une erreur énorme de nivellement eut révélé l'impossibilité de réaliser ce projet gigantesque dont il ne reste plus que le souvenir et les ruines cyclopéennes des aqueducs de Maintenon, il fallut trouver un autre moyen de faire affluer des masses d'eau sur le plateau aride où le grand roi avait résolu de créer sa résidence. Il s'agissait de pourvoir non-seulement à la consommation d'une grande ville, mais encore à l'alimentation de ces mille bassins de bronze et de marbre que le génie de Le Nôtre avait rêvé de construire, et qui, aujourd'hui encore, font l'admiration d'un siècle si peu disposé à admirer.

Le volume d'eau élevé par la machine de Marly, si prodigieuse alors, était encore loin de suffire à tous ces besoins ; pour y suppléer on chercha et on trouva, mais à des distances considérables, deux emplacements plus élevés encore que Versailles, et cependant un peu inférieurs au niveau des plaines environnantes ; on y amena les eaux pluviales au moyen de plus de 80 kilomètres de rigoles habilement nivelées et rayonnant sur tous les points où la pente des reliefs de terrain déversait les eaux pluviales. C'est ainsi que furent créés l'étang de Saclé près de Jouy, l'étang de Trappes, ainsi que l'étang de Boisrobert, aujourd'hui défriché, et qui comprenaient ensemble plus de 400 hectares d'eau. Conduire de là les eaux à Versailles, bagatelle! Il suffisait de 20 ou 25 kilomètres de souterrains voûtés, sans compter l'aqueduc de Buc, auprès duquel le pont du Gard n'est qu'un jeu d'enfants.

Les étangs traversés, renouvelés sans cesse par un cours d'eau, peuvent, à la rigueur, nourrir des goujons, gardons ou barbeaux; mais quant aux pièces d'eau de la seconde espèce, elles seraient à peu près désertes, si la carpe et la tanche ne s'étaient trouvées organisées d'une manière spéciale pour en faire leur demeure. Je ne parle pas du brochet et de la perche, que leurs sanguinaires appétits attirent partout où ils peuvent trouver une proie, mais qui ne doivent être considérés pour les étangs que comme une population secondaire et parasite.

Il ne faut pas croire, d'ailleurs, que la carpe et la tanche ne se trouvent jamais dans les rivières ou dans les autres cours d'eau : la carpe surtout y prospère à merveille et y acquiert des proportions considérables ; elle y acquiert des qualités alimentaires, une chair et une saveur exquises, qui la mettent bien au-dessus des poissons de même espèce qui n'habitent que les eaux stagnantes. Mais il n'en est pas moins vrai que les étangs sont la véritable patrie des carpes; c'est là qu'elles pullulent avec une abondance vraiment surprenante, à la faveur de la plantureuse nourriture que leur fournissent les fonds bourbeux. C'est surtout cette nature de terrain que la carpe affectionne, et, dans les rivières même, les endroits où l'eau dormante dépose incessamment des détritus vaseux sont ceux où l'on doit exclusivement l'aller chercher.

Qui ne connaît pas la carpe, le plus populaire de tous les poissons? Sa tête grosse et forte, aux lèvres charnues et contractiles, son corps ramassé et légèrement comprimé, ses larges écailles cannelées, ses puissantes nageoires, en font comme un type de solidité et de vigueur. Comme il arrive à presque tous les poissons, ses couleurs varient suivant la nature des eaux qu'elle habite ; mais en général sa livrée affecte les nuances sombres, glacées

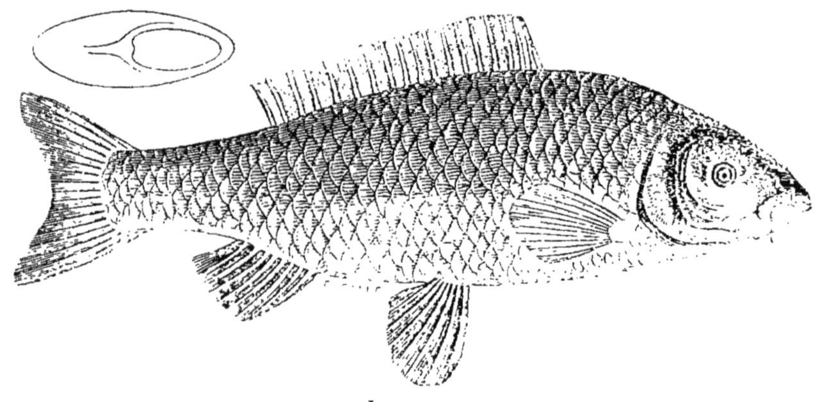

La carpe.

de reflets d'or ou plutôt de cuivre jaune bruni. Comme les poissons de fond en général, elle a la bouche munie de barbillons qui, au nombre de quatre, sont adhérents à sa lèvre supérieure.

La carpe parvient à un âge très-avancé; comme elle est susceptible plus qu'aucun autre poisson de vivre sous les yeux de l'homme et dans un état de domestication presque complet, les preuves de cette longévité, dont elle partage probablement le privilége avec un grand nombre d'animaux de même espèce, ont pu être plus facilement constatées à son égard qu'à l'égard d'aucun autre.

On comprend que, lorsqu'un poisson est organisé de telle façon que sa naissance et toutes les phases de son développement peuvent avoir lieu dans un bassin ou dans une étroite pièce d'eau, son état civil, si je puis m'exprimer ainsi, est plus facile à établir que lorsqu'il s'agit de ces races errantes et vagabondes, pour qui la liberté et l'espace sont des conditions nécessaires de l'existence. Les livres d'ichthyologie rapportent des exemples authentiques de carpes qui ont vécu au delà de deux cents ans, et, de nos jours même, on peut voir dans les bassins de Fontainebleau, où ils sont devenus célèbres, des poissons de cette espèce dont la naissance remonte certainement tout au moins jusqu'au règne de Louis XIV ; leur grosseur et leur voracité font chaque jour l'admiration des visiteurs qui parcourent cette vieille résidence embellie par tant de rois. Quelques-uns de ces hôtes qui ont survécu à tant de générations et qui ont vu se succéder tant de maîtres divers, ont acquis une taille énorme; il en est dont le poids ne peut être évalué à moins de 12 ou 15 kilogrammes, et un pain de deux kilogrammes jeté au milieu de leur troupe est dépecé et englouti en quelques minutes par leur furieux appétit. L'histoire rapporte qu'en 1711, à Francfort-sur-l'Oder, fut prise une carpe de trois mètres de long, d'un mètre de large et du poids de 35 kilogrammes ; puis enfin, comme si ce n'étaient pas encore là des dimensions assez respectables, la fable, qui partout et toujours prétend avoir le dernier mot, prétend que dans le Dniester il se prend quelquefois des carpes si grosses que d'une de leurs arètes on pourrait faire un manche de couteau.

Soyons francs et sincères avant tout : je ne puis m'engager à vous faire pêcher dans votre pratique habituelle des monstres de ce calibre-là; aussi bien, s'il s'en rencontrait souvent de pareils, serais-je obligé de modifier beaucoup les enseignements que je prends la liberté de vous offrir ; votre matériel de pêche devrait subir de notables modifications, et, tout bien considéré, peut-être ferais-je bien de vous renvoyer purement et simplement à quelque traité spécial sur la pêche de la baleine : car, je dois l'avouer en toute humilité, je n'ai jamais pratiqué sur des cétacés. Mais, rassurez-vous, cher lecteur et disciple bien-aimé ; si jamais vous prenez des carpes, et je l'espère bien, vous en rencontrerez beaucoup plus de un ou de deux kilogrammes que d'un poids supérieur ; si vous allez au delà, soyez heureux et fier ; si enfin il vous arrive jamais, comme cela m'est arrivé dans la Marne, d'accrocher et surtout d'amener sans encombre un poisson de cette espèce du poids de 5 kilogrammes, marquez ce jour d'une pierre blanche et rendez grâce à saint Pierre, patron des pêcheurs. Selon toute apparence, une pareille aubaine ne se présentera pas deux fois dans votre vie, du moins dans nos climats ; car on prétend que dans les eaux de l'Est et du Midi, d'où elle est originaire, la carpe atteint de plus vastes dimensions que dans les régions plus septentrionales. Ce qu'il y a de certain, c'est qu'il n'y a pas plus de trois siècles que la carpe a été naturalisée en Angleterre, en Danemark et en Suède, et que, dans ces divers pays, l'espèce n'acquiert pas, en général, un volume considérable.

Par le motif dont je parlais tout à l'heure et qui rend si faciles les observations à faire sur la carpe, on s'est livré à l'endroit de ce poisson à de nombreuses expériences favorisées encore par son extrême vitalité et par la faculté qu'il possède de vivre assez longtemps hors de l'eau et dans des espaces très-resserrés. Ainsi, lorsque l'exploitation et l'aménagement des étangs l'exigent, on enlève les carpes à leur lieu natal et on les transporte dans d'autres domiciles, sans autre précaution que d'éviter la trop grande chaleur et de renouveler deux ou trois fois en vingt-quatre heures l'eau des tonneaux dans lesquels elles sont entassées; toute cette population aquatique voyage en charrette ou même en chemin de fer, et ne s'en porte pas plus mal lorsqu'on la rejette dans un étang souvent fort éloigné. On prétend même qu'on peut faire voyager une carpe sans eau, dans une boîte où on l'aurait placée au milieu d'herbes mouillées et souvent rafraîchies; il faut toutefois avoir la précaution de placer dans l'ouverture des ouïes une tranche de pomme pelée pour empêcher que les opercules de ces organes ne se collent contre le corps par l'épaississement de l'humeur mucilagineuse que distille sans cesse le poisson. Grâce à cette précaution, les bronchies continuent à absorber l'air nécessaire à la respiration; arrivé au lieu où l'on veut déposer la carpe, on retire la pomme, on rend le poisson à son élément, où il se met à frétiller et à nager comme si de rien n'était. Je n'ai pas expérimenté ce procédé qui, d'ailleurs, n'aurait guère qu'un but de curiosité; si vous ne voulez pas y croire.... essayez-en.

Pour avoir à transporter, comme je viens de le dire, les carpes par tonnes et par charretées, il faut, cela est facile à croire, employer d'autres moyens que la pêche à la ligne; pour comprendre ces pêches miraculeuses, il faut savoir que, pour les propriétaires d'étangs, la culture de la carpe est une espèce d'assolement comme un autre, destiné à mettre en rapport et surtout à amender certaines natures de terres situées dans des localités spéciales. Lorsque, au moyen de l'épaisse chaussée faite de main d'homme, on a empêché les eaux de trouver dans la partie déclive d'un vallon leur écoulement naturel, ces eaux, en refluant, forment un étang dans lequel on jette, en proportion de son étendue, une certaine quantité de jeunes carpes grosses comme des ablettes ou comme des goujons, et que, dans cet état, on appelle de l'alevin. Après quatre ou cinq ans de séjour dans ce réservoir, le petit poisson est devenu grand, la récolte est mûre; on lève une porte d'écluse, une bonde placée au milieu de la chaussée, l'eau s'écoule et le poisson reste à sec, ou, du moins, dans une si petite quantité d'eau réunie dans une cavité ménagée tout exprès, qu'avec les filets les plus simples, avec des baquets même, il est facile de tout ramasser jusqu'au dernier. Pendant deux ou trois années, l'on cultive le fond de l'étang engraissé par le limon que les eaux y ont déposé; puis, lorsque cette fertilité artificielle commence à s'épuiser, on ferme de nouveau l'issue de la bonde et l'eau revient encore une fois, dans le lit qu'on lui a préparé, nourrir une population nouvelle.

L'abondance de la carpe et cette grande facilité à la prendre dans de certaines circonstances en ont fait, comme je le disais, en quelque sorte un animal domestique; messer Gaster, le premier maître ès arts du monde, s'il faut en croire Rabelais, en a profité pour étendre le cercle de ses solides mais prosaïques jouissances, et pour prendre avec ces pauvres poissons d'étranges libertés. Vous savez sans doute pourquoi et à quel prix les chapons et les poulardes acquièrent cette chair fine et cet embonpoint délicat qui les distinguent. On a imaginé de faire aux carpes le même honneur. *Ahi! povero Calpigi!* Un gourmet anglais a essayé de cette opération ; il leur a bien délicatement ouvert l'abdomen, en a extrait doucettement la laite ou les ovaires, et a rejeté le poisson dans l'eau, après avoir proprement recousu la plaie; c'est à peine si l'animal s'est aperçu de la chose, et il n'en est devenu que plus gros et plus gras. Je dois seulement vous avertir que, lorsqu'on a fait subir cette opération à toutes les carpes d'un étang, il ne faut pas, lorsqu'on le pêche, s'attendre à trouver beaucoup d'alevin. Un honnête Hollandais a poussé le raffinement encore plus loin : il a essayé d'engraisser de ces carpes incomplètes en les soumettant à un régime analogue à celui de l'épinette dans laquelle on engraisse les volailles. Il a placé une carpe dans un filet suspendu à la voûte d'une cave, et l'y a entourée d'un lit de mousse humide et souvent arrosée ; ce brave Batave assure que le poisson, bien que privé d'eau, ne perd pas la vie pour si peu, et que, si l'on a soin de le nourrir avec de la mie de pain trempée dans du lait, il acquiert, en quinze jours ou trois semaines, le *nec plus ultra* des qualités culinaires.

J'ignore si vous prendrez goût à ces curiosités gastronomiques qui ne m'ont jamais tenté ; j'espère pour vous que, dédaignant ces raffinements par trop *cuisiniers*, vous pêchez surtout pour le plaisir de pêcher et pour la gloire de prendre. Dans tous les cas, pour faire des expériences sur le poisson, la première condition c'est de l'avoir pris ; à moins que vous ne soyez propriétaire d'un étang prêt à être récolté, la ligne ou le filet sont les seuls moyens à employer. Voyons donc comment on prend les carpes à la ligne, la stratégie du filet restant toujours réservée pour un chapitre futur.

La carpe cherche toujours sa nourriture dans la vase ; c'est donc sur le fond même, ou du moins le plus près possible du fond, qu'il faut lui présenter l'appât. Dans les étangs et dans les parties des cours d'eau où il n'existe absolument aucun courant, par exemple, derrière une digue ou dans le bief d'une écluse, il faut donner à la ligne, depuis la flotte jusqu'à l'hameçon, une longueur qui peut dépasser d'un mètre la profondeur de l'eau ; le corps de la ligne sera formé d'un solide cordonnet de soie ou de lin, et la monture sera une forte ou même une double racine portant deux hameçons n° 3 ou n° 4 espacés de

30 centimètres environ ; elle sera garnie d'un plomb roulé, d'un poids suffisant pour faire descendre et maintenir les appâts sur le fond, et d'une flotte de liége assez grosse et enduite d'une couleur éclatante. Quant aux appâts, le choix sera facile : fèves cuites, vers rouges, asticots dans des pelotes de terre, ou même simples boulettes de mie de pain, tout est bon pour la voracité peu défiante de la proie que nous cherchons à capturer. Il est avantageux, lorsqu'on en a le temps et la facilité, d'amorcer la place dès la veille au soir en y répandant du blé, des fèves cuites ou du pain de chènevis provenant des marcs d'huile. Moyennant toutes ces conditions, on peut jeter dès le matin la ligne avec toute confiance ; aussitôt qu'une carpe y viendra toucher, vous en serez averti par un mouvement de la flotte qui, n'étant pas tenue en état de suspension, puisque le plomb repose sur le fond, est restée couchée sur l'eau. Mais surtout ne vous pressez pas : le poisson que vous poursuivez est comme l'avare Achéron, il ne lâche pas sa proie ; il reconnaît d'abord, il retourne, il mordille l'appât, le tout sur place ; mais, dès qu'il est décidé à le saisir, il fuit, entraînant avec lui la flotte. Le moment d'agir est venu ; arrêtez par un coup de poignet le bouchon qui s'enfuit, et rappelez-le vers vous. Il y a tout à parier que la pointe de l'hameçon a fait son œuvre ; le poids que vous ressentez, les secousses imprimées à la ligne par la victime qui se débat vous en donnent la certitude ; avec du sang-froid et de la prudence, et surtout avec une épuisette bien manœuvrée, la carpe est à vous.

Lorsqu'on pêche dans les eaux courantes, où il faut à tous moments relever, pour la rejeter aussitôt, la ligne constamment entraînée, on conçoit qu'il est indispensable de tenir la canne à la main ; mais dans les eaux dormantes, surtout lorsqu'il s'agit d'un poisson aussi peu soudain dans son attaque, c'est une peine dont on peut se dispenser, et cela d'autant plus à propos qu'il est médiocrement agréable de rester des heures entières le bras tendu sans bouger, et comme la statue est au festin de Pierre. Mais poser purement et simplement la canne à terre est une pratique qui n'est pas sans inconvénients : si le scion trempe dans l'eau, il se gonflera par l'effet de l'humidité, et vous aurez, après la pêche, la plus grande peine à le détacher de la portion de la canne dans laquelle il est inséré : et puis, si vous avez attendu trop longtemps pour *ferrer*, la carpe en fuyant peut entraîner le tout à vau-l'eau, auquel cas, pour rattraper l'arme et le gibier, il vous faudrait vous livrer à un exercice de natation peu récréatif. Rien de plus facile que de pourvoir à ces divers inconvénients : il suffit d'enfoncer en terre une petite fourche coupée au premier buisson venu et de poser dessus la canne; vous fixerez ensuite la poignée en arrière par un crochet de bois également enfoncé en terre; la ligne ainsi établie se tiendra élevée au-dessus de l'eau et ne risquera plus d'être emportée par le poisson, tout en conservant au pêcheur la plus grande facilité pour la saisir et la manœuvrer au besoin. Il y a plus : rien n'empêche, et c'est ainsi que l'on procède ordinairement, de placer de cette manière plusieurs lignes dont on peut facilement d'un seul coup d'œil surveiller les bouchons, que, pour ce motif même, j'ai conseillé de peindre d'une couleur bien voyante. Les amateurs qui se livrent souvent à cette sorte de pêche font bien de faire confectionner les fourches et les crochets en fer léger ; de cette manière les appareils sont plus durables qu'en bois, tiennent moins de place pour le transport et ne pèsent guère davantage.

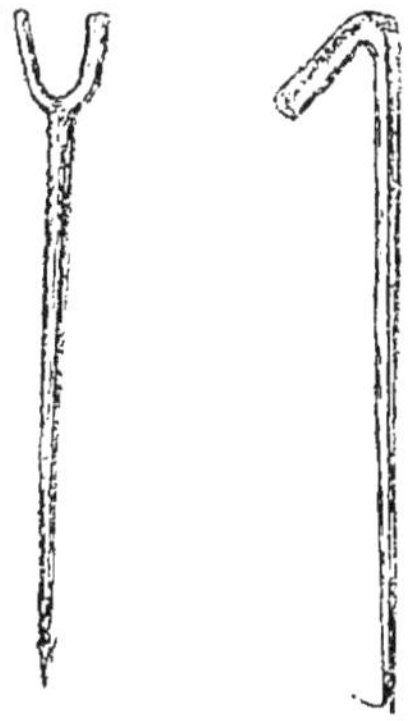

Si l'on pêche dans une eau un peu courante, la ligne dormante ne peut pas être employée; le bouchon serait entraîné pendant que l'appât resterait au fond, faisant le sommet d'un angle, dont la partie inférieure et la partie supérieure du corps de ligne seraient les deux côtés. Sans cesse agitée par le courant, cette flotte perdrait la sensibilité qui lui est nécessaire pour avertir de la présence du poisson. Dans la localité que je viens de supposer, il faut revenir tout simplement à la ligne flottante tenue à la main, et dont l'hameçon approchera le plus près possible du fond.

Bien qu'il n'entre pas nécessairement dans mon cadre de considérer le poisson comme aliment, je ne dois pas cependant me dispenser de dire qu'à ce point de vue il existe une différence immense entre la carpe de rivière et la carpe d'étang, surtout lorsque les étangs ne sont pas traversés par une eau courante. La première a la chair ferme, savoureuse et franche de goût; l'autre est presque toujours imprégnée d'une saveur de bourbe véritablement repoussante. Les experts en pareille matière prétendent que, si l'on fait avaler à une carpe d'étang encore vivante un verre de fort vinaigre, cet acide excite dans tout son corps une sorte de révolution qui se manifeste par une exsudation de viscosités épaisses et abondantes; on ajoute que cette sécrétion forcée purge le poisson de tout mauvais goût, et en raffermit complétement la chair. C'est une expérience à vérifier, et que je recommande aux pêcheurs d'étangs. Au surplus, on arriverait au même résultat en mettant le poisson dégorger pendant huit ou dix jours dans une eau claire et courante.

Si je n'ai pas cru devoir faire à la tanche l'honneur d'un chapitre particulier, ce n'est pas que ce poisson, généralement estimé, selon moi, au-dessous de son

243 — j

Pêche à la ligne dormante.

mérite réel, ne soit pas digne qu'on s'en occupe d'une manière spéciale; mais, bien que sa conformation en fasse une espèce bien tranchée, il a tant de points communs avec la carpe, notamment en ce qui concerne les lieux où on le trouve et la manière de le pêcher, que m'étendre longuement sur tous ces détails, ç'aurait été m'exposer à d'inévitables redites.

La tanche a, d'une manière générale, les apparences extérieures de la carpe ; mais il est impossible cependant, même au premier coup d'œil, de confondre les

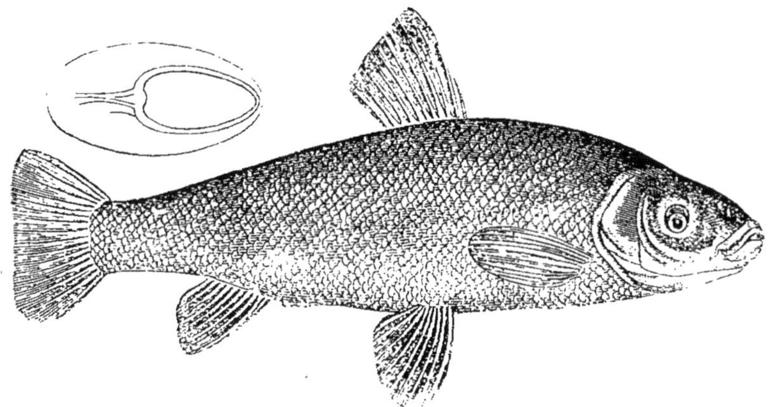

La tanche.

deux espèces. La première est remarquable par l'étendue bien moins considérable de sa nageoire dorsale, par sa queue à peine fourchue et aux angles arrondis, et surtout par la petitesse extrême de ses écailles ; elle est toujours lubréfiée par un mucus huileux qui permet difficilement de la retenir avec les mains, entre lesquelles elle glisse avec une grande facilité.

La livrée que la tanche affecte le plus ordinairement est la nuance brune dorée; mais nul autre poisson peut-être n'est plus que celui-là susceptible de varier dans ses couleurs, selon la nature des eaux qu'il habite. J'en ai rencontré dans des étangs traversés par des eaux vives, et notamment dans le département de la Creuse, qui étaient presque complétement dépourvues de teintes sombres, et qui présentaient au contraire des reflets nacrés et argentés.

On trouve rarement la tanche dans les eaux courantes : elle habite surtout les étangs, les mares; elle se plaît dans les eaux les plus stagnantes, et jusque dans de simples fossés ou abreuvoirs. La ligne dormante, semblable à celle que j'ai décrite en parlant de la carpe, est la plus convenable pour cette nature de pêche; avec cette observation, toutefois, que le meilleur et, pour mieux dire, le seul appât à employer est le gros ver rouge. La tanche mord encore bien moins franchement que la carpe; elle se joue quelquefois pendant dix minutes avec l'appât avant de se décider à le saisir complétement. Quand elle a pris ce parti, elle s'enfuit pour gagner quelques touffes d'herbes aquatiques, et entraîne avec elle la flotte : c'est le moment de *ferrer*, et on peut le faire en toute assurance; car, une fois arrivée à ce point, une tanche peut être considérée comme prise.

CHAPITRE XIV.

LES POISSONS DE PROIE.

Le brochet.

C'est une loi universelle des êtres vivants, que, dans tous les groupes de la création, il se trouve certaines espèces dont la destination est uniquement de se nourrir de la substance des autres.

C'est le destin! il faut une proie au trépas.

Le tigre, le lion, le loup, et tant d'autres carnassiers, dévorent les quadrupèdes ; l'aigle, l'épervier, déciment les habitants des airs ; le brochet et la perche sont les tyrans des eaux ; puis vient l'homme, qui, brochant sur le tout, abat sans distinction victimes et oppresseurs, les unes pour se repaître, les autres par jalousie de métier, et pour confisquer autant que possible à son profit le monopole de la destruction. Je dois ajouter que, dans l'accomplissement de cette mission providentielle, le pêcheur a sur le chasseur un véritable avantage. Lorsque ce dernier a tué un loup ou un renard, une buse ou un épervier, il n'a d'autre parti à en tirer que de se faire un tapis de la peau des quadrupèdes, ou de clouer les volatiles sur sa porte cochère. Le pêcheur, au contraire, lorsqu'il prend un poisson de proie, a la double satisfaction de punir un tyran en détruisant un rival, et de fournir sa table d'un mets recherché. C'est moral, et, de plus, c'est excellent au bleu ou à la sauce aux câpres : cela fait à la fois une bonne action et un rôt distingué, ou une entrée succulente.

Depuis le temps que nous pêchons de compagnie, vous avez vu plus d'une fois, j'en suis certain, sur la surface des eaux tranquilles d'une petite rivière ou d'un étang, courir de temps en temps, comme une traînée de poudre, ou semblables à ces girandoles d'étincelles que l'acier fait jaillir d'une meule à aiguiser, des sillons et comme des gerbes de petits poissons s'échappant avec précipitation du sein de leur élément. Leur frayeur était bien fondée; car le brochet était en chasse, et c'était son approche qui forçait tout ce peuple aquatique à fuir les mortelles atteintes de l'impitoyable destructeur qu'on a si justement appelé le requin des eaux douces. Sa gueule, large et profonde, aplatie extérieurement, et déprimée sur les côtés en forme de bec, n'est pour ainsi dire que dents; on en a compté jusqu'à sept cents, aux mâchoires, à la langue, au palais et jusqu'au fond du gosier, les unes fixes et les autres mobiles, pour attirer, happer, retenir la proie. Son corps, élancé dans sa solide carrure, ses nageoires puissantes et sa force musculaire, tout, jusqu'à une espèce d'huile abondamment sécrétée sur sa cuirasse par de nombreux orifices, contribue à rendre ses mouvements dans l'eau aussi rapides que ses atteintes sont dangereuses. Sa robe, peu éclatante, mais belle de régularité et de symétrie, est agréablement tachetée, comme celle du tigre.

Le brochet se plaît dans toutes les eaux; les rivières rapides et les étangs dormants en sont également peuplés; il semble qu'il ait été placé partout comme pour servir de contre-poids au trop grand développement de la population des eaux. En vain, dans une pièce d'eau formée de main d'homme, vous vous abstiendrez soigneusement d'introduire un seul de ces féroces Gargantuas; au bout de quelques années, vous y trouverez des brochets prélevant leur dîme sanglante sur les carpes et les tanches que vous pensiez avoir réservées pour votre usage exclusif. Comment y seront-ils venus? Quelle génération mystérieuse les aura enfantés? Il n'y a là ni prodige ni mystère; les oiseaux aquatiques, canards, butors, hérons, auront apporté attaché à leurs pattes ou à leurs plumes du frai de brochet, récolté pendant leur séjour dans d'autres étangs, et la race dévorante aura éclos et prospéré d'autant mieux qu'elle n'aura trouvé chez vous aucune concurrence à ses instincts voraces. Ce n'est pas tout; la nature, qui marche avec une merveilleuse persistance à l'accomplissement de ses vues, a donné aux œufs du brochet une propriété purgative dont vous ressentiriez vous-même les effets si vous vouliez essayer d'en manger. Ces œufs, avalés par les oiseaux d'eau, qui se nourrissent de frai, traversent, sans être digérés, leurs in-

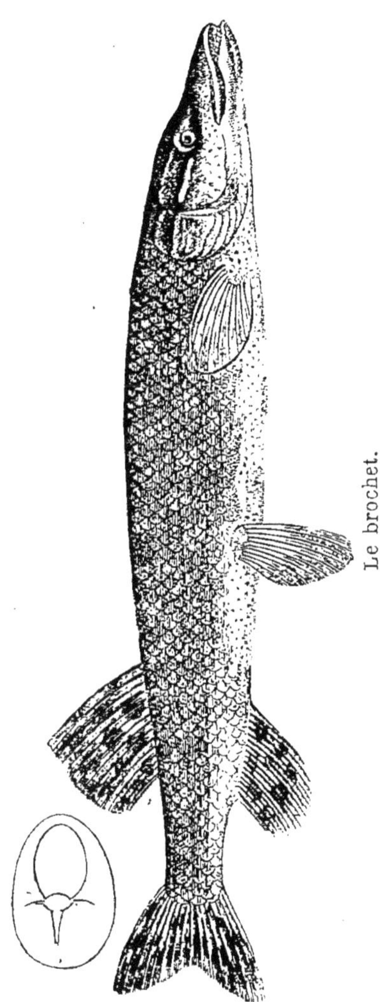

Le brochet.

testins, et, rejetés dans leurs déjections sans avoir perdu la vertu germinative, ne tardent pas à éclore dans le milieu aquatique auquel ils ont été rendus. C'est donc en vain qu'on essayerait d'exclure complétement ces hôtes malfaisants du banquet dont une part leur est fatalement réservée; tout ce que l'homme peut faire, c'est d'aviser, par son industrie, à empêcher que ces redoutables concurrents ne se multiplient outre mesure. Ce but est facile à atteindre, pour peu qu'on étudie les goûts et les habitudes de cette race, et qu'on lui fasse la guerre avec des moyens appropriés à ses instincts gloutons.

Les poissons vivants sont la nourriture à peu près exclusive du brochet; il peut la varier quelquefois en s'attaquant à quelques petits quadrupèdes nageurs, à de petits oiseaux d'eau à peine éclos; il peut arriver, et j'en ai eu plus d'une preuve, qu'un jeune brocheton saisisse et dévore le ver rouge qui pend à l'hameçon d'une ligne destinée à un poisson d'une autre espèce : mais la chasse du poisson vivant est le fond de l'alimentation du brochet. C'est ce dont il est facile de s'assurer en ouvrant un de ces animaux; ce sera grand hasard si l'on n'y trouve pas un ou plusieurs poissons encore intacts; car il les engloutit sans les mâcher, à la manière des reptiles, et l'estomac d'un brochet serait souvent un véritable garde-manger pour les amateurs de friture qui ne reculeraient pas devant la pensée d'une digestion de seconde main.

Ce régime profite admirablement, du reste, au tyran des eaux : sa taille se développe jusqu'à des proportions gigantesques; on en pêche souvent qui atteignent le poids de 7 ou 8 kilogrammes. Block raconte qu'en 1497, à Kaiserslautern, dans le Palatinat, on en prit un de 6 mètres de long et qui pesait 172 kilogrammes; un collier à ressort, dont le brochet était porteur, indiquait que, deux cent soixante ans auparavant, l'empereur Barberousse l'avait fait mettre dans l'étang où il fut pêché. Quoi qu'il en soit de la vérité de cette histoire, de laquelle il faudrait conclure que les eaux de l'Allemagne sont plus favorables que les nôtres au développement du poisson, il n'en est pas moins vrai qu'il acquiert chez nous une taille fort respectable. Pour ma part, j'en ai vu un qui pesait près de 20 kilogrammes : il croît d'ailleurs beaucoup et rapidement, quand il a une nourriture abondante.

La chair du brochet est blanche, ferme, feuilletée, savoureuse et de facile digestion ; elle est placée au rang des mets les plus estimés, quoi qu'en dise le poëte Ausone, qui la relègue sans façon dans les plus infimes gargotes :

> *Lucius* obscuras ulva cœnoque lacunas
> Obsidet : hic nullos mensarum lectus in usus
> Fervet fumosis olido nidore popinis.

> Le brochet, hôte obscur des fonds les plus fangeux,
> Dans un noble banquet ne doit jamais paraître ;
> Le peuple, sur les bancs d'un cabaret fumeux,
> De sa fétide chair ose seul se repaître.

Et voilà comme les poëtes écrivent l'histoire naturelle ! Il faut que les brochets aient bien changé depuis le IVe siècle, ou que les eaux de la Garonne ne soient pas favorables à ce poisson si méprisé du poëte bordelais. Toujours est-il que de nos jours le brochet est, à juste titre, admis sur les meilleures tables, dont il est digne, à tous égards, de faire le plus bel ornement. A ce point de vue, ce poisson mérite quelque considération ; faisons-lui néanmoins la guerre, mais comme les louvetiers la font aux loups, tout juste assez pour n'en pas détruire l'espèce, attendu que sans les loups il n'y aurait pas de louvetiers.

La voracité du brochet le rend facile à prendre à la

ligne; mais à raison de sa dimension et de sa force, à raison aussi de certaines particularités de son organisme, il est nécessaire d'employer contre lui des engins d'une nature particulière. Tous les poissons possèdent plus ou moins la faculté de rejeter immédiatement les substances nuisibles que dans un mouvement de gloutonnerie irréfléchie il leur arrive souvent d'ingérer dans leur estomac. Le plus vorace de tous, le brochet, jouit aussi à un plus haut degré qu'aucun autre de cette faculté qu'on pourrait appeler d'*exglutition*. A la première sensation d'un corps étranger, comme l'hameçon ou la corde qui le porte; son premier mouvement est de rejeter le tout, l'ampleur de sa bouche, la largeur de son œsophage sont telles que, dans cette opération, la simple pointe d'un hameçon pourrait glisser sans rencontrer les chairs; aussi, pour multiplier les chances d'arrêt, a-t-on coutume de pêcher au brochet avec des hameçons doubles ou griffons, dont les deux pointes inclinées en sens opposé manquent rarement, l'une ou l'autre, de rencontrer, en entrant ou en sortant, des parties charnues dans lesquelles elles enfoncent infailliblement leurs dards acérés.

Ce n'est pas tout : la gueule de ce poisson est, comme je le disais tout à l'heure, pourvue d'un tel luxe de dents, qu'il lui serait facile de couper du premier coup la racine la plus solide et d'échapper ainsi, sinon à la piqûre de l'hameçon désormais inhérent à ses entrailles, du moins à la traction de la ligne destinée à l'amener aux mains du pêcheur. Pour éviter cet inconvénient, l'on adapte les hameçons à brochet sur des montures métalliques. La plus commune consiste tout simplement en une fil de laiton double tordu en corde; mais la rigidité de cet appareil le rend peu commode à manier, il est sujet à se fausser et contracte facilement le vert-de-gris.

Dans les lignes les plus soignées, l'on se sert ordinairement pour cet usage de ces cordes à boyau revêtues de fil de métal, dites cordes filées, qui servent à exprimer les notes les plus graves sur le violoncelle ou sur le violon. L'armure de métal dont elles sont revêtues les défend parfaitement contre la dent du brochet, et leur flexibilité presque égale à celle d'une corde ordinaire donne la plus grande facilité pour les employer. La monture, quelle qu'elle soit, doit toujours avoir au moins 15 centimètres de longueur, de manière à ne pouvoir être engloutie tout entière par le poisson. Quant au corps de ligne, on comprend qu'il doit être solide : un bon cordonnet de soie dévrillée, de la même grosseur que la corde de la monture, est la matière qu'on doit préférer; une bonne ficelle de chanvre ferait tout aussi bien l'affaire, car il n'est pas besoin ici de dissimuler la ligne avec autant de scrupule que pour certains autres poissons : le brochet est plus gourmand que subtil, et, confiant dans sa force brutale, il s'élance brusquement sur la proie qui lui est offerte, sans y regarder de trop près.

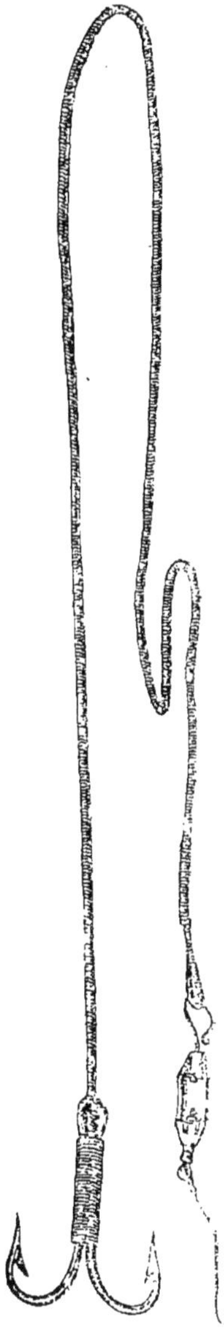

Une particularité importante à noter dans les habitudes de ce poisson, c'est qu'il se tient presque toujours entre deux eaux, c'est-à-dire dans la région que fréquentent le plus ordinairement les petits ou moyens poissons dont il se nourrit; la flotte doit donc être placée à une distance de l'hameçon qui ne représente que la moitié de la profondeur de l'eau; elle doit être de liége peint et de la grosseur d'un œuf, capable enfin de soutenir une lame de plomb roulé du poids de 20 ou 25 grammes, destinée à maintenir l'appât à la profondeur que je viens d'indiquer.

Vous savez déjà que la nourriture favorite du brochet c'est le poisson vivant; c'est donc un poisson vivant qu'il faut vous empresser de lui offrir; il doit être de grosseur proportionnée à l'appétit et, par conséquent, à la taille de la proie que vous recherchez. Dans les grands étangs, dans certaines rivières peu pêchées et où le poisson avait le temps d'acquérir des dimensions considérables, j'ai employé, pour servir d'appâts, des poissons pesant jusqu'à 200 ou 250 grammes; mais en général, je ne suis pas partisan de l'emploi de trop forts appâts; pour un gros brochet que vous pourrez prendre, vous en manquerez dix de grosseur moyenne, soit parce qu'ils auront trouvé la proie trop volumineuse pour leur estomac, soit surtout parce qu'au lieu d'engloutir franchement le poisson et l'hameçon, ils se seront bornés à blesser le premier en laissant le second. N'oublions pas d'ailleurs que, si un brochet moyen ne mord pas bien à un trop gros poisson, un gros brochet ne dédaigne jamais d'en avaler un petit; somme toute, un beau goujon, un gardon de 10 ou 12 centimètres ou un carpillon de même taille, sont les poissons dont j'ai été le plus satisfait comme appât. Chacune de ces espèces a son mérite particulier : la carpe a la vie dure, et c'est un avantage précieux surtout pour les tendues de nuit, où le pêcheur n'est pas là pour renouveler les amorces; elle se trouve en abondance dans tous les étangs : c'est donc avec la carpe qu'on doit pêcher au brochet dans les pièces d'eau de cette nature. Le gardon se rencontre dans toutes les eaux courantes où il serait souvent difficile ou impossible de trouver de la carpe, et, sauf la vitalité que ce poisson ne possède pas à un degré aussi élevé, il convient parfaitement pour amorcer au brochet dans les rivières. Quant au goujon, sa chair délicate et tendre le fait avidement rechercher du brochet; mais il est quelquefois difficile d'en trouver d'assez belle taille pour supporter et cacher le gros hameçon dont nous sommes obligés de nous servir. Le goujon ne se pêche d'ailleurs que sur les fonds sablonneux, ce qui le rend difficile à rencontrer dans certaines localités. En résumé, si vous pouvez vous procurer de beaux goujons, préférez-les à tout autre poisson; si vous pêchez dans un étang, employez de petites carpes, et dans toutes les autres circonstances servez-vous de gardons, ou encore de petits chevesnes ou même de vérons. Dans un moment pressé, si vous n'aviez pas de poisson à votre disposition, une simple grenouille aurait encore quelque chance de réussir; on assure même que dans des étangs dévastés par les brochets, et où l'on ne pouvait parvenir à trouver de jeunes poissons, un petit canard venant d'éclore a fort convenablement fait l'office d'appât; pour ne pas le tuer, on lui attache l'hameçon sous le corps avec un fil. Tout naturellement, dans ce cas, il faut supprimer le plomb et laisser l'appât flotter à la surface, il en est de même de la grenouille, qui ne peut rester longtemps sous l'eau sans périr asphyxiée.

Vous voilà muni de bons outils ; à l'œuvre, donc ! Ah ! pardon, il vous manque encore quelque chose. Vous savez très-bien de quels appâts vous devez vous servir; mais, avant de les employer, il faut vous les procurer, et ce n'est certes pas avec la grosse ligne à brochets que vous avez la prétention de pêcher les carpillons, gardons ou goujons qui vous sont nécessaires. Si vous êtes homme de précaution, vous aurez dès la veille, ou même sur les pêches des jours précédents, réservé une ou deux douzaines de sujets convenables, que vous aurez placés chez vous dans un vivier ou dans un grand baquet d'eau renouvelée toutes les vingt-quatre heures au moins. A défaut de cette précaution, il faudra bien vous résigner, avant d'engager la partie contre le brochet, à faire la guerre à des ennemis moins illustres, et à vous approvisionner, au moyen de la ligne ordinaire ou du filet, lorsque vous saurez pêcher au filet, ce qui ne tardera pas. Enfin, de quelque façon que vous vous soyez procuré vos appâts, vous aurez soin de vous munir soit d'un seau, soit préférablement d'une boîte de fer-blanc ou de zinc, de la forme et à peu près de la grandeur d'une chaufferette, dont le couvercle sera percé de plusieurs trous. Au moyen de ce récipient, vous pourrez transporter vos appâts vivants, et, en plaçant la boîte dans l'eau lorsque vous vous arrêterez, vous les entretiendrez dans un parfait état de santé.

La canne dont vous devez vous servir aura une longueur proportionnée à la distance où vous pourrez, suivant la nature des lieux, envoyer votre hameçon : elle doit être solide et munie d'un scion flexible, mais néanmoins un peu résistant. Il ne vous reste plus qu'à amorcer ; mais ici quelques précautions sont nécessaires. Je disais tout à l'heure que l'appât devait être conservé vivant le plus longtemps possible; pour amorcer, quelques personnes se contentent de le piquer dans la région dorsale avec les deux pointes de l'hameçon : c'est simple et facile, mais très-compromettant pour la vie du poisson. Fatigué par cette double blessure et déchiré par les dards qu'il enfonce et agite dans sa chair à chacun de ses mouvements, il succombe assez promptement et ne conserve jamais longtemps cette vitalité qui, pour vous, est la première condition du succès. Voici une méthode infiniment préférable ; mais pour qu'elle puisse être employée, il ne faut pas que la monture de l'hameçon soit attachée à poste fixe au corps de la ligne ; il est nécessaire que le moyen de jonction, bien que solide et capable de résister à tous les efforts du poisson, soit tel, que les deux parties puissent être promptement séparées et réunies à volonté. Ces deux conditions se trouvent réalisées au moyen d'un petit appareil dont la description sera plus facilement comprise au moyen du dessin que voici :

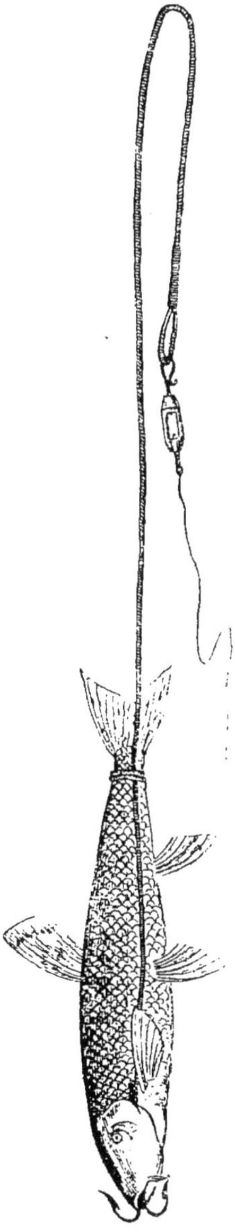

Le corps de ligne est terminé par un crochet d'acier, dont les deux branches se rapprochent à leur extrémité supérieure, de manière à presque se toucher. La corde qui supporte le double hameçon est terminée à son extrémité supérieure par une boucle. Pour amorcer, vous faites entrer la boucle dans la bouche du poisson, et vous la faites ressortir par une des ouïes ; vous la tirez ensuite jusqu'à ce que la double branche de l'hameçon soit entrée dans la bouche, ayant les deux pointes le plus rapprochées possible de la commissure des lèvres. Faites ensuite, avec deux ou trois tours de fil, une ligature près de la queue, et voilà votre appât, intact et sans blessure, disposé à faire, lorsqu'il sera rendu à son élément, les évolutions les plus libres et les plus naturelles, sans courir danger de mort, ou même d'indisposition, à moins qu'un brochet.... Mais c'est là précisément le malheur que je vous souhaite. Réunissez maintenant la monture et le corps de ligne en faisant entrer la boucle dans le crochet. Cette opération ne peut se faire qu'en écartant les deux branches, par l'introduction forcée de la corde, qui doit être plus grosse que leur écartement. Une fois la boucle passée, l'élasticité de l'acier rapproche les deux branches ; et pour les disjoindre de nouveau, il faut exercer en sens inverse un effort dont un poisson n'est pas capable, et pour lequel, d'ailleurs, il manquerait de point d'appui.

Quelques praticiens, pour s'épargner le petit embarras de faire une ligature que des doigts peu exercés peuvent trouver difficile, se servent d'une grosse aiguille d'acier dont la tête, ouverte latéralement d'un côté, reçoit la boucle de la monture. Ils font passer l'aiguille dans la partie charnue du dos du poisson, depuis l'ouïe jusqu'à la queue, et introduisent à la suite la monture jusqu'à ce que l'hameçon se trouve couché le long de l'ouïe. L'expérience a prouvé que cette blessure, qu'on a soin d'ailleurs de faire aussi superficielle que possible, n'empêche pas le poisson de vivre et de se mouvoir. Ceux qui préfèrent cette méthode font remarquer qu'en l'employant, on rend l'hameçon moins visible que lorsqu'il sort de la bouche de l'appât; ils ajoutent que celui-ci conserve mieux la liberté, si nécessaire, de fermer et d'ouvrir la bouche pour respirer.

Le plus difficile est fait maintenant; avec des lignes

et des hameçons bien construits et pourvus d'appâts convenables, la pêche du brochet n'est pas difficile; car ce n'est pas par la défiance et par la ruse que ce poisson se distingue; toujours dominé par ses instincts gloutons, il se jette, pour ainsi dire à l'aveugle, sur la première proie facile qui lui est présentée. C'est surtout dans les eaux tranquilles et peu rapides, dans les tournants ou les remous paresseux, dans le voisinage de quelque touffe de plantes aquatiques, qu'il se cantonne et se place en croisière, cherchant, comme le lion de l'Écriture, quelque chose à dévorer. Jetez votre ligne dans une localité de cette nature, et, pour peu que les eaux soient peuplées de brochets, les allures contraintes et l'immobilité agitée de votre appât, surtout si vous avez pris le soin de lui couper une nageoire pectorale, ne manqueront pas d'attirer l'ennemi. Au premier bond, le poisson et l'hameçon seront engloutis, et vous verrez à l'instant votre flotte s'enfoncer et fuir avec rapidité. Piquez en toute assurance; il est probable qu'à l'heure qu'il est le double dard est déjà parvenu jusque dans l'estomac du brochet, où il ne peut manquer de mordre sur les membranes délicates dont il est entouré.

Cependant, quelque nombreux que soient les brochets dans une rivière ou dans un étang, il y en a toujours beaucoup moins que de poissons des espèces ordinaires; leur multiplication trop développée serait le signal de l'anéantissement de ces espèces : aussi la nature prévoyante y a-t-elle pourvu au moyen de la voracité même de ce tyran des eaux, voracité qui le pousse à dévorer même les jeunes individus de sa propre espèce; comme le vieux Saturne, le brochet dévore ses enfants. Il suit de là que si un brochet est une proie fort désirable et fort recherchée, c'est aussi un poisson relativement assez rare; aussi, avec une seule ligne à main, il arrive souvent qu'on attende longtemps avant d'être mordu. Il est donc prudent, le jour où l'on a résolu de se livrer spécialement à cette pêche, de tenter fortune sur plusieurs points à la fois, au moyen de plusieurs lignes tendues à poste fixe, à peu près comme on le fait pour la carpe, mais avec certaines différences nécessitées par la nature même des choses.

Il ne faut pas oublier qu'au bout de l'hameçon se trouve, non pas un simple ver qui peut et doit reposer près du fond ou sur le fond même, mais un poisson vivant qui s'agite et nage sans cesse, entraînant la ligne par un mouvement lent, mais continu. Si donc l'on se bornait à lancer ses lignes à l'eau en soutenant les cannes sur le rivage par les moyens que j'ai indiqués pour la carpe, il arriverait, au bout de très-peu de temps, grâce à ces efforts incessants du poisson-appât, que les lignes seraient détournées du point où vous auriez cru devoir les placer, et se trouveraient ramenées près du bord ou au milieu des herbes dans lesquelles elles se mêleraient et seraient, la plupart du temps, soustraites à la vue du brochet. Pour empecher qu'il n'en soit ainsi, l'on enfonce fortement la canne dans la terre, ou même, s'il existe près de la rive quelque arbre ou quelque buisson, on supprime la canne et l'on attache l'extrémité de sa ligne à une branche flexible ; on prend ensuite une baguette de 2 ou 3 mètres de longueur, on la fend légèrement par le bout, et l'on insère le fil de la ligne dans cette fente à 40 ou 50 centimètres au-dessus de la flotte, on pique ensuite l'autre extrémité de la baguette dans la berge, de manière à ce qu'elle soit étendue presque horizontalement au-dessus de l'eau. Par ce moyen, la flotte reste maintenue toujours à la distance où l'on a cru devoir la placer, et les évolutions du poisson-appât se trouvent circonscrites dans un cercle très-restreint. Si un brochet vient à mordre, son effort arrache la ligne de l'encoche qui la retenait, et la brusque résistance de la canne ou de la branche d'arbre à laquelle l'extrémité du fil est attachée ne tarde pas à arrêter le ravisseur dans sa fuite. Cette sorte de *tendue* est très-commode pour le pêcheur de jour, qui, en surveillant trois ou quatre de ces lignes dormantes, peut facilement continuer à pêcher avec la ligne volante, soit au brochet, soit même à toute autre espèce de poisson. Pour la nuit, on peut multiplier les *tendues* jusqu'à tel nombre que l'on juge convenable; le poisson s'y prend seul, et le lendemain, de grand matin, l'on n'a pas d'autre peine que de s'aller assurer des résultats et de ramasser les morts et les blessés.

Cette manière de tendre la nuit, excellente pour les petites rivières et les pièces d'eau d'une étendue restreinte, est cependant insuffisante lorsque, à raison d'une circonstance quelconque, il devient nécessaire d'envoyer les appâts à une distance plus grande que 2 ou 3 mètres. Dans ce cas, s'il s'agit d'un étang que l'on puisse parcourir en bateau, je conseillerai de se servir tout simplement de grandes perches flexibles à leur extrémité supérieure, auxquelles on attache une très-forte ligne à brochet; le soir on va en bateau enfoncer ces perches solidement dans la vase, en leur donnant une position un peu inclinée; on amorce l'hameçon d'un poisson vivant, et on laisse la ligne garnie d'un simple plomb, sans qu'il soit besoin de flotte, s'enfoncer de 30 ou 40 centimètres dans l'eau.

L'embarras est plus grand s'il y a lieu de placer les appâts sur un point éloigné, où l'on n'ait pas la facilité d'arriver en bateau; mais ici encore le génie inventif du pêcheur triomphe des difficultés. On prend une forte ligne d'une longueur proportionnée à l'espace qu'on veut franchir; à 15 ou 20 centimètres de l'hameçon, on place une flotte de liége grosse comme un œuf de pigeon, et plus haut on attache un plomb assez pesant pour se maintenir sur le fond malgré les efforts du poisson-appât. Ce plomb doit être éloigné de l'hameçon d'une distance à peu près égale à la moitié de la profondeur de l'eau. Voici de quelle manière cette ligne se comporte lorsqu'on l'a lancée : la pesanteur du plomb, qui se fixe sur le fond, empêche l'appât de s'écarter du point où sa présence a été jugée nécessaire ; la flotte, qui tend toujours à s'élever, le maintient dans la moyenne région de l'eau, qui est, comme je l'ai dit, celle où il convient le mieux de dresser le couvert de messieurs les brochets ; toutes les conditions sont donc observées pour amener le succès désiré.

Il arrive quelquefois, surtout dans les mois de mai et de juin, que le brochet, repu de nourriture ou rassasié d'amours, s'endort aux rayons d'un soleil vivifiant. On le voit alors immobile et à fleur d'eau ; on pourrait le croire mort, si l'on ignorait qu'un poisson privé de vie flotte toujours le ventre en dessus. Dans cet état de somnolence, le tyran des eaux semble avoir abdiqué tout instinct de conservation ; il est facile de s'en approcher, pourvu que ce soit sans bruit, car l'ouïe est le seul de ses sens qui veille encore à demi. On peut profiter de cette disposition pour s'en emparer à l'aide d'un nœud coulant ou collet de fil de laiton attaché au bout d'une perche. Couché sur le bord de la rive, le pêcheur, armé de son long bâton, fait passer doucement le collet autour du poisson, dont il engage d'abord la tête dans l'ouverture du nœud, qui doit être assez large pour que la partie supérieure du corps y passe sans le toucher. Lorsque le collet a dépassé les deux premières nageoires, on donne un coup de poignet vigoureux, le collet se resserre, et le brochet, enlevé à son élément, va se réveiller sur le pré. On peut aussi, dans cet état de sommeil, le tirer avec un fusil chargé de plomb nº 6, en ayant soin, si la pièce est un peu enfoncée dans l'eau, de tirer 8 ou 10 centimètres au-dessous[1].

La perche.

Encore un poisson créé et mis au monde pour se nourrir aux dépens des autres. Et voyez combien les apparences sont souvent trompeuses; jamais mœurs plus féroces ne se cachèrent sous un extérieur plus brillant. La perche est, en effet, le plus beau poisson de nos contrées. Son corps, largement développé à sa partie supérieure, sa carène, effilée comme celle d'un navire fin voilier, les deux

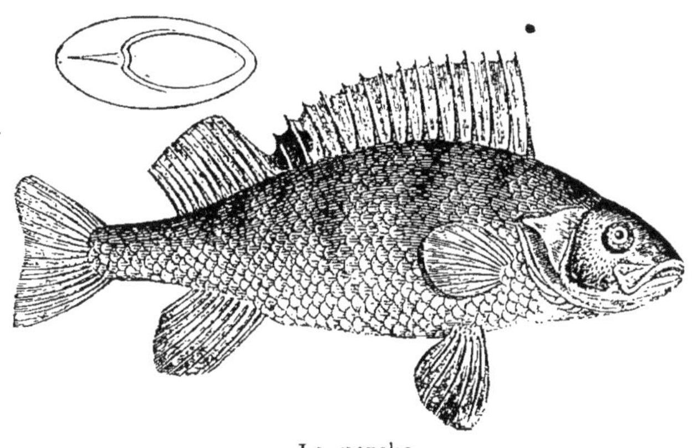

La perche.

puissantes nageoires qui garnissent son dos, tout se réunit pour en faire un type de force et d'agilité.

Nul autre habitant des eaux n'est plus complétement armé pour l'attaque comme pour la défense; sa gueule, garnie de fortes et innombrables dents, retient invinciblement toute proie dès qu'elle l'a saisie; son corps est

1. Pour ces deux modes de pêche extralégale, voy. à la fin de ce livre le résumé de la législation sur la matière.

couvert d'écailles dures et adhérentes, dont chacune, surtout dans le voisinage de la tête, est pourvue d'un aiguillon puissant; enfin, la plus grande de ses nageoires dorsales, dont les rayons se terminent en pointes solides et aiguës, se dresse comme un cheval de frise et promet de cruelles blessures à l'ennemi assez imprudent pour braver la menace de cette redoutable panoplie. Malgré ce luxe de défenses extérieures, la perche peut devenir la proie du brochet, et plus d'une fois j'ai pêché l'un portant l'autre dans son estomac; mais je n'en suis pas moins convaincu que ces cas sont peu fréquents, et qu'à moins d'être contraint par une faim irrésistible, un brochet doit y regarder à deux fois et avoir, comme on dit, le gosier ferré, pour se passer une pareille fantaisie; quant à moi, j'aimerais autant à sa place avaler un hérisson ou, tout au moins, une châtaigne dans sa coque.

Comme ces chevaliers des anciens temps dont la brune armure resplendissait des *couleurs* et des *émaux* de leur blason, la perche fait briller sur sa cuirasse les livrées les plus riches et les plus variées. Sa teinte générale est un beau vert doré, dont l'éclat métallique est surtout brillant sur les flancs et se fond harmonieusement, par une dégradation insensible, avec les tons plus sombres de la région dorsale; ses nageoires ainsi que sa queue se teignent d'une nuance pourprée; sa nageoire dorsale à fond violet est marquée d'une tache régulière d'un beau noir, et son corps est rayé de cinq ou six barres transversales noirâtres qui, partant du dos, viennent se perdre graduellement dans la couleur uniforme de l'abdomen. Ce dernier caractère me disposerait à croire que la perche pourrait bien avoir quelques liens de parenté avec les poissons de Baloukli. Vous ne savez pas ce que c'est que les poissons de Baloukli; c'est possible, mais, si vous voulez avoir un instant de patience, vous allez en savoir, à cet égard, autant que moi. Je tiens le fait d'un zouave observateur et pêcheur qui, profitant d'une mission de confiance récemment donnée par le gouvernement à lui et à quelques centaines de milliers de ses camarades pour visiter l'Orient, a consacré à l'exploration des curiosités du pays les loisirs que lui laissaient quelques expéditions d'une autre nature accomplies à l'Alma, à Inkermann et au bastion Malakoff.

A quelques kilomètres de Constantinople, dans un lieu appelé Baloukli, existe un sanctuaire en grande vénération chez les chrétiens du rite grec. Près du lieu saint, se trouve une fontaine dont les eaux limpides laissent apercevoir, en nombre d'autant plus grand qu'ils sont religieusement respectés, des poissons dont la robe est marquée transversalement de cinq ou six raies noires semblables à celles que produirait le contact des barreaux rouges d'un gril de fer. C'est, en effet, s'il faut en croire la légende, à une brûlure de cette nature qu'est due la configuration remarquable de ces taches. Mahomet II assiégeait la ville impériale, dernier débris du Bas-Empire, dont la chute devait assurer à l'islamisme triomphant la domination du Bosphore, et cette admirable position de laquelle il a depuis si bien profité! Une troupe de Turcs alla dévaster le sanctuaire de Baloukli, enleva tout ce qui s'y trouvait de précieux, et fit subir le martyre aux prêtres qui desservaient l'autel. Deux amateurs de pêche, qui se trouvaient parmi les maraudeurs, jetèrent leurs lignes dans le bassin et en tirèrent quelques poissons qui furent aussitôt étendus sur un gril et placés sur un grand feu. Le bon saint Pierre et les autres apôtres pêcheurs, indignés de ce braconnage sacrilége, en punirent sévèrement les auteurs; l'un d'eux fut frappé de mort sur-le-champ, l'autre tomba atteint d'une paralysie générale qui n'épargna que les muscles de sa langue, afin qu'il pût rendre témoignage de ce qui s'était passé. Quant aux poissons, ils s'élancèrent allégrement de leur lit de fer rouge, et regagnèrent leur fontaine comme si de rien n'eût été. C'est en mémoire de cet événement, et pour que personne n'en puisse douter, que, depuis ce jour, eux et leur postérité portent gravés sur leurs flancs les stigmates roussis de leur douloureux martyre.

La perche, comme le brochet, habite partout où se trouve pour elle une proie : les étangs sans écoulement lui sont cependant moins favorables que les lacs traversés par des cours d'eau ou renouvelés par une circulation souterraine ; elle se plaît principalement dans les eaux limpides et courantes. On assure que ce poisson, dans le Nord, et notamment dans les rivières et les lacs de la Laponie, parvient à des dimensions considérables. En France, une perche de 2 kilogrammes est très-rare, et celles qui arrivent à 1 kilogramme ou 1 kilogramme et demi sont considérées comme étant d'un très-bel échantillon. Elles se tiennent en général près de la surface, profitant pour se cacher des sombres retraites que leur offrent les berges ou les touffes de plantes fluviales ; c'est de là qu'elles s'élancent sur les petits poissons qui passent à leur portée, et même sur les insectes que le vent précipite dans l'eau ; patientes et rusées, elles chassent moins franchement que le brochet, et, si celui-ci a été assimilé au loup dans l'échelle des êtres aquatiques, la perche pourrait, à juste titre, être comparée au renard.

A raison de la dimension de ce poisson et surtout de son caractère rusé et défiant, on peut se dispenser, pour le pêcher, d'employer une très-forte ligne ; six ou huit crins au plus sont suffisants pour en former le corps, mais la monture doit être à la fois fine et résistante. La meilleure matière à employer à cet usage est encore la racine de ver à soie, dont on attache bout à bout quatre ou cinq fils; ils doivent être, le dernier surtout, celui sur lequel est empilé l'hameçon, choisis avec soin et aussi solides que possible : car la perche, une fois piquée, s'efforce de couper la ligne avec les dents, et, malgré le bon choix de la matière, elle n'y réussit que trop souvent. La flotte et la plombée doivent être, comme pour toutes les lignes flottantes, dans un juste équilibre, de manière à dénoncer instantanément l'attaque foudroyante du vorace poisson. Le meilleur appât pour les moyennes perches et pour les perchettes est le ver rouge. Pour les grosses, on réussit souvent en plaçant sur l'hameçon un petit poisson, vairon, gardon, goujon ou même ablette; une patte d'écrevisse, faute de mieux, donne encore de bons résultats. (N. B. Il n'est pas nécessaire que l'écrevisse soit cuite.) La perche mord souvent à la surface, et tout à l'heure j'en dirai un mot en parlant de la mouche artificielle. Elle se trouve d'ailleurs à toutes les profondeurs; mais en bonne règle, surtout si l'on désire de grosses pièces, c'est en bas qu'il faut les aller chercher, avec un hameçon tenu à 4 ou 5 centimètres du fond.

Je ne puis terminer ce chapitre sans mentionner un poisson assez peu répandu dans nos eaux, mais qui se rattache à celui dont je viens de m'occuper par une homonymie et par la disposition de ses nageoires, inoffensives cependant. Je veux parler de la gremille, vulgairement appelée perche goujonnière, sans doute parce que sa taille ne dépasse guère celle du goujon. Elle habite surtout le Nord, et, à ma

La goujonnière.

connaissance, on ne la signale en France que dans quelques localités, et notamment à l'embouchure de l'Eure, qui tombe dans la Seine près de Pont-de-l'Arche (Seine-Inférieure). Voici son signalement : corps et queue allongés et visqueux; tête déprimée; palais et gosier garnis de dents petites et pointues; mâchoires égales; teinte générale d'un jaune verdâtre ou doré; un grand nombre de petites taches noires.

Cette espèce, dont la chair est tendre, d'un goût exquis et d'une digestion facile, est une de celles dont la propagation serait le plus désirable; elle se prend à la ligne amorcée d'un ver rouge.

CHAPITRE XV.

LES POISSONS EXCEPTIONNELS.

Quatre espèces principales et différentes d'un même genre (le genre *Salmo*) constituent, dans ma petite classification d'amateur, la catégorie que j'ai appelée celle des poissons exceptionnels. Ils me semblent mériter ce nom à un double titre : d'abord à raison de certaines conditions d'habitation spéciales et exclusives, qui font qu'on les trouve en abondance dans quelques eaux, tandis qu'ils manquent absolument dans des eaux voisines; à raison enfin des habitudes d'alimentation qui leur sont propres, et qui permettent d'employer contre eux un procédé de pèche *sui generis*. Je veux parler de la pêche à la mouche artificielle, la plus difficile, mais aussi la plus élégante des pêches à la ligne, celle dans la préparation et l'exécution de laquelle l'intelligence et l'adresse du praticien sont le mieux mises en relief. La pêche à la mouche est encore peu appréciée ou plutôt peu connue en France. Chaque année des amateurs, venus surtout d'Angleterre, récoltent sur les bords de nos cours d'eau d'abondantes moissons ; c'est un spectacle à la fois curieux et humiliant pour notre amour-propre national de voir l'ébahissement de la plupart des riverains s'efforçant en vain de comprendre par quel art magique ces honorables gentlemen, en fouettant l'air avec de longues gaules, parviennent à remplir si facilement leurs paniers. Puisse ce petit livre contribuer à populariser dans notre pays ces procédés que si peu de personnes y pratiquent encore aujourd'hui, et qui pourtant sont aussi agréables qu'efficaces. J'y consacrerai un chapitre spécial, après avoir donné d'abord quelques détails sur les poissons que je viens d'indiquer et sur les autres manières de les pêcher.

Le saumon.

A côté des espèces sédentaires qui naissent, vivent et meurent dans les mêmes localités, la Providence a créé des espèces voyageuses, que d'irrésistibles instincts condamnent, comme le Juif de la légende, à marcher sans cesse, sans trêve ni fin ; tribus errantes, mais soumises cependant à des lois périodiques et à des conditions d'immigration et d'émigration aussi régulières que le retour des saisons ou que les marées de l'Océan. Sans parler des oiseaux dont les migrations sont si connues, sans parler même de certains poissons purement maritimes, comme le hareng, le thon, les morues ; sans sortir enfin du cadre dans lequel je dois me circonscrire et qui ne s'étend pas au delà des limites de la France continentale, je rencontre dans le saumon le plus remarquable spécimen des poissons de passage qui fréquentent nos eaux intérieures.

C'est un magnifique poisson ; ses dimensions quelquefois considérables, sa rareté relative et sa chair délicate en font la plus belle proie dont un pêcheur puisse s'enorgueillir ; pour le pêcheur, la prise d'un saumon est à peu près ce qu'est pour un chasseur la mort d'un chevreuil. Le signalement de ce poisson est connu de tout le monde ; ses écailles sont de moyenne grandeur et faciles à détacher, sa robe est argentée, bleuâtre vers le dos et parsemée irrégulièrement de taches noires ; ses nageoires sont d'un jaune mêlé de bleu, sa queue est fourchue; il porte sur le dos, près de la queue, comme tous les poissons du

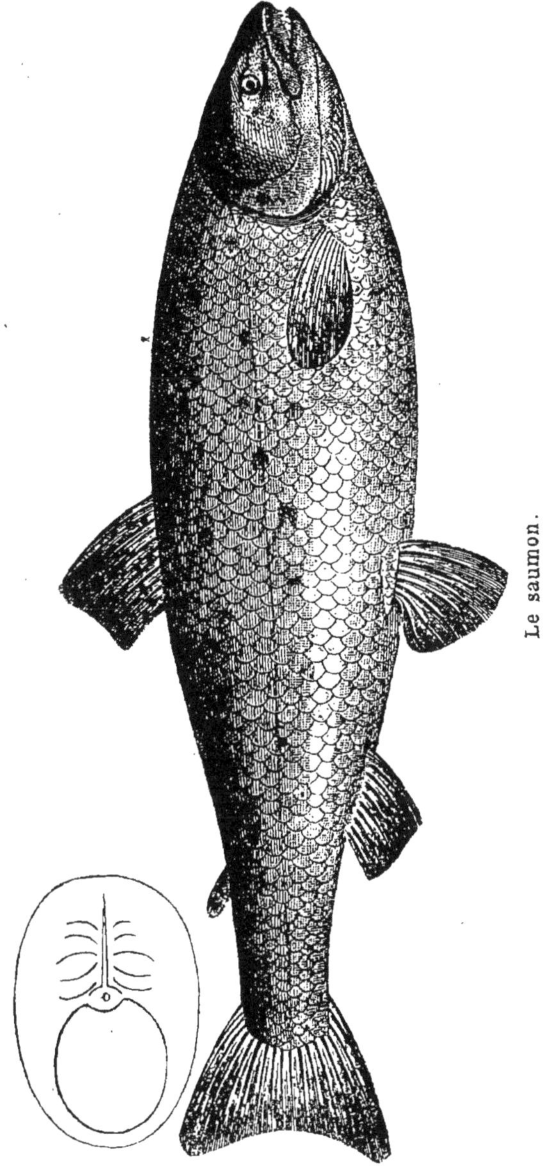

Le saumon.

même genre, un appendice en forme de nageoire étroite et d'une nature charnue ou graisseuse; sa mâchoire inférieure dépasse un peu la supérieure. C'est un des mieux dentés parmi les poissons : ses mâchoires, son palais, sa langue, toute sa bouche enfin, sont hérissés de dents aiguës et serrées; et cependant, malgré cet appareil terrible, il est loin d'égaler le brochet en voracité, et, bien qu'il dévore souvent de petits poissons, il prend surtout plaisir à se nourrir des insectes qui tombent sur la surface des eaux.

Le saumon est alternativement un poisson de mer et un poisson d'eau douce. Pendant l'hiver, il habite les eaux salées, mais principalement vers l'embouchure des grands fleuves qui se jettent dans l'Océan : circonstance bizarre, il ne se trouve pas dans la Méditerranée, et c'est par cette raison qu'il est inconnu dans les fleuves et dans les lacs qui font partie du bassin hydrographique de cette mer. A l'approche du printemps, lorsqu'une température plus tiède a débarrassé les cours d'eau des glaces qui les obstruaient, des bandes de saumons s'engagent dans les eaux douces; ils les remontent pour gagner les affluents et arriver par les ramifications de mille ruisseaux jusqu'aux limites les plus reculées des sources qui alimentent les fleuves. Ils vont ainsi, non pas comme autrefois Regnard, dans son voyage en Laponie, jusqu'à ce que la terre leur manque, mais presque littéralement jusqu'à ce que l'eau leur ait manqué. Leur passion, à cet égard, est poussée souvent jusqu'à l'imprévoyance; car il leur arrive quelquefois de s'engager sur des bas-fonds ou dans des rigoles où ils finissent par rester prisonniers, lorsque la moindre baisse interrompt les communications avec la grande eau. C'est ainsi que j'ai vu en Bourgogne, près de Vézelay, non loin de la source de la Cure, un énorme saumon qui s'était ainsi laissé emprisonner dans la concavité d'une roche creusée en forme de coupe et qui se trouvait retenu dans cette espèce de bassin naturel; un coup de fusil ne tarda pas à mettre fin à ses misères.

Une particularité singulière et cependant reconnue vraie par tous les pêcheurs, c'est que, bien que les saumons doivent nécessairement, pour arriver aux affluents, parcourir le cours d'eau principal, et, par exemple, passer par la Seine ou par la Loire, pour arriver à l'Yonne, à l'Allier et aux petites rivières qui s'y déversent, on ne pêche pourtant pas le saumon à Paris, à Nantes ou à Orléans. Ce problème a exercé la sagacité de bien des pêcheurs et de bien des naturalistes; pressés d'arriver à leur but, a-t-on dit, ces poissons ne s'établissent pas aux points intermédiaires, ils nagent au milieu des fleuves et il est impossible d'envoyer la ligne aussi loin. C'est pourquoi on n'en pêche pas au passage. Voilà qui est à merveille pour la ligne; mais les filets se promènent partout, au milieu comme sur les bords : pourquoi le résultat est-il le même? Il est cependant des personnes qui disent avoir vu des troupes pressées de saumons passer bruyamment au milieu des grands fleuves et faire bouillonner l'eau autour d'eux. Puisqu'elles l'affirment, je le crois, mais je dois confesser que je n'ai pas été aussi heureux. Plus d'une fois à Paris, pendant une journée de printemps, je me suis tenu attentif et l'œil fixé sur les eaux; je suis resté des heures entières sur le pont des Arts, car notez que de toute nécessité les saumons passent sous le pont des Arts, et je déclare que je n'ai jamais aperçu la queue d'un saumon. Me sera-t-il permis de hasarder à mon tour une timide conjecture? car pourtant, dirai-je en parodiant Galilée, pourtant ils passent.

Il était une fois un brave homme très-peu ferré sur le système de Copernic, mais très-désireux de s'instruire. Intrigué de voir le soleil se lever chaque matin en un point du ciel diamétralement opposé à celui où il s'était couché le soir, il demanda au maître d'école du village comment il se faisait qu'on ne vît pas cet astre repasser : « Vous ne le voyez pas, c'est tout simple, répondit le savant, c'est qu'il repasse pendant qu'il fait nuit. » Je dirai précisément la même chose des saumons ; apparemment ils passent pendant qu'il fait nuit. Les cailles aussi, les bécasses, les bécassines, il faut bien qu'elles passent quelque part pour venir se répandre dans nos plaines, dans nos bois, dans nos marais : il n'y en avait pas hier et tout en est plein aujourd'hui ; qui dira cependant qu'il a vu passer ces oiseaux voyageurs ? C'est qu'eux aussi ils passent la nuit. La natation des saumons est puissante et rapide, on l'a mesurée avec précision ; sa vitesse n'est pas moindre de 28 kilomètres à l'heure, environ la vitesse d'une locomotive dans un train de marche moyenne. On voit donc qu'en une seule nuit il est facile à un saumon de franchir la distance qui sépare de la mer Paris ou même Orléans. Plus haut on en prend quelques-uns ; ainsi dans l'Yonne, à Sens et à Joigny, les pêcheurs aux filets en récoltent quelques centaines chaque année : ce sont sans doute des retardataires qui n'ont pu gagner d'une seule traite ces retraites désirées qui sont le but de leur voyage. Je dois ajouter, pour être complétement exact, qu'à la chute d'eau de la machine de Marly, le seul barrage considérable qui soit depuis longtemps établi sur la Seine, il a été pris quelquefois des saumons. Il ne serait pas impossible qu'on vînt à en rencontrer aussi au barrage nouvellement établi à Paris, vis-à-vis de la Monnaie ; ces rapides préparés de main d'homme seraient pour quelques-uns des hardis voyageurs des étapes et comme des oasis où ils se délasseraient, en passant, de la monotonie d'un long voyage dans les eaux tranquilles du fleuve.

Mais quel motif peut donc engager tant d'émigrants dans cette sorte de course au clocher ? Le motif le plus impérieux, celui auquel obéissent tous les êtres créés, sans exception : l'instinct de la reproduction. Pour suivre cette impulsion irrésistible, dès que l'approche d'une saison plus douce a rouvert l'accès des fleuves et des rivières, tous les individus adultes, ceux qui ont acquis déjà toute leur force, s'élancent à la recherche de ces eaux fraîches et tranquilles où, sous le couvert mystérieux des arbres qui ombragent les mille sources de ces vastes canaux, ils pourront déposer, sur le lit d'un fond sablonneux et pur, l'espoir de leur postérité. Pour arriver à la halte nuptiale, rien ne les arrête : les courants, ils savent les vaincre ; les rapides, ils les surmontent ; les cascades et les chutes d'eau, ils les franchissent. Rencontrent-ils sur la route quelque obstacle considérable, une digue, un barrage ? Au moyen d'une gymnastique toute particulière, ils s'élancent dans les airs, et, par des bonds qui dépassent quelquefois 2 mètres de hauteur, ils s'élèvent au niveau des eaux supérieures, dans lesquelles ils vont retomber par l'obliquité combinée de leur mouvement ; puis ils continuent imperturbablement leur course jusqu'aux lieux où les appelle la mission qui leur est donnée. L'œuvre de reproduction acccomplie, les voyageurs ne tardent pas à se remettre en route pour retourner à leur point de départ, d'où ils reviendront l'année suivante recommencer le même cycle, suivis cette fois de plus jeunes saumons qui, abandonnés par eux dans les eaux qui les ont vus naître, auront, un peu plus tard, regagné les parages maritimes. Ceux-là aussi reviendront l'année suivante, mais dans une saison plus avancée, vers les mois de juillet ou d'août, lorsque le développement de leur croissance, très-rapide dans les premières années, leur permettra d'affronter les fatigues de la route que les plus âgés commencent à parcourir dès la fin de l'hiver.

J'ai dit qu'ils revenaient, et c'est à dessein, car ce n'est pas au hasard que les saumons s'engagent dans les cours d'eau; semblables aux oiseaux de passage qui, sans boussole et par une faculté d'intuition qu'il ne nous est pas donné de comprendre, retournent chaque année à leurs nids abandonnés, les saumons savent retrouver la route de leurs eaux natales; c'est un fait plus d'une fois observé, et constaté d'ailleurs d'une manière éclatante par une expérience bien connue. Il n'est pas de cours d'eau plus fréquentés des saumons que ceux qui sillonnent la péninsule Armorique; depuis longues années on a établi près de Châteaulin (Finistère), en travers de la rivière d'Aulne, une pêcherie qui consiste en un barrage, derrière lequel se trouve une espèce de réservoir fermé de tous côtés. C'est là que viennent tomber les poissons après avoir franchi le barrage par leurs bonds hardis. Vers la fin du siècle dernier, le naturaliste Deslandes, ayant acheté douze saumons des pêcheurs de Châteaulin, leur mit à chacun un anneau de cuivre à la queue et leur rendit la liberté. Onze furent repris au même lieu dans les trois années suivantes : cinq la première, trois la seconde et trois la troisième.

Les cours d'eau dans lesquels on peut prendre le saumon en France ne sont pas seulement ceux qui, comme les petites rivières de la Bretagne et de la Normandie, n'ont qu'un très-court développement et vont se perdre dans la mer à peu de distance de leur source; on rencontre ces poissons à des distances très-éloignées des côtes; divers affluents de la Seine et de la Loire leur servent de rendez-vous annuel et, par la Loire notamment, ils s'élèvent à une grande hauteur au-dessus de la mer. Ils fréquentent l'Allier en si grande abondance, qu'à Pont-du-Château, à l'extrémité supérieure de la Limagne, il a longtemps existé une pêcherie transportée, je crois, aujourd'hui près du Bec-d'Allier, et dans laquelle on prend autant de saumons qu'à Châteaulin. Ils remontent par la Haute-Loire jusque près du Puy (700 mètres au-dessus du niveau de l'Océan); il en est qui arrivent en Suisse par le Rhin; par le Maragnan, qui a plus de 3000 kilomètres de cours, ils atteignent les hautes Cordillères de l'Amérique centrale. En Europe, c'est dans les lacs et dans les petites rivières de la Suède que le saumon est, dit-on, le plus commun. S'il faut en croire Walter Scott, un peu suspect peut-être comme romancier, mais très-compétent comme pêcheur, il y a soixante ans à peine, le saumon était tellement abondant en Écosse, que souvent les laboureurs et les domestiques mettaient pour condition dans leurs engagements qu'on ne leur ferait pas manger de saumon plus de trois fois par semaine. Je dois dire qu'en Bretagne j'ai entendu raconter qu'il y a à peine un demi-siècle il en était de même dans cette province. Mais, hélas! cher lecteur, n'allez pas sur ce prospectus vous embarquer plein d'espérance pour ce pays de Cocagne de la pêche et de la chasse, à ce qu'on prétend. Depuis une trentaine d'années, la facilité toujours croissante des communications avec Paris, ce dévorant Gargantua, a singulièrement modifié l'ancien état des choses. Les chemins de fer aidant, vous pourriez bien trouver sur le Blavet, l'Aulne ou l'Elle, les mêmes déceptions pour la pêche que mon ami Blaze a trouvées pour la chasse au milieu des échaliers et des landes d'Hennebon et de Languidic. Partout le braconnage et le commerce du gibier et du poisson ont presque détruit les espèces. Pour moi, j'en ai le cœur navré; quelque part que j'aille pour pêcher ou chasser, je reçois invariablement cette réponse : « Nous n'avons pas

grand'chose aujourd'hui, mais il fallait voir il y a vingt ans comme le poisson et le gibier fourmillaient; » et notez qu'il y a trente ans, j'étais déjà poursuivi par la même formule.

La truite, comme je le dirai bientôt, est assez difficile sur le choix des lieux où elle doit séjourner; le saumon y met encore plus de façons; il ne se plaît jamais dans les eaux que dédaigne la truite; mais toutes les eaux dont s'accommode la truite ne lui conviennent pas. Là où vous trouvez du saumon vous trouverez toujours de la truite, mais la réciproque n'est pas vraie : témoin la charmante rivière de Vanne, près de Sens (Yonne), abondante en belles truites saumonées, et où je n'ai pas connaissance qu'on ait jamais pris un saumon.

Ce poisson parvient à des dimensions considérables; on en voit souvent de 12 et même de 15 kilogrammes, et l'on n'en apporte guère sur nos marchés qui ne pèsent 3 ou 4 kilogrammes. Ses goûts et ses habitudes d'alimentation sont les mêmes que ceux de la truite, et comme ce dernier poisson est beaucoup plus répandu en France que le saumon, je me propose d'exposer, dans l'article que je vais lui consacrer, les procédés de pêche qui doivent être employés pour s'en emparer. Ce que je dirai à cet égard s'appliquera au saumon, en tenant compte toutefois de la différence de grosseur et de force. Quand il s'agit de pêcher le saumon à la ligne, il est toujours prudent de se servir d'hameçons n°s 1 ou 2 empilés sur deux brins de forte racine, au lieu d'un seul qui suffit pour la truite.

La truite.

Par ses formes extérieures et sa conformation générale, la truite semble être un diminutif du saumon, au genre duquel elle appartient; son appareil dentaire est à peu près le même; ses habitudes d'alimentation sont identiques. Elle se nourrit de vers et de petits poissons; elle est surtout très-friande des insectes qui voltigent aux environs des eaux, et qui, soit à raison de la faiblesse qui les frappe après l'acte de la reproduction, soit par la violence du vent, sont précipités et surnagent à la surface; la truite s'en empare avec un empressement et une rapidité dont les pêcheurs savent profiter et qui sont souvent la cause de sa perte. Sa livrée est plus riche que celle du saumon; les taches nombreuses dont est parsemée sa robe d'un vert doré sont purpurines au centre

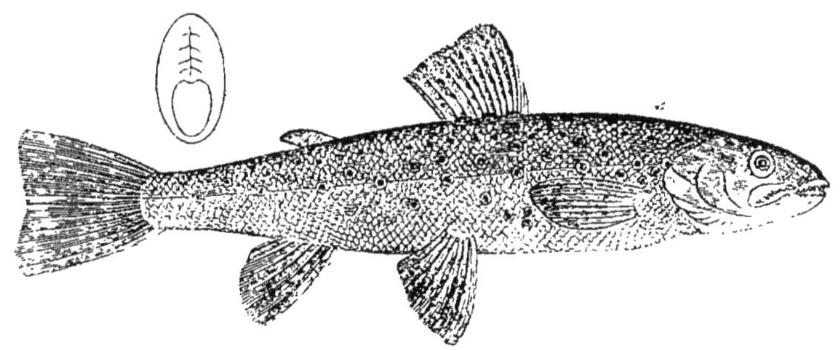

La truite.

et entourées de deux ou trois cercles concentriques dans lesquels se mêlent les nuances de l'azur et de l'argent; sa queue est peu échancrée; la mâchoire inférieure dépasse la supérieure.

Les eaux claires, froides, vives et torrentueuses, conviennent particulièrement à ce joli et délicieux poisson; les ruisseaux et les lacs d'eau vive des montagnes en sont tous peuplés. Dans les régions moins élevées, les truites habitent certaines rivières où elles sont favorisées par les localités, et probablement par la nature particulière des eaux et par certaines conditions dans la composition de leur atmosphère aquatique, conditions que la chimie,

qui analyse tout, serait cependant impuissante à découvrir, tandis qu'un simple poisson, guidé par les inspirations d'un sûr instinct, ne s'y trompe jamais. Certains cours d'eau sont peuplés de truites, et d'autres, à peu de distance, paraissant dans les mêmes conditions, en sont tout à fait dépourvus. Ainsi, parmi les affluents de l'Yonne, la Cure et la Vanne sont abondantes en truites, tandis que le Serain, qui coule entre les deux et à peu près à égale distance de l'une et de l'autre, n'en fournit pas une seule. Quant aux grandes rivières et aux fleuves, les truites ne les fréquentent pas : le cours généralement tranquille et lent de ces grandes artères; le mouvement de la population et du commerce sur leurs bords et à leur surface; par-dessus tout enfin, la composition et la température de leurs eaux échauffées librement par le soleil et souvent viciées par les résidus des habitations et des usines : toutes ces causes, et d'autres peut-être que nous ne connaîtrons jamais, les en éloignent invinciblement. C'est en vain qu'on jetterait des truites dans la Seine ou dans la Loire, du moins dans la partie navigable de leur cours; toutes, jusqu'à la dernière, s'empresseraient de gagner les petites rivières qui viennent se déverser dans ces fleuves, et encore seulement ceux de ces cours d'eau dont la nature est appropriée à leurs conditions spéciales d'existence, et qui sont connus en tous pays sous le nom de rivières à truites.

C'est seulement dans la partie supérieure du cours de la Seine et de la Loire, lorsque ces fleuves sont encore de petites rivières, qu'on y rencontre des truites. Dans la première de ces rivières, et notamment à quelques kilomètres de Troyes, en remontant, elles commencent à se montrer, et elles sont abondantes surtout dans les environs de Bar-sur-Seine et au-dessus.

Indépendamment des caractères spéciaux de conformation et d'aspect que j'ai déjà signalés, une différence capitale existe entre le saumon et la truite : c'est que cette dernière est sédentaire et n'obéit pas à ce mouvement annuel de va-et-vient qui fait passer alternativement le saumon de la mer aux eaux douces et des eaux douces à la mer. Elles craignent à un tel point de déserter leurs demeures favorites, qu'à l'embouchure des rivières à truites on dirait qu'il existe un grillage qui s'oppose à la sortie de ces poissons; à 100 mètres du confluent, le ruisseau vous offre encore des truites; mais c'est en vain que vous en chercheriez une seule à 100 mètres en aval du point où les eaux viennent se confondre. La taille de la truite est de beaucoup inférieure à celle du saumon; dans les eaux que j'ai visitées, et elles sont nombreuses, je n'ai guère trouvé de truite ordinaire au-dessus du poids de 1 kilogramme.

La puissance de natation de ce poisson est presque incroyable; on le voit se jouer et remonter avec aisance dans des rapides dont la force semblerait devoir emporter tous les corps qui y sont immergés; passer sous la roue d'un moulin en mouvement, fendre et surmonter le torrent qui se précipite dans le coursier, n'est qu'un jeu pour la truite; les chutes des barrages ne l'arrêtent même pas. Je ne veux pas dire, cependant, qu'au delà d'un certain angle de chute les truites puissent remonter les eaux. Des amateurs m'ont raconté que, dans des chutes d'eau où un torrent se précipitait en ligne perpendiculaire du haut d'un rocher, ils avaient vu des truites remonter la colonne liquide avec autant de facilité qu'un oiseau s'élève dans les couches supérieures de l'air. C'est là une de ces exagérations qu'Horace permet aux peintres et aux poëtes, mais qui sont interdites aux simples pêcheurs, gens toujours véridiques, comme chacun sait, de même que leurs frères les chasseurs. Non, sans doute, jamais truite, quoi qu'on dise, ne remontera les chutes du Rhin ou les cataractes du Niagara ; mais il n'en est pas moins vrai que, pour peu qu'il ait affaire à des obstacles moins formidables, ce poisson sait en triompher avec autant de force que d'adresse. Si la chute, bien que dépassant par son inclinaison la mesure des forces natatoires de la truite, n'est pas d'une hauteur trop considérable, elle parviendra à la franchir par un bond de 30 à 40 centimètres, ou même plus, selon sa grosseur. Si les eaux se précipitent d'une hauteur plus grande, mais au milieu des pierres et des rochers, c'est alors que commence pour la truite un travail de force et de patience dont j'ai souvent été le témoin. Assurant la partie inférieure de son corps sur un point d'appui résistant, comme une pointe de rocher, un amas de terre ou de sable, elle se recourbe en demi-cercle pour saisir sa queue avec sa bouche; alors se débandant avec vivacité comme un ressort, elle se donne une impulsion qui l'élève brusquement dans l'air, puis elle va retomber à un niveau supérieur. Au moment où elle se retrouve dans son élément, la truite s'efforce de gagner quelque anfractuosité sur laquelle elle puisse s'arc-bouter pour recommencer la même gymnastique, et ainsi faisant, de rocher en rocher, d'échelon en échelon, pour ainsi dire, elle parvient à gagner les eaux les plus élevées. Mais ce n'est pas sans un rude travail et sans bien des déconvenues; souvent au point où elle retombe elle ne trouve pas une saillie, pas un creux où elle puisse s'arrêter et se préparer pour une nouvelle étape; entraînée par le torrent, elle redescend souvent bien au-dessous de la dernière station d'où elle était partie. Mais bientôt après, elle recommence avec cette indomptable opiniâtreté qui est propre aux animaux poussés par un instinct puissant, et qui, les rendant incapables de découragement, les fait souvent réussir dans des entreprises qui auraient lassé la constance d'un être doué de raison.

Les truites qui habitent les eaux des montagnes sont généralement petites, et d'une couleur plus sombre que celles qui fréquentent des régions moins élevées. La différence de taille peut tenir à la moins grande abondance de nourriture et à l'agitation perpétuelle à laquelle les poissons sont soumis par l'action de leur milieu ambiant. Quant à la différence des couleurs, c'est une circonstance qui se rencontre fréquemment dans les poissons. Il est reconnu que les nuances générales de ces animaux varient suivant leur lieu d'habitation et sous l'influence d'autres conditions que la science est impuissante à préciser. Je ne crois donc pas qu'il y ait lieu, comme l'ont fait quelques naturalistes, de classer en une espèce distincte la truite de montagne.

La truite saumonée.

Mais il est certaines truites que, malgré des analogies très-grandes de forme, de couleur et d'habitudes, il est impossible de ne pas classer à part : ce sont les truites saumonées; elles sont remarquables par la taille assez considérable à laquelle elles parviennent, par la couleur de saumon que la cuisson donne à leur chair et par l'excellence de leur goût comme aliment. Quelques naturalistes ont prétendu que la truite saumonée était le résultat de la fécondation des œufs de la truite par le saumon. Sans nier que la reproduction des poissons, par son mode de fécondation consécutive, puisse quelquefois donner naissance à des individus hybrides, je ne crois pas possible d'admettre que la truite saumonée soit le résultat d'un mélange de race accidentel et fortuit, et, en quelque sorte, une monstruosité. En général, les mulets ne sont pas féconds et sont impuissants à se perpétuer à l'état d'espèce; or, il est certain que la truite saumonée est parfaitement apte à se reproduire : cela seul suffirait pour réfuter l'opinion des observateurs superficiels qui se sont laissé entraîner à un paradoxe sur la foi d'insignifiantes analogies.

La truite saumonée, bien observée, présente d'ailleurs des caractères qui lui sont propres, qui persistent et qui se retrouvent au même degré dans tous les individus ; ce qui ne pourrait pas arriver dans le cas d'une reproduction par suite de croisement. Dans cette hypothèse, on devrait

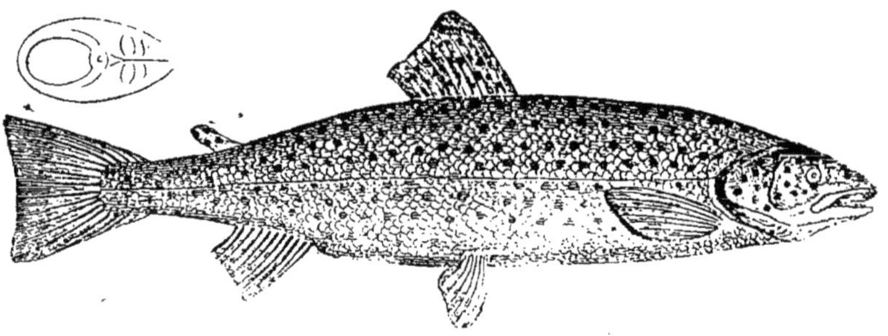

La truite saumonée.

trouver des différences notables entre les divers métis, selon leur plus ou moins grand éloignement de la souche commune, comme on rencontre des nuances innombrables et diverses de conformation et de couleur dans les individus de sang mêlé de la race humaine. On reconnaît la truite saumonée à ses deux mâchoires égales, à sa queue en croissant, plus échancrée que celle de la truite ordinaire; sa nageoire adipeuse est noire, les taches dont sa robe est parsemée sont assez peu éclatantes et tirent le plus ordinairement sur le noir; enfin sa taille est considérable et souvent elle atteint le poids de 3 ou même de 4 kilogrammes.

Comme je l'ai déjà dit, ce n'est que dans les rivières à truites qu'habite la truite saumonée, et encore ne la trouve-t-on pas même dans toutes; c'est principalement dans les petits cours d'eau qui aboutissent directement à la mer qu'on la rencontre. Il paraît même que, comme le saumon, elle fréquente volontiers les côtes de l'Océan aux environs des embouchures; ce qui n'empêche pas qu'un certain nombre de petites rivières de l'intérieur n'en soient peuplées.

L'ombre.

Il existe dans quelques rares rivières de France, et notamment dans les ruisseaux qui descendent des hautes montagnes, un poisson que l'on confond souvent avec la truite, bien qu'il appartienne à un genre différent nommé *corrégone* par les naturalistes; c'est l'ombre, ainsi nommé, dit-on, à cause de la célérité de sa natation.

> Effugiens oculos celeri levis umbra natatu.
> (Ausone.)

> Parce qu'il s'enfuit comme une ombre,
> Sans nous dire : « Je reviendrai. »
> (Traduction libre.)

On l'appelle spécialement ombre d'Auvergne, parce qu'en effet c'est dans les ruisseaux et les lacs des montagnes du Puy-de-Dôme, du Cantal et de la Haute-Loire, qu'on peut encore le rencontrer. Quelquefois cependant de grandes crues d'eau l'entraînent jusque dans les rivières; cette année notamment on en a pêché un certain nombre dans la Sioule, près de son confluent avec l'Allier; l'ombre était presque inconnu dans cette localité. Les Romains le nommaient thymalle, et les Italiens le dénomment encore *temelo*, par le motif, dit-on, qu'il exhale une odeur de thym. Ce poisson a la queue fourchue, la mâchoire supérieure avancée, des points noirs sur la tête, le corps brunâtre, rayé en long de bandes d'un noir azuré, le dos vert, le ventre blanc, les nageoires rougeâtres. Son corps est allongé, son dos arrondi, son ventre gros et ses écailles sont dures et épaisses ; ses dents sont beaucoup moins fortes et moins nombreuses que celles de la truite, la langue en est dépourvue.

L'ombre se pêche de la même manière que la truite,

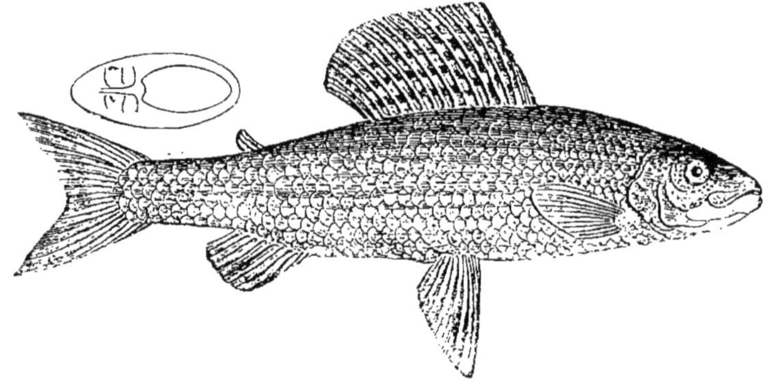

L'ombre d'Auvergne.

et l'on pourra lui appliquer ce que je dirai sur ce dernier poisson dans le chapitre suivant. Cependant, en ma qualité d'historien consciencieux, je dois indiquer ici un appât que le brave *Eugenio Raimondi* présente comme spécifique à l'endroit du poisson qu'il désigne sous le nom de *temelo*. Il s'agit tout simplement de cet *animaletto, cosi infesto all' uomo e alla donna*, que nous appelons en bon français une puce. Tout ce que je puis vous souhaiter de mieux, c'est de ne vous trouver jamais en mesure, par vous-même, de fournir au poisson un pareil appât.

CHAPITRE XVI.

PÊCHE DE LA TRUITE, DU SAUMON ET DE L'OMBRE.

La grenouille, l'ablette, le chevesne.

La truite et ses congénères s'emparent avec avidité des insectes ailés qu'un accident quelconque fait tomber sur la surface des eaux. De ce fait bien facile à observer et généralement connu, dérive la pêche à la mouche artificielle, la plus active et la plus aristocratique de toutes les pêches. Celui qui la pratique n'est pas condamné à l'immobilité comme le pêcheur sédentaire ; toujours en marche le long du rivage, il peut dans sa journée parcourir autant de kilomètres que ses jambes lui en fourniront, sans compter l'exercice perpétuel auquel ses bras ne cessent d'être occupés. Ici plus de ces appâts répugnants et souvent fétides, qu'il nous a fallu jusqu'à présent toucher, presser et pétrir ; les doigts du pêcheur à la mouche ne sont en contact qu'avec des imitations de la nature, avec de véritables objets d'art ; il ne pratique que l'entomologie de portefeuille. Aussi est-ce la pêche que préfèrent et que pratiquent d'une manière exclusive les *gentlemen* de la Grande-Bretagne, admirables pêcheurs, pour la plupart, bien qu'ils ne quittent pas leur cravate blanche et leurs gants glacés.

Je déclare tout d'abord que je n'ai pas inventé la pêche à la mouche artificielle. Toutes sortes de livres imprimés et datant aujourd'hui de plus de trois siècles parlent de cette pêche comme d'une pratique généralement répandue et nullement comme d'une innovation; de telle sorte que son origine se perd dans la nuit des temps, et qu'elle nous vient peut-être en droite ligne de la Grèce ou de Rome. Cependant, cher lecteur, si vous le trouvez bon, nous ferons comme si elle n'avait pas été encore trouvée, et nous allons nous cotiser pour la réinventer à nous deux ; cet innocent artifice nous donnera le moyen de mieux comprendre la raison des choses et d'apprécier plus sûrement le procédé dans tous ses détails.

Si vous connaissez dans vos environs quelque mare d'eau stagnante abondante en grenouilles, c'est là, s'il vous plaît, qu'il faut d'abord m'accompagner; nous y prendrons peu de truites, je vous en avertis, mais, patience, Paris n'a pas été fait en un jour. Munissez-vous d'une ligne ou même d'un gros et long fil attaché à un hameçon n° 12 ou 14, et monté sur une canne ou baguette flexible; à l'hameçon attachez une feuille de coquelicot, ou mieux encore, un petit morceau de drap écarlate qui n'en obstrue pas la pointe, et faites sautiller cet appât à quelques centimètres des joncs, de la vase ou du bord où vous apercevez des grenouilles. A peine aurez-vous agité pendant quelques instants ce leurre grossier, que vous verrez les habitants du marécage lever la tête, fixer sur l'hameçon leurs gros yeux d'or et s'élancer à l'envi pour happer l'appât; c'est un empressement incroyable : elles se poussent et se heurtent, elles accourent de tous côtés, et, si vous êtes leste à ferrer au moment où l'une d'elles aura saisi l'objet si convoité, vous aurez bientôt fait une belle récolte de ces estimables batraciens; les culbutes que les grenouilles exécutent pour s'emparer du leurre, les danses fantastiques exécutées par les longues jambes de celles que vous aurez piquées, vous donneront un passe-temps des plus divertissants. Mais quoique les grenouilles ne soient pas tout à fait méprisables culinairement parlant, bien qu'on les estime, en temps d'abstinence, à la sauce poulette ou en friture, ce n'est pas précisément à une pêche que je vous ai convié en vous conduisant près de leur humide demeure : c'est une expérience que nous sommes venus faire. A quelle cause attribuerons-nous cet empressement, cette fascination puissante, qu'un peu de couleur rouge exerce sur ces innocents amphibies? Si vous me demandiez pourquoi l'alouette s'acharne jusqu'à la mort autour du miroir que le chasseur fait scintiller dans la plaine, peut-être serais-je embarrassé pour vous répondre; car ni la gourmandise ni l'amour, ces deux grands mobiles de tous les êtres animés, ne paraissent devoir être pour rien dans l'incompréhensible attraction à laquelle cède le pauvre oiseau. Quant à la grenouille, c'est une autre affaire, elle est plus positive ; dans ce lambeau rouge que vous agitez devant elle, elle croit voir un insecte; insecte inconnu, impossible sans doute, mais brillant et curieux; elle croit prendre et elle est prise : cela arrive à d'autres qu'à des grenouilles. La morale à tirer de tout ceci, c'est qu'au moins certains habitants des eaux se laissent faire illusion par des apparences plus ou moins grossières, et sont tout disposés à prendre pour une proie un petit objet plus ou moins éclatant qui s'agite à la surface de l'eau; c'est une notion dont nous nous souviendrons tout à l'heure.

Passons maintenant à un autre exercice. Par une belle matinée de mai ou de juin, vous vous êtes établi à pêcher sur le bord d'une rivière tranquille et transparente ; de temps en temps une bouffée de vent secoue la chevelure des saules et des peupliers qui bordent la rive, des nuées de mélolonthes (prononcez toujours hannetons) rassasiés d'amour, et qui n'ont plus qu'à mourir après avoir connu le bonheur, sont précipitées dans l'eau par chaque rafale. Suivez de l'œil un de ces scarabées ; à peine a-t-il touché la surface, qu'au milieu du cercle déterminé par sa chute, vous voyez s'ouvrir comme un gouffre la vaste gueule d'un poisson; par une aspiration puissante il engloutit l'insecte qui se débat; soudain tout disparaît : du sacrificateur et de la victime il ne reste plus qu'un léger tournoiement de l'eau, quelques rides tremblantes qui bientôt passent et s'effacent. Ce sont les chevesnes qui gobent et qui se gorgent de ce festin que leur apporte une brise favorable.

Pour peu que vous soyez doué du génie de la pêche, vous avez compris qu'il y a là quelque chose à faire et qu'il est inutile d'aller chercher au fond une proie qu'un aussi vif attrait appelle à la surface. Débarrassez donc votre ligne du poids destiné à tenir l'appât immergé, et remerciez-moi d'abord de vous avoir engagé à vous servir pour cet usage d'une petite lame de plomb roulée qui se détache avec facilité, tandis que l'antique grain de plomb fendu aurait été pour ainsi dire inamovible. Prenez un hanneton et piquez-le de votre hameçon entre les deux élytres, de manière que la pointe vienne ressortir sous le ventre et laisse au dehors son dard bien dégagé de la peau dure et coriace de l'insecte : autrement il serait à craindre que la piquée ne fût pas assez rapide. Inutile de dire que, dans cette circonstance, il faut se servir d'un hameçon assez gros pour traverser le hanneton de part en part, c'est-à-dire du n° 4 tout au moins. Maintenant lancez votre appât là où vous avez vu gober les chevesnes. Mais quelle déconvenue! Le poisson, tout à l'heure si empressé et si glouton, ne bouge point cette fois; le vent souffle, tous les insectes qui tombent sur l'eau sont immédiatement engloutis, le vôtre seul reste intact et respecté. Cette abstention de la part de ces rusés poissons est facile à expliquer; votre ligne jetée à plat sur l'eau laisse voir le fil qui l'attache à l'insecte, et les chevesnes, s'apercevant que

.... La bête scélérate
A de certains cordons se tenait par la patte,

se sont bien gardés d'en approcher.

Si nous voulons mieux réussir, tâchons que le poisson ne voie que le hanneton, sans pouvoir soupçonner le lien qui unit l'appât au pêcheur. Pour qu'il en soit ainsi, il faut faire en sorte que l'hameçon tombe perpendiculairement au niveau de la rivière, ou, du moins, sous un angle assez aigu pour que la racine sur laquelle il est empilé ne se fasse pas trop visiblement apercevoir. Voilà qui est, sans doute, puissamment raisonné; mais, dans la pratique, un autre inconvénient se révèle : pour que l'appât soit dans la position voulue, il faut tenir le bout de la canne assez élevé, de telle sorte que celle-ci forme avec la ligne un angle de 120 à 140 degrés. Par cela même, la base du triangle, c'est-à-dire la distance entre le pêcheur et l'appât, se raccourcit, et nous rencontrons ce double inconvénient de pècher trop près du bord, là où se trouvent rarement les gros poissons, et, en même temps, de découvrir davantage le pêcheur aux regards défiants de la proie qu'il convoite. Aussi, au lieu de ces monstres aquatiques qui, à quelques pas plus loin, font bouillonner l'eau en gobant les hannetons, à peine l'appât sera-t-il de loin en loin attaqué par quelque menu fretin moins défiant, parce qu'il est moins expérimenté, et dont la bouche trop étroite pourra à peine absorber l'appât offert à sa convoitise. Le remède, toutefois, sera bientôt trouvé : une canne de cinq ou six mètres, portant une ligne d'un mètre plus longue encore, pourra envoyer l'insecte jusqu'à neuf ou dix mètres, dans les conditions requises pour le succès.

Mais on comprend facilement qu'une canne de cinq ou six mètres en bois ordinaire serait assez difficile à manier; une branche de cette longueur, si elle était pleine et d'un seul jet, ne serait plus une canne, mais une véritable pièce de charpente, dont le poids incommode fatiguerait bientôt le bras le plus robuste. C'est donc ici le cas de recourir à la canne de roseau en quatre ou cinq brins, renforcée par des ligatures dans les intervalles des nœuds, et surmontée d'un scion élastique et flexible de bois d'orme, d'épine ou de cornouiller; j'en ai parlé plus au long dans un chapitre spécial. La ligne doit être d'un cordonnet solide de lin, ou mieux encore de soie; et, pour rendre moins visible la partie la plus rapprochée de l'eau, il est bon qu'elle se termine par trois bons brins de racine réunis bout à bout par des nœuds de pêcheur, et portant à leur extrémité l'hameçon solidement empilé. Comme le chevesne atteint souvent des dimensions considérables et se débat avec beaucoup de vigueur lorsqu'il se sent piqué, il ne serait pas suffisamment sûr d'attacher la ligne seulement sur le deuxième brin de la canne, comme cela se fait sans inconvénient pour de plus petits poissons. Pour que la canne, formée de plusieurs pièces et construite en matériaux légers, ne soit pas exposée à se séparer ou même à se rompre, il est bon d'attacher la tête de la ligne au milieu du brin le plus rapproché de la main et de la conduire, roulée en spirale, jusqu'à l'extrémité du scion. Moyennant cette précaution, les efforts du poisson se divisent et s'annulent contre la résistance de la canne, dont toutes les parties, devenues solidaires, s'arrondissent en une courbe commune. Pour arriver à ce résultat, il suffit que le pêcheur, relevant la main, fasse décrire au roseau un arc quelquefois presque fermé, qui, comme un ressort flexible, amortit la violence des secousses au moyen desquelles le poisson tente de se dégager. Mais si, moyennant cette précaution, la solidité de la canne est à peu près mise hors de cause, il n'en est pas tout à fait de même du corps de ligne, et surtout de la monture : car la finesse, qui est un élément de succès à un certain point de vue, est aussi un danger lorsque le poisson piqué se trouve avoir une certaine dimension. Nous verrons tout à l'heure par quel ingénieux moyen il est possible de prévenir cette catastrophe, la plus cruelle qui puisse frapper un pêcheur : le malheur d'être *démonté*, malheur qui, tout naturellement, n'arrive qu'avec un beau poisson, ce qui en double l'amertume.

Continuons notre promenade expérimentale. Les hannetons ne durent pas toujours; douze ou quinze jours dans une année, et puis c'est tout. Mais ces scarabées ne sont heureusement pas les seuls insectes dont le chevesne soit friand. Que le vent fasse tomber sur la surface de l'eau quelque insecte ailé que ce soit, gros ou petit, libellule, éphémère, petit paon, charançon, papillon, bibet, etc., vous les verrez bientôt disparaître dans la large gueule toujours ouverte pour les engloutir; en les employant, comme vous avez fait des hannetons, vous aurez la même chance et sans doute le même succès. Vous réussirez encore très-bien à piquer un grand nombre d'ablettes, si vous prenez la peine de faire voltiger sur la surface de l'eau une simple mouche noire piquée à un hameçon n° 15 ou 16. Quelquefois même une perche en belle humeur daignera ouvrir pour une simple mouche cette bouche si bien armée, si souvent repue d'un butin plus substantiel, et fatale à tant de petits poissons.

Quant à moi, je vous l'avouerai, bien qu'un chevesne, pour la taille et pour le goût, ne soit pas une capture méprisable, bien qu'une perche soit un beau et bon butin;

depuis que, sur les bords de quelqu'une de ces rivières rapides qui ne sont pas rares en France, j'ai vu des truites, ces agiles et gracieux habitants des eaux, se jeter avec avidité sur les insectes charriés par le courant, depuis surtout que je me suis convaincu que leur passion pour ce genre de nourriture se manifestait dans toutes les saisons et par toutes les circonstances atmosphériques, ou peu s'en faut, c'est contre la truite que j'ai combiné avec le plus d'amour mes moyens d'attaque, et l'emploi de la mouche soit naturelle soit artificielle. Ce dernier mot rend nécessaires quelques explications; elles viendront à point ici même.

La mouche artificielle, la canne à anneaux, la ligne à moulinet.

Quelque département que vous habitiez, le département de la Seine excepté (qui ne comprend guère que Paris), il est probable que, parmi les cours d'eau dont la localité est sillonnée, il se trouve une de ces petites rivières fraîches, pures, rapides, dans lesquelles se plaît la truite. Les rivières du littoral sont presque toutes dans ce cas; il en est de même dans les pays de montagnes et dans l'intérieur de la France; même dans Seine-et-Oise (à Chambly, près Pontoise, sur le ru de Meru, à Milly-sur-l'École), il se rencontre toujours certaines eaux que peuple la truite. Informons-nous et partons.

Nous voici arrivés. Voyez-vous, au-dessous de ce moulin, la cascade où l'eau, après s'être amoncelée au-dessus de la digue de retenue destinée à élever son niveau, se précipite en bouillonnant et agite encore, après avoir repris sa course, ses rapides tourbillons? l'eau se calme peu à peu et sa surface s'aplanit jusqu'à ce qu'une nouvelle chute vienne encore l'agiter. C'est là surtout que se plaît la truite; c'est au milieu de l'écume du torrent et des violents remous de la cascade qu'elle se tient le plus volontiers; cette eau agitée, saturée d'un air sans cesse renouvelé, convient à ses instincts et aux nécessités de son organisation. C'est d'ailleurs au milieu de cette agitation et de ce pêle-mêle des eaux qu'elle peut récolter en abondance les insectes, les crustacés et les petits poissons dont elle fait sa nourriture, et qui, entraînés, étourdis par la violence du torrent, lui offrent là plus qu'ailleurs une facile proie.

Le temps est propice; le soleil, levé depuis quelques heures, a réchauffé l'atmosphère et donné l'essor à tous ces insectes que le froid de la nuit engourdit, et qui, voltigeant librement en ce moment, sont pour la truite une véritable manne; quelques heures encore, et la chaleur ardente de midi les fera rentrer dans le repos jusqu'aux approches du soir. La truite elle-même fuira la surface échauffée par les feux du jour et ira chercher le frais dans les couches les plus profondes de l'eau ou dans les cavités de la rive. Mais voyez en ce moment comme elle gobe; dissimulée derrière un tronc d'arbre, un buisson, un accident de terrain, examinez ses manœuvres; c'est une étude qui vous servira bientôt. Remarquez d'abord que, comme presque tous les poissons, elle présente en nageant sa tête au courant; c'est que, dans cette position, le mouvement de l'eau, au lieu de rebrousser ses écailles, tend au contraire à les coucher dans leur sens naturel; son corps offre ainsi au courant une moindre résistance, et le poisson a besoin de moins d'efforts pour se maintenir à l'état stationnaire, comme c'est sa coutume lorsqu'il guette une proie. Un autre motif encore l'engage à se placer la tête en amont : c'est que ses approvisionnements lui viennent ordinairement de la partie supérieure du cours d'eau, dont le courant les porte et les charrie. Voyez ces essaims de phryganes qui voltigent au-dessus de la surface liquide ; un de ces insectes, imprudent ou fatigué, a touché l'eau de son aile ; prompte comme l'éclair, la truite s'est élancée et l'insecte a disparu. Si un souffle de vent vient de temps en temps agiter les arbres du rivage, la curée est plus abondante encore. A chaque bouffée, les papillons de nuit qui se reposent sur les arbres pendant la journée, les chenilles qui rampent sur les feuilles, les araignées qui y filent leur toile, les sauterelles qui bondissent dans les prairies, de nombreux représentants de toutes ces tribus qui volent, filent ou sautent dans les bois ou dans les champs, sont précipités dans les eaux. Quelque temps ils se débattent à la surface, traçant de longs sillons avec leurs membres convulsivement agités, jusqu'à ce que la truite, en les dévorant successivement, vienne mettre fin à leurs souffrances.

Observer, c'est apprendre, a dit un sage. En effet, si vous avez bien suivi toutes les phases de ce petit drame aux mille scènes, vous savez déjà aussi bien que moi, qui ai la prétention de vous servir de professeur, ce qu'il faut faire pour prendre la truite ; vous le savez théoriquement, du moins ; quelques mots maintenant sur la pratique.

Placer sur l'hameçon un insecte semblable à ceux que le poisson vient de dévorer d'un si bon appétit, le lancer à la surface et laisser faire le poisson, il semble qu'en effet la chose ne soit pas bien difficile. Examinons cependant. Pour faire un civet, la cuisinière bourgeoise nous dit : « Prenez un lièvre ; » pour placer un insecte à votre hameçon, je vous dirai, à mon tour : « Prenez un insecte. » Or, vous êtes venu pour pêcher et non pour chasser aux papillons ; chaque fois que vous aurez besoin de renouveler votre appât, et ce sera souvent, je vous en préviens, vous faudra-t-il jeter là votre ligne, et, le filet à papillon à la main, vous livrer à des exercices fort convenables sans doute pour un amateur d'entomologie, mais peu divertissants pour un pêcheur? Et puis, quand vous aurez enfin fait prisonniers une phrygane ou un papillon de genêt, croyez-vous qu'il vous sera facile de fixer ces corps tendres et menus sur un hameçon n° 5 ou 6? Autant vaudrait essayer de médicamenter une mouche avec un pourceaugnac de gros calibre. Enfin, lorsque après bien des peines vous aurez réussi tant bien que mal à fixer votre appât, êtes-vous bien certain que votre canne, excellente pour les diverses pêches dont nous nous sommes occupés jusqu'ici, soit assez flexible pour lancer mollement l'insecte au large, assez longue pour porter l'hameçon à une distance telle que le pêcheur risque moins d'être vu, assez légère, dans la longueur inusitée jusqu'ici, et en même temps assez solide pour pouvoir être maniée sans trop de fatigue et en toute sécurité? Vous est-il bien prouvé que ce poisson, nouveau pour vous, dont la force et la vivacité dépassent ce que vous avez jusqu'ici expérimenté en ce genre, ne parviendra pas à briser une ligne finement montée (condition indispensable de succès) et attachée à poste fixe à l'extrémité de votre canne?

Je pourrais vous démontrer compendieusement combien toutes ces objections sont fondées; mais pourquoi tant de paroles? Procédons, comme disent les savants, empiriquement; toutes les études que vous pourriez faire pour trouver le remède aux inconvénients signalés, tous les tâtonnements auxquels nous pourrions nous livrer afin d'arriver à une solution satisfaisante, ceux qui ont vécu avant nous les ont faits; profitons donc sans scrupule, et sans plus tarder, de l'expérience de nos prédécesseurs.

Pour cette occurrence, tout un appareil spécial de cannes, de lignes et d'appâts a été inventé il y a probablement bien des siècles, puisqu'on en trouve l'indication dans les plus anciens livres qui aient été imprimés sur l'économie rurale et domestique. Ces procédés perfectionnés, améliorés au point de vue de la fabrication, grâce au progrès des arts, sont aujourd'hui pratiqués avec la plus grande extension dans les diverses parties de la Grande-Bretagne et aussi dans plusieurs contrées de l'Allemagne. Déjà la pratique de cette espèce de pêche s'est beaucoup répandue en France, et je me féliciterais, je le répète, si, pour ma faible part, je pouvais contribuer à populariser l'usage de la ligne à moulinet et de la mouche artificielle.

La construction de la ligne à moulinet est la solution d'un problème de dynamique qui se pose tous les jours à la pêche entre le poisson qui ne veut pas être pris et le pêcheur qui veut le prendre. Le poisson, lorsqu'il se sent piqué par l'hameçon, comprend instinctivement que sa seule chance de salut est de rompre le lien qui le retient; il tire de toutes ses forces pour casser la ligne. Le pêcheur, de son côté, par l'élasticité du scion qu'il oppose adroitement à son adversaire, essaye d'anéantir l'effort de ce dernier; quelle sera l'issue de cette lutte ? La théorie prétend que, s'il était possible de trouver un fil parfaitement homogène et de force exactement égale dans toutes ses parties, ce fil, quelque fin qu'il fût, un simple fil d'araignée par exemple, pourrait, sans se rompre, supporter le poids du globe terrestre. En effet, pour qu'un fil se rompe, il faut qu'une de ses parties cède la première, et, si toutes ses parties sont d'égale force, il n'y a pas de raison pour que l'une cède plus tôt que l'autre. La théorie se donne trop beau jeu, puisqu'elle suppose une condition tout à fait impossible à réaliser; rentrons donc dans les bornes du possible et voyons ce qui se passe dans les conditions réellement expérimentales. Tout le monde sait qu'une corde tendue se rompt, si l'effort qu'elle subit est supérieur à la résistance d'une seule de ses parties : mais cette rupture est d'autant plus prompte et plus facile que la tension est plus complète et plus continue ; enfin ces deux conditions se trouvent d'autant mieux réunies que la corde est plus courte. Si la corde est longue et placée à peu près dans un plan horizontal, l'effort qui se produit à l'une de ses extrémités ne se propage que successivement jusqu'au point d'attache ; la tension n'est pas immédiate, et, si la corde est d'une étendue suffisante, l'effort le plus énergique ne saurait parvenir à la roidir complétement ; c'est ce qu'on peut observer tous les jours dans les câbles qui servent à remonter les bateaux et qui, sous l'effort de vingt chevaux, font franchir le courant à des charges énormes sans cesser de décrire entre les deux points une courbe souvent très-prononcée. Dans cette situation, l'effort se divise entre les diverses parties de la corde et, par cela même, il s'exerce avec moins de persistance et d'énergie sur les points faibles, de telle sorte que les chances de rupture se trouvent considérablement diminuées. Tenons donc pour certain que, si l'on pouvait pêcher avec des lignes très-longues, le poisson verrait une grande partie de ses forces annulée par cette loi physique dont nous venons de parler. Mais comment avoir une ligne très-longue, lorsque, d'une autre part, la facilité de la manœuvre du pêcheur exige que cette longueur ne dépasse guère celle de la canne ? Ce problème a été résolu de la manière la plus simple et la plus heureuse par une invention déjà bien ancienne aussi : par l'invention de la ligne à moulinet et de la canne à anneaux, combinaison qui permet d'allonger instantanément la ligne d'une manière presque indéfinie et de la raccourcir à volonté.

En Angleterre et même, depuis quelques années, en France, il se fabrique des cannes de cette espèce qui sont de véritables chefs-d'œuvre, de charmants bijoux de poche en douze ou quinze compartiments, rattachés par des ajustements solides où le cuivre bruni étincelle et rehausse de son éclat le poli du bois et le fini du travail. Les principaux marchands de fournitures de pêche offrent à cet égard les spécimens les plus attrayants aux amateurs qui, à la pêche comme à la chasse, aiment à se montrer élégamment et confortablement armés ; ceux que n'effraye pas une dépense de soixante, de quatre-vingts ou même de cent francs, pourront se procurer dans ces brillants magasins ce qui se fait de mieux en ce genre. Mais il est bon nombre de pêcheurs, et j'avoue que je suis de ceux-là, qui croient que le luxe extérieur ne fait rien à l'affaire ; à ces pêcheurs je dirai comment il est possible, à beaucoup moins de frais, d'obtenir le même résultat. J'ajouterai même que la canne dite anglaise, construite en bois de frêne, ne peut guère, sans devenir d'un poids très-gênant, acquérir la longueur que fournissent des matériaux beaucoup plus simples, moins coûteux et d'une préparation plus facile ; ceci soit dit sans déprécier les cannes britanniques dont une, fabriquée à Dublin, m'a souvent servi depuis vingt ans. En laissant aux amateurs du *confort* toute la liberté de leur choix, je demande la permission de décrire la canne dont je fais aussi usage depuis longtemps et que chacun, avec un peu d'adresse, pourra reproduire lui-même ou du moins faire confectionner sous sa direction. Quant à la manœuvre sur le terrain de pêche, elle ne diffère en aucune façon de celle de la canne anglaise. Ce que j'aurai à dire à cet égard s'appliquera indistinctement à l'une comme à l'autre.

La matière première de la canne dont je parle est

encore le roseau, plus que jamais cerclé de fil poissé dans les entre-nœuds ; elle se compose de quatre compartiments ayant chacun 1ᵐ50ᶜ de longueur, s'insérant bien solidement bout à bout. Chacune des extrémités enveloppantes est renforcée extérieurement d'une douille en tôle de cuivre mince : chacun des bouts insérés doit conserver soigneusement son vernis naturel, pour éviter l'adhérence provenant du renflement des surfaces par suite de l'humidité. Le quatrième compartiment ne se compose de roseau que dans sa moitié inférieure ; il est terminé par un scion très-fin et sans nœuds, de bois flexible et élastique d'orme, de cornouiller ou de troëne. La baleine peut être encore employée ; mais réduite, comme elle doit l'être ici, à de très-minces dimensions, elle est plus sujette que le bois à se fendre longitudinalement et à s'exfolier. De distance en distance et de plus en plus rapprochés, de la poignée au scion, sont placés douze ou quinze anneaux de cuivre de 2 ou 3 millimètres de circonférence intérieure, jouant librement dans une petite bélière de fil de laiton dont les deux bouts sont engagés

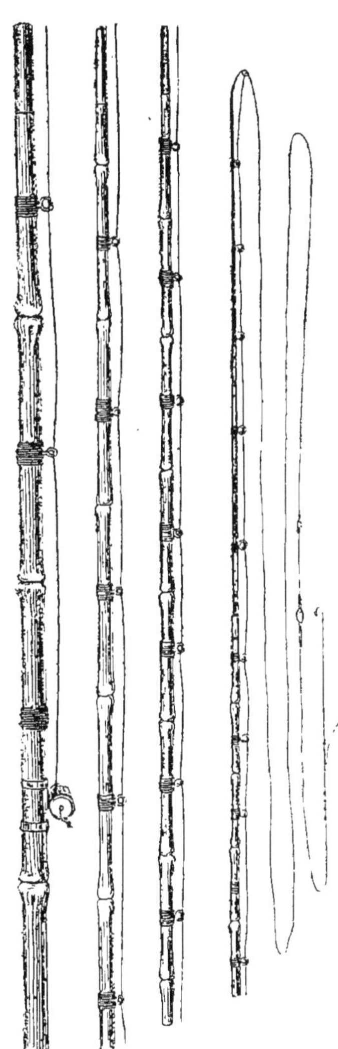

sous les spires du fil poissé à l'aide duquel la canne est renforcée ; le scion se termine par une boucle ou anneau fixe en fil de laiton. La ligne, longue de 30 ou 40 mètres, et dont j'indiquerai tout à l'heure la matière, est roulée sur la bobine intérieure d'un moulinet de cuivre dont le modèle se trouve chez tous les marchands d'ustensiles de pêche. Les quatre compartiments séparés sont reproduits dans la figure placée à la page précédente.

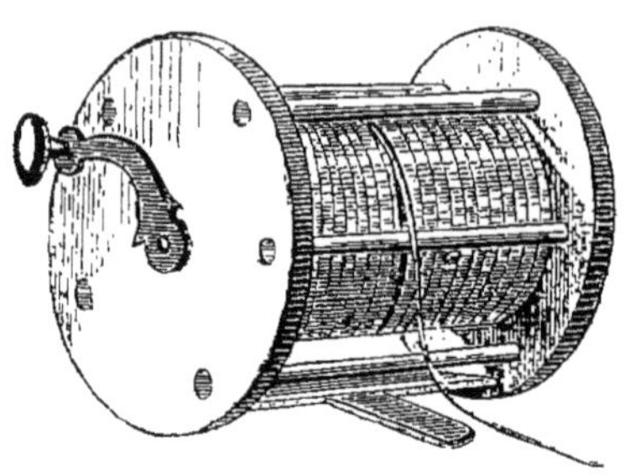

Les diverses parties de la canne étant assemblées, le moulinet étant fixé d'une manière quelconque (j'en dirai un mot tout à l'heure) au tiers ou au quart de la longueur du premier compartiment, on engage successivement dans tous les anneaux, y compris celui de l'extrémité du scion, le bout de la ligne resté libre sur la bobine du moulinet. On comprend facilement que toute traction exercée sur l'extrémité de cette ligne agit aussitôt sur le moulinet, qu'elle oblige à laisser dérouler, jusqu'à concurrence de son contenu, telle longueur de ligne que désire le pêcheur. Par une action inverse, si celui-ci veut rappeler à lui l'hameçon, il y parvient avec la plus grande facilité en tournant la manivelle qui fait mouvoir la bobine ; si enfin la circonstance exige que la mobilité de cette bobine soit neutralisée, le moulinet contient un cran d'arrêt qui la fixe instantanément et à volonté.

Pour passer facilement dans les anneaux, la ligne doit être d'un seul bout et n'avoir aucune espèce de nœuds ; il importe aussi que, par la solidité de ses éléments, elle soit de nature à offrir, sous le plus petit volume possible, la plus forte résistance, et à subir sans se pourrir les alternatives de l'humidité et de la sécheresse; tout concourt donc à indiquer pour cet usage le cordonnet de soie dévrillé dans de l'huile de lin ou enduit d'une couche de couleur à l'huile, de nuance verdâtre. La ligne doit avoir, comme je l'ai déjà dit, 30 ou 40 mètres de longueur; la grosseur devra être suffisante pour supporter, sans se rompre, un poids de 5 ou 6 kilogrammes, ou même du double, si l'on se propose de pêcher au saumon. A l'extrémité libre de cette ligne, on pratiquera une boucle de 4 ou 5 centimètres de longueur, dont la ligature sera faite avec le plus petit nœud qu'il se pourra, et recouverte de plusieurs tours de soie fine, pour empêcher qu'aucune aspérité ne s'oppose au libre passage dans les anneaux. Quelque fine que soit une pareille ligne (et, dans l'intérêt de la solidité, cette finesse doit avoir des limites), elle serait facilement vue du poisson si elle portait directement l'hameçon; la partie qui devra toucher l'eau doit donc être plus ténue encore, et, autant que possible, invisible pour le poisson. La racine, par sa solidité comme par sa transparence, trouve ici naturellement sa place. Avec trois ou quatre bouts de cette substance filamenteuse rattachés finement par des ligatures de soie poissée sur les points d'attache, vous disposez ce qu'on appelle un bas de ligne, terminé à chaque extrémité par une boucle. Maintenant, pour compléter notre instrument de pêche, il ne nous reste plus qu'à préparer l'appât; c'est la partie essentielle de la chose, celle d'où dépend en définitive le succès.

Par l'expérience de la grenouille, par la pêche du chevesne au hanneton ou de l'ablette avec la mouche vulgaire, vous avez acquis la certitude que certains animaux aquatiques se jettent avec avidité sur un objet éclatant qui tombe ou voltige sur l'eau comme le ferait un de ces insectes dont ils se nourrissent. La truite, le saumon et l'ombre sont essentiellement des poissons *gobeurs*; leur présenter des insectes naturels serait souvent difficile ou même impossible : de là cet artifice, cette imitation plus ou moins fidèle de l'insecte naturel, appât permanent, durable et facile à se procurer en tous lieux, puisque le pêcheur le porte dans sa poche; de là enfin la mouche artificielle. Ce serait tout un art à décrire, que de vous enseigner la fabrication de ce leurre précieux et infaillible, à la confection duquel on est parvenu à donner une perfection remarquable et quelquefois même, il faut le dire, un peu outrée. Je ne saurais croire, en effet (et l'expérience m'a confirmé dans cette opinion), que les poissons soient d'assez savants entomologistes pour discerner si ce petit faisceau de plumes et de soie que vous faites briller à ses yeux est bien précisément semblable à l'insecte que la saison, le mois, ou même l'heure du jour, désignent à son appétit. Je suis convaincu que les fanatiques de la pêche *au lancer* exagèrent beaucoup les choses, en disant qu'il faut avoir soin, avant de monter sur sa ligne une mouche artificielle, de choisir dans une nombreuse collection d'appâts dont on doit toujours être muni, celui qui ressemble le plus aux insectes naturels qui voltigent en ce moment même dans les environs. Pure complication d'amateur, semblable à ces formules des anciens temps dans lesquelles se complaisaient les auteurs des pharmacopées antiques, et que la science moderne a si heureusement simplifiées. Cinq ou six mouches artificielles, de grosseur et de couleur variées, suivant la grosseur du poisson que l'on recherche ou l'état de l'atmosphère, de nuances foncées par un jour serein, plus claires si le ciel, couvert de nuages, illumine les objets d'une lumière moins vive; tel est l'assortiment qui suffit en tous temps au pêcheur au lancer. Je sais bien que les fabricants de mouches artificielles ne seront pas de cet avis, et pour cause; mais indépendamment de ma propre expérience, j'en appelle à celle de tous les professeurs désintéressés en cette matière, et je puis invoquer l'autorité de Walton, auteur d'un excellent traité sur la pêche qui nous occupe en ce moment.

La matière première des insectes artificiels est prin-

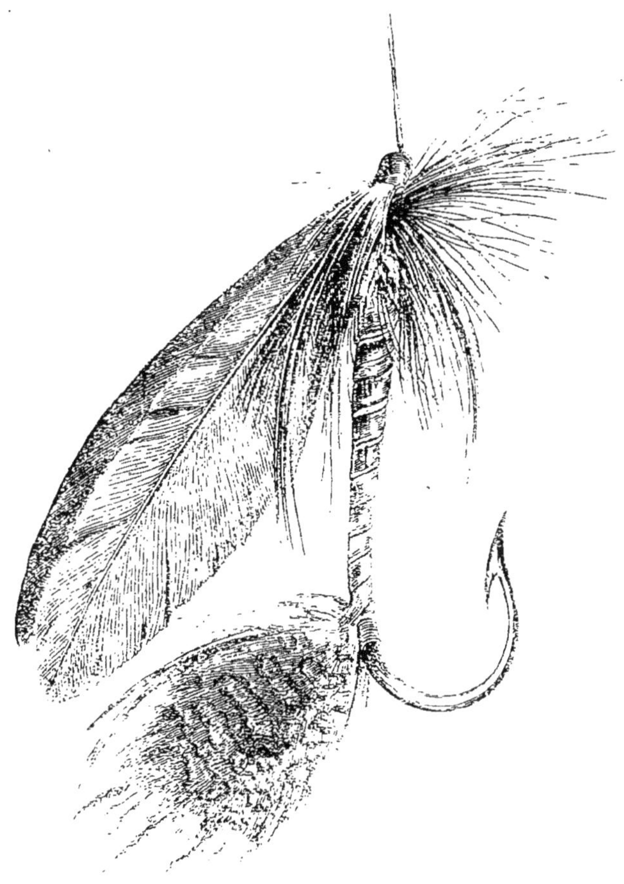

Insecte artificiel pour saumon.

cipalement empruntée aux plumes des oiseaux ; les barbes roides des plumes qui garnissent le col du coq, étant tournées autour de l'hameçon, figurent assez bien les poils et les pattes d'un insecte; quelques fragments de plumes de canard imitent très-convenablement les ailes. Quant à la manière de manipuler ces divers éléments et de les attacher à l'hameçon, elle exigerait, pour être exposée en détail, un manuel complet de technologie, avec un grand renfort de figures; un pareil hors-d'œuvre me paraît inutile à un double point de vue. Les amateurs qui cultivent la pêche sans vouloir s'en faire une occasion de travail, et le nombre en est grand, ne me liraient pas; quant à ceux que les œuvres de la main intéressent et qui ont le loisir de s'y livrer, ils me comprendront à demi-mot : au besoin, l'autopsie patiente de quelques mouches artificielles achetées chez les fabricants leur en apprendra plus que ne saurait faire une description écrite. Je me bornerai donc à reproduire ici, dans des proportions variées, suivant la grosseur présumée du poisson, quelques échantillons d'insectes artificiels à employer pour le saumon, la truite saumonée, la truite ordinaire, l'ombre, le chevesne, la perche, etc.

La manière la plus commode pour porter ces insectes sans les froisser est de les placer dans un portefeuille dont chaque feuillet est tenu éloigné de celui qui le précède, au moyen de quatre petits disques de liége collés aux coins du feuillet.

Toutes choses étant ainsi disposées, il est temps de nous mettre en route : la matinée ou l'après-midi est chaude, l'atmosphère est orageuse, le vent souffle par rafales, tout va à souhait. Arrivé près du cours d'eau ou du lac limpide qui recèle la proie d'élite par lui convoitée, le pêcheur tire sa canne de l'étui de toile qui l'enveloppe; il ajuste bout à bout les compartiments, en les disposant de telle sorte que les anneaux soient parfaitement dans la même direction, régularité qui doit être facilitée par des repères placés aux points d'assemblage. Si la distance à laquelle il veut atteindre est grande, il emploie les quatre compartiments ; s'il s'agit de pêcher seulement dans une petite rivière étroite, il se contente d'en réunir trois, formant ensemble la longueur encore très-respectable de quatre mètres et demi. Le moulinet sur lequel la ligne est enroulée est en-

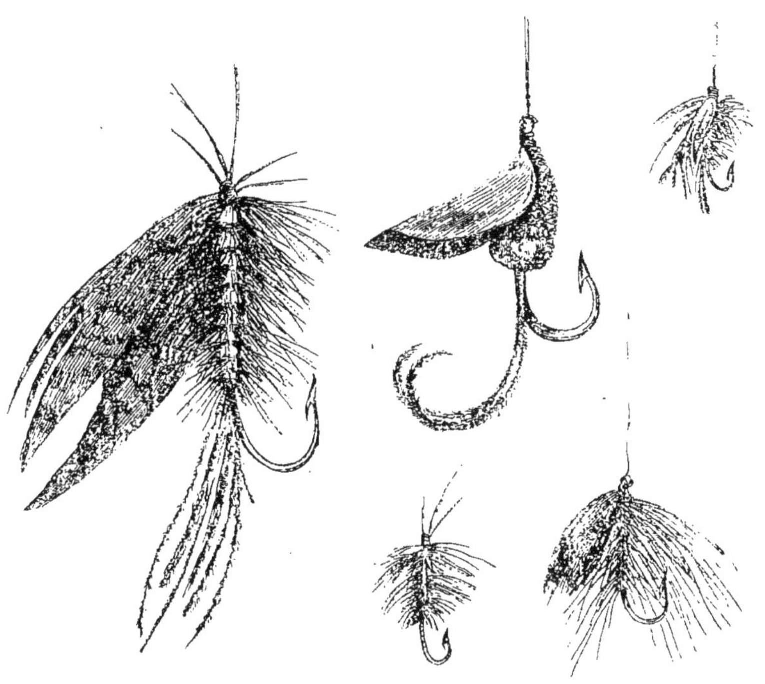

Insectes artificiels.

suite placé sur le premier compartiment, environ vers le premier tiers de sa longueur. Bien des moyens ont été essayés pour maintenir ce moulinet en place ; celui que, pour ma part, je préfère, consiste en deux bracelets de caoutchouc vulcanisé, établis à demeure au point d'attache. Pour monter le moulinet, il suffit d'engager sous l'un et l'autre bracelet les deux languettes de cuivre sur lesquelles l'appareil est monté ; il se retire avec la plus grande facilité par la manœuvre inverse. Ce moyen, pour lequel je ne réclame aucune espèce de brevet d'invention, réunit la simplicité à la légèreté. Un double bracelet, placé à poste fixe sur le deuxième compartiment comme sur le premier, donne la faculté de transporter rapidement le moulinet de l'un à l'autre, selon qu'on veut allonger ou raccourcir la canne.

Le moulinet posé, on monte la ligne comme je l'ai dit page 204 ; il ne s'agit plus maintenant que d'ajouter le bas de ligne et la monture de l'hameçon. Cet assemblage se fait promptement, facilement et solidement, au moyen des deux boucles qui terminent d'une part la ligne, et de l'autre le bas de ligne. On fait passer la première dans la seconde, comme un fil dans la tête d'une aiguille, et on l'y engage de 5 ou 6 centimètres ; ouvrant ensuite la boucle de la ligne, on y fait passer l'autre extrémité du bas de ligne, puis on tire les deux bouts jusqu'à ce que les boucles, entrelacées l'une dans l'autre, se soient resserrées. L'assemblage de la monture de l'hameçon avec le bas de ligne s'opère par le même moyen. Encore un détail, et j'ai fini. Avant d'assembler la canne et de placer le moulinet, commencez par tremper dans l'eau le bas de ligne et la monture (sans mouiller l'insecte artificiel) ; cette immersion disposera la racine dont se composent ces deux parties à perdre le pli contracté dans le portefeuille où elles étaient roulées, ou *lovées*, comme disent les marins.

Pour jeter la mouche avec succès, il serait à désirer que le pêcheur fût invisible ; car plus la proie qu'il recherche est près de la surface, et plus elle a de chance d'apercevoir celui qui la poursuit. Cependant, à moins d'être pourvu de l'anneau de Gygès, il faut bien rester visible à l'œil nu : c'est un inconvénient auquel il est nécessaire de se résigner ; il ne faut pas même espérer de se dissimuler derrière un rideau d'arbres ou à l'ombre d'un épais taillis ; la manœuvre de la ligne à lancer exige, au contraire, un terrain bien découvert et débarrassé de tout obstacle : autrement l'hameçon et la ligne elle-même s'embarrasseraient à chaque instant dans le branchage, et ce n'est pas pour accrocher des saules ou des peupliers que nous avons si bien préparé nos engins. Avancez-vous donc résolûment au bord de la rivière, sans négliger cependant, suivant l'occurrence, de dissimuler au moins une partie de votre personne derrière un buisson ou une touffe de joncs, et en profitant de tous les accidents de terrain. Vous savez déjà qu'en général le poisson nage la tête tournée en amont ; c'est donc en remontant que vous risquerez moins d'être vu ; j'ajoute que c'est aussi le moyen d'être moins entendu : car le bruit de vos pas, en se propageant dans l'eau, sera emporté en aval par le courant. Il est bien convenu que, si la pêche en remontant est toujours préférable, elle ne peut pas être pratiquée exclusivement ; car cet exercice, dans lequel il faut continuellement être en marche, vous conduirait loin si, après avoir remonté, vous ne finissiez pas par redescendre. Il en est de cette prescription comme de celle de chasser à bon vent : il faut la prendre dans les bornes du possible, et en ce sens seulement que, dans une place que vous aurez lieu de croire bien peuplée de poissons, il est toujours avantageux de lancer la mouche au-dessus de vous plutôt qu'au-dessous.

Vous voici donc la ligne à la main ou plutôt aux mains :

car, lorsque la canne est montée dans toute sa longueur, il est à peu près impossible de la manœuvrer d'un seul bras; vous avancez pas à pas en suivant le bord; si quelque part vous voyez gober une truite ou si vous l'apercevez immobile se maintenir contre le courant, l'occasion est bonne. Ne vous découragez même pas si vous n'êtes guidé ni par l'un ni par l'autre de ces indices; en battant l'eau au hasard, en envoyant la mouche là où l'eau est agitée, là où elle tournoie au milieu de son cours ou vers le bord opposé, vous réussirez souvent encore à souhait.

Pour lancer la mouche, il faut avoir une certaine habitude. Il ne s'agit pas, en effet, de fouetter l'eau; ce procédé, renouvelé de feu Xerxès, aurait pour effet immédiat de mettre en fuite le poisson que vous voulez attirer. Il ne faut pas que la mouche tombe avec violence; il faut qu'elle descende mollement sur la surface, comme un insecte fatigué que sa légèreté naturelle soutient encore à demi lors même que ses ailes ne peuvent plus le porter. Un peu d'exercice, quelques répétitions auxquelles vous pourrez procéder même en terre ferme, sur le sable ou sur le gazon, vous apprendront à donner à votre appât les allures les plus naturelles et les moins suspectes. Le mouvement de lancer est à peu près celui que nécessite un coup de fouet dont on voudrait envoyer la mèche sur un objet déterminé; mais, au moment où la mouche est arrivée en avant, à un mètre ou deux du point que vous cherchez à atteindre, il faut en arrêter l'essor par un coup de poignet qui la retient et la modère, de telle sorte qu'au lieu de se précipiter elle vienne s'asseoir doucement sur l'eau. Un peu de vent favorise singulièrement cette manœuvre en soutenant les plumes de l'insecte artificiel; un vent assez fort vous dispense même, pour ainsi dire, de la peine de

Le lancé de la mouche artificielle.

lancer, car il se charge lui-même d'emporter l'appât et de le déposer au point que vous aurez d'avance marqué de l'œil. Le vent, nuisible pour toute autre pèche, est favorable à la pêche au lancer, d'abord parce qu'en précipitant un grand nombre d'insectes naturels, il dispose le poisson à gober, et ensuite parce que, comme je viens de le dire, il facilite la manœuvre. Il est bien entendu, toutefois, que pour profiter du vent à ce dernier point de vue, il faut l'avoir en.... poupe ou tout au moins de côté; le vent de face ou *debout*, pour me servir de l'expression consacrée, au lieu de porter votre appât sur l'eau, le ramènerait constamment derrière vous dans la prairie, et ce n'est pas là, je vous en préviens, qu'il faut espérer trouver des truites. C'est surtout sur les lacs d'eau vive dans lesquels se trouve la truite, que le vent est un excellent élément de succès; en ridant la surface de l'eau, il rend moins visibles le pêcheur et la ligne, il remplace par cette agitation momentanée le mouvement naturel du courant, qui, dans les ruisseaux et dans les rivières, donne au pêcheur, comme je l'ai dit, quelques chances de dissimuler sa présence.

Le moment où la mouche vient toucher l'eau est ordinairement celui où la truite, avec une extrême rapidité, s'élance et la saisit; quelquefois même elle ne lui donne pas le temps d'arriver jusqu'à la surface, et, se portant à sa rencontre, elle l'attrape pour ainsi dire au vol. Mais si le poisson n'a pas répondu immédiatement à la provocation, tout n'est pas encore terminé. Ramenez doucement l'appât en le soutenant et en le faisant sautiller pour simuler le mouvement d'un insecte qui se noie; souvent le sillon tracé sur l'eau par cette légère agitation, par cette imitation de la vie qui se débat contre la mort, excitera l'attention et la convoitise d'une truite restée insensible au premier appel, et, après un moment d'examen, elle se décidera à s'élancer sur ce qui lui paraîtra une proie assurée.

A quelque moment que le poisson se décide à gober, le pêcheur attentif doit être alerte pour répondre à ce mouvement par un rapide mouvement de poignet qui engage l'hameçon dans les chairs : c'est un instant fugitif comme la pensée, et qu'il faut subtilement saisir; une demi-seconde de retard, et le poisson qui a laissé séduire ses yeux ne laissera pas tromper son goût; par un mouvement rapide et dédaigneux de ses lèvres, il rejettera cette proie brillante, mais insipide, dont l'aspect l'avait d'abord fasciné. La pêche à l'insecte artificiel est un exercice qui, pour être pratiqué avec succès, exige l'instantanéité de la décision et la promptitude de la main portées au plus haut degré.

Si le poisson est de petite ou de moyenne dimension, le mouvement brusque que vous aurez donné pour ferrer l'enlèvera subitement à son élément et l'enverra loin derrière vous se débattre sur l'herbe ou sur la terre nue. Surveillez donc bien vos derrières comme un général prudent; gardez-vous surtout des arbres ou des buissons élevés; autrement vous pourriez avoir la douleur de voir votre proie frétillante suspendue à quelque haute branche comme un fruit rare et nouveau, heureux si vous n'y laissiez pas, par surcroît, les débris de votre ligne enlacée dans la ramée par d'inextricables nœuds. Si le poisson est d'une belle dimension, il résiste ; le moulinet se déroulant cède rapidement la ligne, et alors commence cette lutte émouvante, pleine d'émotions et de péripéties, de laquelle vous sortirez vainqueur si vous savez opposer la patience, l'adresse et le sang-froid, aux efforts désespérés de votre adversaire.

J'ai dit que le moulinet se déroulait : ceci demande quelques mots d'explication. Il existe communément chez les marchands des moulinets de deux espèces. Dans les uns, et ce sont les plus élégants et les *mieux portés*, le mouvement de la bobine est arrêté par un cliquet sur la queue duquel il suffit d'exercer une légère pression pour faire échapper le déclic et rendre à la bobine toute sa mobilité. Dans les autres, et ce sont les plus simples, la branche coudée de la manivelle est arrêtée par un petit levier mobile qui l'enraye et qu'on peut faire glisser à volonté pour restituer à la bobine sa faculté de rotation. Si vous teniez à pêcher *à ligne ferme*, je vous conseillerais de préférer le premier de ces mécanismes, car il est plus facile et plus prompt de presser un ressort que de faire jouer un verrou; mais si vous voulez m'en croire, vous ne pêcherez qu'*à ligne filante*, c'est-à-dire avec le moulinet ouvert, et dès lors le modèle le plus simple devra être préféré, car seul il peut se prêter à ce procédé. Nous verrons tout à l'heure dans quelles circonstances il devient nécessaire d'arrêter la ligne, et c'est alors que le verrou mobile trouvera son application.

Il est donc bien entendu que je ne veux pas qu'aucun obstacle mécanique s'oppose à la libre manœuvre du moulinet; en effet, l'attaque du poisson est tellement foudroyante, son mouvement pour fuir lorsqu'il se sent piqué est tellement spontané, que, s'il est de forte dimension, il aura tout brisé avant que vous ayez eu seulement le temps de toucher à votre levier de déclic. Je reconnais cependant qu'une trop grande facilité donnée à la ligne pour céder à la traction du poisson pourrait avoir quelquefois pour résultat d'empêcher la piquée de s'accomplir avec toute la rapidité et toute la force désirables. Pour éviter cet inconvénient, voici comment je procède : je porte ma canne des deux mains, la gauche à la poignée, la droite un peu au-dessus du moulinet; de l'index de cette dernière main je tiens le fil de la ligne appliqué contre la canne par une légère pression, semblable à celle avec laquelle un médecin consulte le pouls d'un malade; au moment de la piquée, la résistance de ce doigt suffit pour tendre la ligne et engager le dard de l'hameçon; si le poisson résiste, en soulevant imperceptiblement le doigt, je laisse couler le fil, et la ligne se dévide sans obstacle.

Mais il est une troisième espèce de moulinet que je n'ai guère vu qu'aux lignes anglaises et que nos fabricants devraient adopter pour seul modèle; c'est incontestablement le meilleur de tous. Moins mobile que l'appareil libre, plus obéissant et plus spontané que le modèle à déclic, il tient avec avantage un juste milieu entre les deux. Dans ce moulinet, la tige de la bobine, par le bout opposé à la manivelle, dépasse la platine d'assemblage et porte, fixée à son extrémité, une roue à dents concentriques; dans ces dents est engagée la pointe d'un cliquet, maintenu à droite et à gauche par deux ressorts.

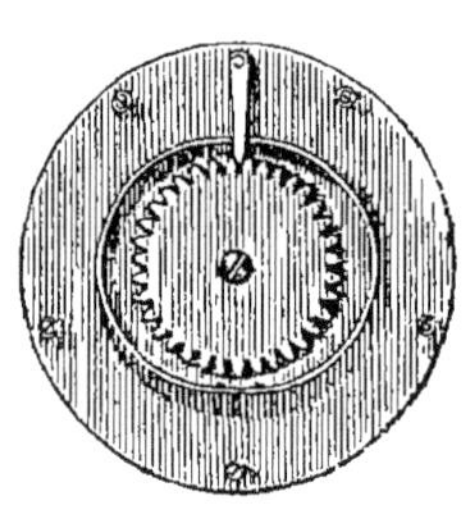

La roue, de cette façon, tourne à volonté dans l'un ou dans l'autre sens; mais pour qu'elle tourne, ainsi que la bobine qui est montée sur le même axe, il faut que chaque dent s'échappe successivement en se dégageant du cliquet, comme le fait la roue dentée d'une crécelle, et en produisant un son pareil à celui d'une pendule qu'on remonte. On comprend que, pour qu'il en soit ainsi, il faut vaincre, dent par dent, l'effort de l'un des deux ressorts qui ramène constamment la pointe du cliquet dans les entre-dents. Cette résistance assez faible, mais continue, suffit pour enfoncer la pointe de l'hameçon dans la bouche du poisson au moment de la piquée, et pour rendre constamment douloureuse la traction qu'il exerce pour dérouler la ligne. Cet appareil est recouvert d'une seconde platine de cuivre qui le met à l'abri des accidents. Lorsque le pêcheur pense que le moment est venu de rappeler à lui le poisson, au moyen de la manivelle il fait tourner la bobine dans le sens opposé, et il opère absolument comme avec un moulinet ordinaire et comme je vais le dire tout à l'heure.

La truite est piquée, elle fuit sans obstacle, mais non pas en liberté; elle emporte attaché à ses lèvres le dard qui ne la quittera plus et qui tout à l'heure, obéissant au rappel du moulinet, va la ramener dans vos mains. Laissez-la, furieuse d'étonnement et de douleur, se donner libre carrière; abandonnez-lui, s'il le faut, les 30 ou 40 mètres de ligne dont vous disposez. Lorsqu'elle sera arrivée au bout de son rouleau, c'est le cas de le dire, ses efforts seront impuissants même à tendre complétement la ligne, dont le poids est encore augmenté par la résistance de la couche d'eau sous laquelle le fil est immergé, et ces efforts ne se feront que mollement sentir sur le scion flexible et sur la canne tout entière. Qu'elle se débatte, qu'elle brise sa première énergie, bientôt ses mouvements se ralentiront ; encore un instant et la ligne flottera détendue ; vous pourriez croire que votre proie a réussi à échapper à vos étreintes. C'est le moment d'interroger le moulinet; tournez la manivelle doucement, avec prudence; tout à coup la ligne se roidit; la victime, ranimée par la souffrance et par le désespoir, a bondi à quelques pas de vous. Abandonnez le moulinet au plus vite, l'instant n'est pas encore venu d'agir d'autorité, cette lutte n'est peut-être pas la dernière. Si au rappel du moulinet le poisson oppose une force d'inertie, s'il se cramponne, retranché derrière une racine submergée ou une touffe de joncs, tirez doucement sur la ligne ; la douleur que cause à la truite sa blessure la forcera d'abandonner ce dernier rempart; bientôt enfin elle flottera inerte et vaincue, et vous pourrez, en enroulant le moulinet, la ramener à votre portée. Mais surtout de la patience; j'ai vu de pareilles luttes durer vingt minutes, une demi-heure; ne brusquez rien, surtout ne tentez d'enlever le poisson que lorsqu'il sera complétement *pâmé*, c'est le mot consacré; n'oubliez pas que ce sont les plus belles pièces qu'on est le plus exposé à perdre, et qu'en général plus la capture a été laborieuse, plus le butin est riche et glorieux.

Ici, plus que jamais, l'emploi de l'épuisette serait chose bien désirable; c'est en effet un moment critique que celui où, voyant le succès pour ainsi dire dans vos mains, et à un mètre ou deux votre victime abandonnée de tout mouvement, il vous faut l'arracher enfin à son élément et la transporter jusqu'à terre, sans autre véhicule qu'un frêle fil de soie et de racine, au bout duquel elle va rester quelques instants suspendue et pesant de tout son poids. Que de drames palpitants d'intérêt se sont à un pareil instant tragiquement terminés par la rupture de la ligne et par une déception amère! L'épuisette, en ce péril extrême, serait pour le pêcheur comme le *Deus intersit* dont parle Horace; et certes jamais nœud plus compliqué ne fut plus digne de cette céleste intervention. Mais comment transporter avec soi une épuisette dans une pêche où l'on est sans cesse en marche, et où les deux mains sont occupées à tenir la ligne? Mille imaginations se sont évertuées à résoudre ce problème : les uns se font accompagner d'un homme qui porte l'épuisette; remède pire que le mal, lorsqu'au lieu de doubler, pour ainsi dire, sa personne, il serait au contraire à désirer qu'on pût effacer son propre corps aux yeux du poisson soupçonneux. D'autres ont imaginé de porter le secourable filet derrière leur dos, à peu près comme une giberne de soldat, au moyen d'un fourreau rattaché à une ceinture par un coulant mobile en cuir; le manche de l'épuisette, long de $1^{m}10$ ou $1^{m}20$, est engagé dans ce fourreau, dans les deux tiers de sa longueur. Le filet se trouve ainsi derrière la tête pendant la marche, et lorsqu'on en a besoin on fait glisser le coulant sur la ceinture, on le ramène devant le corps et l'on trouve l'épuisette sous sa main. Si cette sorte d'équipement ne vous paraît pas trop compliquée; si vous ne craignez pas qu'il en résulte de la gêne pour votre marche; si surtout vous êtes bien certain que jamais, dans l'acte du lancer, l'hameçon, brusquement rappelé d'arrière en avant, ne viendra s'accrocher dans le filet flottant contre votre tête, essayez-en. Quant à moi, j'ai toujours redouté ces inconvénients, et je me suis rarement mal trouvé d'avoir négligé ce surcroît de précaution. Après tout, on prend rarement de ces monstres aquatiques que l'on pourrait appeler les cétacés des eaux douces; s'il s'agit d'un beau saumon, je suppose que, dans la prévision du cas, vous aurez prudemment doublé la racine du bas de ligne et de la monture; s'il n'est question que d'une truite saumonée ou d'un chevesne de deux ou trois kilogrammes, et l'on n'en rencontre pas tous les jours de ce calibre, dans l'un et dans l'autre cas, vous pouvez encore espérer de réussir sans épuisette. Si vous craignez pour la solidité de votre monture, conduisez doucement le poisson pâmé vers une grève à pente douce, où la rivière soit peu profonde sur le bord, entrez résolûment dans l'eau jusqu'aux genoux, et de vos deux mains réunies et ouvertes enlevez le poisson, et jetez-le à terre le plus loin que vous pourrez; une fois là, vous en êtes le maître, il ne s'agit plus que de le décrocher.

Nous sommes convenus que, pour la pêche au lancer, il faut opérer sur un bord libre et dégagé de bois et d'arbres dans lesquels la ligne risquerait à tous moments de s'accrocher. Mais cela ne veut pas dire que sur une rivière bordée d'épaisses plantations, il faille absolument renoncer à la pêche à la mouche artificielle. Cette disposition des lieux a même dans ce cas certains avantages ; si elle vous gêne dans votre essor, d'un autre côté elle vous cache et vous dérobe à la vue du poisson. Au lieu de lancer, vous pêcherez à la surprise, et de beaux résultats peuvent encore vous attendre. Faites passer le bout de votre scion à travers le rideau d'arbres ou de buissons qui vous masque ; au moyen du moulinet réglez la longueur de la ligne de telle sorte que, la canne étant à peu près horizontale, la mouche atteigne seulement la surface de l'eau, puis faites-la sautiller. Si vos regards, pénétrant à travers les interstices du branchage, peuvent voir l'appât, vous apercevrez bientôt le poisson, qu'invisible et présent vous n'effrayez pas, s'élancer de confiance sur la mouche, et vous pourrez saisir l'instant de le piquer. Si même le rempart de feuilles est impénétrable à vos yeux, ne vous découragez pas encore : à défaut de la vue, le tact vous révélera l'attaque du poisson, et, quoique avec moins de certitude, vous pourrez, dans le mouvement d'oscillation imprimé à votre ligne, piquer encore de temps en temps quelque proie.

Une soirée calme et tranquille, après une chaude journée et par un temps orageux, est peut-être le moment le plus favorable pour toute pêche à la mouche artificielle sur les rivières. A cette heure, le gros poisson sort des cachettes où pendant le jour il a cherché le frais ; son appétit s'est renouvelé par le repos, il chasse avec activité; si le soleil se couche, si le crépuscule descend, le fil de la ligne devient moins visible; l'insecte, surtout s'il est un peu gros, est seul aperçu. Vous pouvez laisser traîner votre ligne loin de vous sur la surface en la ramenant de temps en temps par un léger mouvement comme à la pêche à fouetter; souvent vous réussirez, et si vous avez placé à votre bas de ligne deux ou trois hameçons espacés de 15 ou 20 centimètres, vous aurez double ou triple chance; qui sait? vous accrocherez peut-être plus d'un poisson à la fois.

Gardez-vous bien surtout d'essayer de pêcher au lancer par une obscurité complète; il est bon que le poisson n'y voie pas trop, mais encore faut-il qu'il puisse apercevoir l'appât. Et puis il pourrait vous arriver ce qui advint à un amateur de ma connaissance : par une nuit noire, il s'exerçait depuis deux heures à fouetter l'air de sa longue gaule; tout étonné de ne rien prendre, il finit par s'apercevoir que sa mouche était accrochée à sa perche. Il est vrai que, s'il ne prit nulle truite, il perdit son chapeau que le vent emporta et qui, tombé dans un pré à quelques pas de là, ne put être aperçu à terre malgré son entière blancheur.

La première condition de succès pour la pêche à la mouche, c'est qu'elle soit pratiquée sur une eau claire et transparente. Si l'orage a troublé la limpidité de l'eau, le poisson ne verra plus vos appâts et vous en serez pour vos frais. Cependant n'allez pas croire qu'il vous faille, ce cas échéant, renoncer tristement à pêcher la truite : cet accident sera au contraire un élément de réussite, si vous savez à propos employer d'autres appâts et d'autres ruses.

Si donc l'eau a perdu sa transparence, si même, hors de cette hypothèse, le poisson, par une disposition assez fréquente et dont la cause nous échappe, se refuse à gober, ce n'est plus par les yeux qu'il faut le tenter, c'est par le goût et par l'odorat. Revenons donc aux appâts naturels : le meilleur, en pareil cas, c'est le gros ver rouge replié plusieurs fois sur l'hameçon de manière à former une espèce de paquet, avec addition de musc, si vous partagez l'opinion, assez respectable pour moi, des pêcheurs de la Rille, en Normandie. Une sauterelle vivante est aussi fort bien accueillie; vous vous en trouverez bien si vous êtes assez adroit pour vous emparer d'une certaine quantité de ces insectes sans trop de perte de temps. Démontez donc votre mouche artificielle, ce qui vous sera facile en désassemblant les deux boucles par les moyens inverses de ceux par lesquels vous l'avez montée, et, toujours au moyen de la boucle, attachez au bas de ligne un hameçon ordinaire sur lequel vous piquerez votre appât; ajustez enfin à l'endroit de la jonction une légère lame de plomb.

Cela fait, et après avoir monté le moulinet sur le second compartiment de la canne, dont vous supprimerez le premier afin de pouvoir la manier librement d'une seule main, jetez l'hameçon près de la berge en le laissant plonger seulement de 15 ou 20 centimètres. Dissimulez-vous en vous éloignant le plus qu'il sera possible, sans cependant quitter l'hameçon des yeux, et suivez doucement et sans bruit le fil de l'eau. Les truites, que les eaux troubles engagent, comme tous les poissons en général, à se rapprocher du bord, ou qui, si l'eau n'a pas perdu sa limpidité, ne refusaient de gober la mouche artificielle que parce qu'elles s'étaient retirées dans les crones ou les sous-rives, les truites s'élanceront bientôt sur le ver ou sur l'insecte. Ce mouvement vous sera révélé à la fois par la vue et par le tact; alors pas d'hésitation, piquez vite et ferme : si le poisson est de petite taille, enlevez-le d'autorité et lancez-le derrière vous; s'il est d'une dimension respectable, le moulinet se déroulera, et vous manœuvrerez en conséquence. On obtient aussi de bons résultats même dans les eaux claires, en envoyant ce même appât dans les rigoles qui se forment au milieu du courant, entre les massifs de plantes aquatiques.

Ce mode de pêche est à peu près le seul praticable dans les pays de montagnes, dans ces petits cours d'eau qui, avant de se réunir pour former de vastes fleuves, épandent leurs mille bras dans les vallées des régions alpestres, et roulent à travers des amas de rochers qui les brisent en tourbillons écumeux. Là pas de vaste nappe au-dessus de laquelle puisse se déployer la ligne à lancer, pas de ces masses d'eau profondes où puisse descendre en liberté l'hameçon chargé de plomb que soutient un liége flottant. Derrière un quartier de roche bouillonne de temps en temps un filet rapide et tournoyant; c'est là que se tient la truite embusquée en attendant quelque proie charriée par le torrent; un ver, un insecte paraît, elle s'élance comme la foudre : l'agitation de l'eau, un léger tremblement de la ligne vous avertissent; vous réussirez pour peu que vous ayez la décision prompte et la main légère. Je me souviens d'avoir rencontré dans mes excursions aux environs du mont Dore une espèce de *Bas-de-Cuir*, pêcheur de profession, braconnier d'inclination, qui avait pour ce genre de pèche une aptitude merveilleuse; on aurait dit que son œil avait la puissance de traverser les pierres et les mousses pour y apercevoir la truite cachée; sa main semblait avoir la conscience des déterminations du poisson qu'il poursuivait; l'attaque et le mouvement de ferrer étaient instantanés; à chaque pas qu'il faisait, on voyait une truite arrachée à son élément voltiger dans les airs au bout de sa ligne et retomber sur le gazon à dix pas derrière lui.

La truite n'est, à proprement parler, ni un poisson de fond ni un poisson de surface : elle est l'un et l'autre à la fois ; ses mouvements sont tellement soudains, qu'on serait tenté de lui supposer le don d'ubiquité. Tout à l'heure nous l'appelions avec succès, pour ainsi dire hors de son élément ; nous pouvons maintenant, avec non moins d'avantage, l'aller chercher au fond : c'est même là que souvent nous rencontrerons les plus gros échantillons de l'espèce. Ici la canne à moulinet trouvera encore une merveilleuse application ; elle nous permettra de dérouler à l'instant et à volonté autant de ligne qu'il sera nécessaire pour envoyer au large, là où le courant forme une rigole, et assez loin de nous pour ne pas inquiéter le poisson, le plomb de un ou de deux hectogrammes qui, attaché à 25 ou 30 centimètres de l'hameçon, nous constituera à l'instant une excellente ligne *à soutenir.* L'appât formé d'un gros paquet de vers roulés et plusieurs fois piqués autour du dard est alors ce qu'on peut employer de plus agréable pour la truite, dont les attaques, transmises à la main par le fil conducteur, devront être accueillies de la manière que nous savons déjà.

Pour la truite comme pour le barbillon, le succès de la ligne à soutenir nous conduit tout naturellement à l'emploi des lignes à grelot qui, tandis que vous battrez les eaux au moyen de la mouche, attendront à poste fixe le poisson momentanément en quête de sa nourriture dans les basses régions. La ligne à grelot, que j'ai précédemment décrite, peut parfaitement suffire pour cet usage ; seulement, au lieu d'envelopper l'hameçon dans une pelote de terre pleine d'asticots, genre de leurre que la truite dédaigne en général, vous ferez descendre au fond, au moyen d'un poids de plomb, comme je viens de le dire, l'hameçon amorcé d'un gros paquet de vers rouges, et l'appel du grelot vous avertira du moment où vous devrez intervenir. Cependant, comme vous pouvez être éloigné, comme, en attendant votre retour, la truite, si elle était teuue de trop court, pourrait bien rompre le fouet de lin sur lequel je vous conseille de monter cette espèce de ligne, il sera bon d'adapter à chacun de vos scions placés sur le bord un moulinet avec deux ou trois anneaux destinés à donner à la ligne le moyen de filer et de fournir du champ au poisson. Il n'y a sur ce point qu'une seule objection : un moulinet bien fait coûte 10 ou 12 francs, et comme je n'écris pas exclusivement pour les millionnaires, permettez-moi de décrire ici un petit appareil qui, dans cette circonstance, peut très-bien remplacer le moulinet; je l'ai vu employer avec succès par les pêcheurs de la vallée d'Essonnes pour les lignes à brochets qu'ils tendent par douzaines chaque soir, dans les bassins des anciennes tourbières.

Prenez une petite fourche de bois dur, de chêne par exemple, dont le manche ait environ 4 ou 5 centimètres, et les deux branches un peu plus que cette longueur; au bout de l'une des branches, pratiquez une fente ou encoche de 2 ou 3 centimètres de profondeur, plus large à l'entrée qu'au fond, à peu près comme la fente de ces épingles de bois qui servent à retenir sur les cordes le linge que les blanchisseuses y mettent sécher, ou qui retiennent les estampes à l'étalage des marchands. Attachez une bonne ficelle au manche de la fourche et liez l'autre bout de la ficelle à l'extrémité du scion, de manière que la fourche pende librement de 2 ou 3 centimètres. Prenez ensuite la ligne, qui devra aussi être attachée au scion, et enroulez-la autour des deux branches de la fourche en formant le 8 de l'une à l'autre. Lorsqu'il ne vous restera plus que la longueur nécessaire pour que le plomb puisse arriver au fond avec l'inclinaison voulue, faites entrer le fouet dans l'encoche en l'enfonçant assez pour qu'il soit besoin d'un effort afin de l'en faire sortir ; jetez enfin votre ligne à l'eau. Lorsqu'un poisson viendra y mordre, le fouet retenu dans l'encoche lui opposera une résistance suffisante pour opérer la *piquée;* s'il est de grosse dimension, son effort, dégageant la ligne de l'étreinte de l'encoche, la forcera à se dévider graduellement jusqu'au bout, et vous aurez obtenu de ce modeste appareil précisément le même service que vous auriez pu attendre d'un moulinet, c'est-à-dire l'allongement de la ligne, et, par conséquent, le moyen d'échapper aux chances de rupture.

Avant de terminer ce long chapitre, je demande la permission de résumer et de faire ressortir en deux mots les avantages et l'extrême commodité de la ligne à anneaux et à moulinet. Avec les lignes ordinaires vous pêcheriez difficilement à la mouche, et plus difficilement encore vous pourriez répondre d'amener à bien un poisson de quelque importance. Avec la ligne à anneaux au contraire, vous pouvez vous livrer, non-seulement à la pêche à la mouche artificielle, mais encore à tout autre genre de pêche. Si le chevesne se montre défiant, s'il refuse de gober franchement, remettez la mouche artificielle dans le portefeuille, adaptez à la ligne deux ou trois flottes de liége, montez au moyen d'une boucle un hameçon ordinaire amorcé d'une cerise ou d'un grain de raisin, et vous voilà armé pour pêcher à la volée en dévidant avec le moulinet autant de ligne que vous voudrez, condition essentielle du succès dans cette sorte de pêche. Si la truite garde le fond, ou si vous voulez pêcher au barbillon, un gros plomb suffit pour convertir votre ligne en ligne de fond ; si enfin la ligne de fond ne vous est pas permise, une flotte et une lame de plomb roulé convertissent votre ligne à moulinet en une simple ligne flottante. En quelques minutes, suivant les variations de l'heure, des lieux ou du temps, vous pouvez passer de l'un à l'autre de ces exercices, toujours avec cette seule et même ligne que, de votre aveu je l'espère, je me permettrai d'appeler *la ligne omnibus.*

CHAPITRE XVII.

L'ANGUILLE.

L'anguille est un poisson trois fois exceptionnel : d'abord à raison de sa forme, qui se rapproche de celle des reptiles; ensuite, par son mode de génération, mystérieux, peu connu jusqu'à ces derniers temps, et qui l'assimile en quelque sorte, sur ce point, aux mammifères ; elle est exceptionnelle enfin par ses instincts nocturnes, qu'elle partage avec les oiseaux de nuit rapaces.

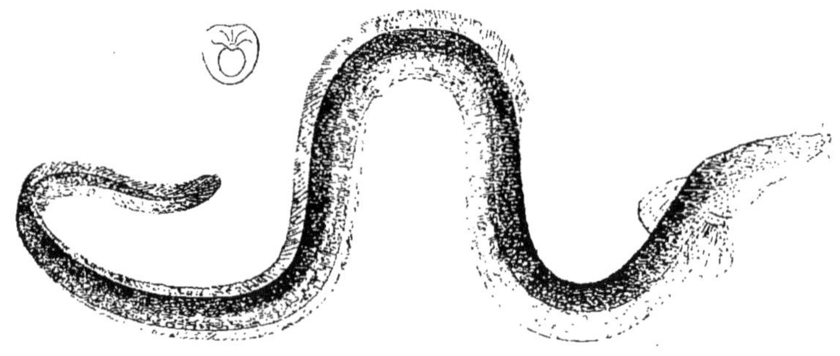

L'anguille.

La forme cylindrique et allongée de l'anguille lui donne une certaine ressemblance extérieure avec le serpent; elle en diffère cependant notablement, à raison des nageoires qui garnissent d'une manière presque continue son dos et le dessous de son corps; sa tête est petite et son museau pointu; les dents qui garnissent ses mâchoires font reconnaître ses instincts de proie. Au premier aspect, on croirait que l'anguille n'a pas d'écailles;

la vérité est, au contraire, qu'elle en a une quantité innombrable; mais elles sont extrêmement petites et presque microscopiques, de telle sorte que sa peau, toujours humectée d'ailleurs par une sécrétion huileuse, est unie et glissante au dernier point. Sa couleur, comme celle de tous les poissons, varie, selon qu'elle habite des eaux vives ou des eaux stagnantes, du noir au vert sur le dos et du blanc argenté au jaunâtre sur les flancs et sous le ventre.

Ce poisson, dont la chair grasse et délicate, mais de digestion un peu difficile, est fort recherchée des gourmets, croît lentement, et cependant parvient à une grosseur assez considérable; il n'est pas très-rare de pêcher une anguille de 1 kil. 1/2 ou de 2 kil., et les naturalistes citent certains individus, pris à diverses époques, dont le poids se serait élevé à 15, à 20 et même à 30 kil. Dans nos eaux, où d'ordinaire l'industrie des pêcheurs ne permet guère aux poissons d'atteindre des âges de patriarches, l'on considère déjà une anguille de 1 kil. comme un butin fort sortable.

L'anguille se trouve à peu près partout, dans les fleuves, les rivières, les ruisseaux et les étangs; elle prospère surtout dans les lagunes et les amas d'eaux bourbeuses et tranquilles qui, dans certains départements, sont en communication avec la mer. Il n'est peut-être aucun animal sur la reproduction duquel on ait fait plus de contes saugrenus. L'opinion la plus généralement répandue, c'est qu'elle serait le fruit des amours incestueuses du goujon et de l'écrevisse. Des personnes que, par leur instruction, j'aurais pu croire au-dessus de pareilles billevesées, m'ont raconté sérieusement l'histoire de cette génération hybride s'il en fut; car, assurément, l'enfant ne ressemblerait guère au père ni à la mère. Sans m'engager plus qu'il ne convient dans les mystères de cette question, je dirai que les observations les plus récentes et les mieux faites ont démontré que l'anguille est ovo-vivipare ; au moment de leur naissance, les petites anguilles sont transparentes comme une gelée et presque filiformes. Aux embouchures des fleuves, on recueille quelquefois des masses de cette matière animée et d'apparence gélatineuse ; le produit de cette récolte, déposé dans des étangs, ne tarde pas à donner de véritables anguilles conformées absolument comme père et mère. Ce poisson voyage volontiers de la mer aux eaux douces, et réciproquement. Quand l'automne est arrivé, les anguilles, qui, pendant la belle saison, ont habité les fleuves et les rivières, se réunissent, s'entrelacent et se laissent dériver au courant ; il n'est pas rare, à cette époque, vers les embouchures, que les pêcheurs ramassent dans leurs filets des paquets de vingt ou trente anguilles pelotonnées et, pour ainsi dire, nouées ensemble. Néanmoins la libre communication avec la mer n'est pas pour l'anguille une condition indispensable d'existence ; les étangs intérieurs, qui n'ont aucun écoulement dans des cours d'eau libres, en sont souvent remplis ; on en trouve même en toute saison dans les rivières : ce qui prouve que, comme cela arrive à certains oiseaux voyageurs, une partie de cette tribu aquatique se cantonne à demeure dans nos régions, et renonce à ses habitudes errantes pour vivre et pulluler au milieu de nous.

Ce poisson, bien qu'il ait la bouche petite, est vorace et fait volontiers sa proie de petits poissons ; les vers, les mollusques aquatiques, sont sa nourriture la plus habituelle. Mais, ennemi de la lumière, il n'abandonne que la nuit les trous qu'il se creuse sous la berge et dans la vase, à moins que les eaux, devenant troubles, ne l'excitent à quitter sa retraite par l'appât d'une abondante curée qu'elles charrient alors et à la faveur de la demi-obscurité qu'elles entretiennent dans leurs couches les plus profondes. C'est dans cette circonstance seulement qu'il arrive quelquefois de prendre des anguilles pendant le jour. Dans tous les autres cas, on ne peut espérer s'en emparer que le soir à la ligne à soutenir ou la nuit à la ligne de fond dormante; j'en dirai tout à l'heure quelques mots.

Les appâts dont l'anguille s'accommode le mieux sont les gros vers rouges, les petits poissons et surtout les vairons, mais particulièrement les sangsues et une espèce de petite lamproie, que les naturalistes désignent sous le nom respectable d'ammocète, et qui est dénommée par les pêcheurs septeuil ou chatouille. Ce petit poisson serpentiforme, d'un vert presque noir, est reconnaissable à une rangée de sept trous qui, placés au-dessous de sa tête, forment l'ouverture de ses branchies ou organes respiratoires; on le trouve en fouillant la vase sur le bord des rivières et des ruisseaux; il est aussi un excellent appât pour la truite. La principale qualité de la chatouille, aux yeux des pêcheurs, est d'avoir la vie très-dure et de survivre pendant plusieurs heures à la piqûre de l'hameçon, auquel on l'attache en lui passant le dard dans la partie la plus charnue du dos. Ses mouvements ne sont pas, pour cela, moins libres et moins énergiques, et l'on sait que c'est là, pour un appât, la meilleure condition, le poisson préférant en général les proies vivantes et qui, par leur agitation continuelle, stimulent son appétit, tout en éloignant l'idée d'un piége tendu à sa voracité. Les filets et d'autres engins que je décrirai plus loin servent encore à se rendre maître de ce poisson.

Une chose à noter, lorsqu'on pêche une anguille, de quelque manière que ce soit, c'est de ne la considérer comme à soi que lorsqu'elle est bien et dûment renfermée dans le panier ou dans le filet qui sert de carnassière. Nul autre poisson n'est plus sujet à vous échapper au moment où vous croyez le tenir; la vue du grand jour lui inspire une telle frayeur, la force de sa mâchoire est si grande, que souvent, lorsqu'on la tire de l'eau, elle rompt par un brusque effort le fer de l'hameçon et s'enfuit avec le dard enfoncé dans les lèvres. Lors même qu'on l'a amenée jusqu'à soi, lorsqu'on la tient dans ses mains, l'on n'est encore sûr de rien; la peau de l'anguille est tellement glissante, ses mouvements sont si rapides que, si vous la prenez à pleine main par le milieu du corps, elle glissera comme.... une anguille, le mot a passé en proverbe, et la sagesse des nations ne me fournit pas d'autres similitudes que l'anguille elle-même, pour indiquer combien l'anguille est glissante. Le seul moyen de s'en rendre maître, c'est de la saisir par la tête et de la contenir en appuyant fortement le pouce à la hauteur des premières vertèbres. Gardez bien surtout qu'elle ne tombe à terre : si elle y parvenait, au lieu de sautiller sur place comme un simple poisson, elle se mettrait aussitôt à ramper à la manière des serpents, et aurait regagné l'eau en un clin d'œil.

CHAPITRE XVIII.

LA LOTTE.

Par ses habitudes nocturnes, par le lieu de son habitation et par ses penchants ichthyophagiques, la lotte, qu'on appelle aussi moutelle ou barbotte, a beaucoup de traits de ressemblance avec l'anguille ; mais, par sa forme extérieure, elle en diffère considérablement. Son corps, bien

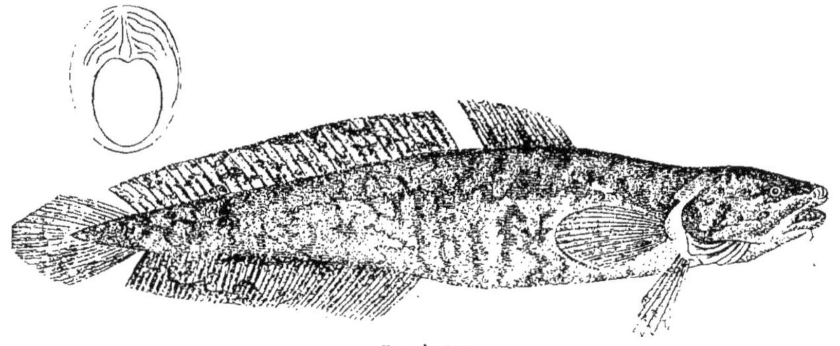

La lotte.

que charnu et épais, est un peu comprimé latéralement, et son aspect général, au lieu de rappeler un serpent, comme celui de l'anguille, est bien l'aspect d'un poisson. Sa robe est marquée de taches nombreuses et noirâtres, qu'on pourrait, au premier coup d'œil, prendre pour des caractères imprimés de quelque langue inconnue ; sa queue est en forme de fer de lance émoussé. Sa peau est aussi huileuse et aussi glissante que celle de l'anguille ; et bien que sa forme lui donne moins de facilité pour échapper à la main du pêcheur, il faut cependant la retenir avec précaution, sans quoi elle pourrait bien se hâter de regagner son domicile aquatique. Cette habitation est ordinairement un trou qu'elle se creuse dans la vase ou sous une pierre, et où elle se tient en embuscade pour saisir de sa mâchoire, armée de sept rangs de dents aiguës, les petits poissons qui passent à sa portée. On prétend même que, pour s'en emparer plus facilement, elle fait assaut de ruse avec les pêcheurs. Comme tous les poissons du genre *gade*, et notamment comme son congénère le fameux silure, que nous allons bientôt pêcher en Seine, à ce que dit M. Coste, la lotte a la bouche pourvue de plusieurs barbillons charnus. On prétend que, lorsqu'elle se place en embuscade, elle laisse flotter à découvert ses barbillons en les agitant doucement. Les imprudents petits poissons, croyant voir des vers qui les attendent, s'avancent sans défiance, et, de chasseurs devenus gibier, sont engloutis sans miséricorde. Je lisais dernièrement à ce propos dans un journal une petite histoire qui, si elle était vraie, pourrait s'intituler : *Revanche des goujons innocents et persécutés.* Un amateur ayant pris une lotte l'avait placée dans un bocal rempli d'eau. Pour amuser les loisirs de sa prisonnière et pour l'empêcher de mourir de faim, il s'avisa de lui donner pour compagnons cinq ou six petits goujons destinés à lui servir de pâture. Qu'arriva-t-il cependant? La malheureuse lotte dépaysée, et sans doute éblouie par la lumière du jour, n'ayant pas le moyen de disposer son embuscade, resta inerte et immobile ; sa placidité alla jusqu'à ce point que les hardis goujonnets purent s'attaquer impunément à ses barbillons, qu'ils dévorèrent sans pitié comme de simples vers, de quoi la pauvre lotte mourut ; que son bocal lui soit léger! Les appâts dont on se sert pour la lotte sont les mêmes que pour l'anguille.

CHAPITRE XIX.

LES JEUX ET LES LIGNES DE FOND.

Les poissons qui ne sortent de leur retraite que la nuit, ceux des poissons diurnes qui ne cessent pas de chercher leur nourriture même quand le jour est fini, et ce sont ordinairement les plus gros, ont, dans leur chasse nocturne, un grand avantage : le pêcheur, leur plus redoutable ennemi, veille bien rarement au bord des eaux, pour présenter à leur voracité ses décevants appâts. Mais ils ont aussi, dans leurs excursions ténébreuses, ce désavantage que, si quelque piége leur est tendu, l'absence de la lumière les empêche de le discerner et de l'éviter comme ils auraient pu le faire à la clarté du soleil. Si donc l'homme, à défaut de sa présence réelle sur les lieux de pêche, parvient à s'y faire représenter la nuit par des engins convenablement appropriés, il pourra, à son réveil, récolter une ample moisson, préparée et mûrie, pour ainsi dire, pendant qu'il dormait. Les lignes de fond n'ont pas été inventées à autre fin, et, lorsqu'elles ont été disposées, amorcées et tendues avec intelligence, elles sont pour le pêcheur (que je suppose en règle avec la loi) une excellente manière d'utiliser le temps consacré au repos.

La précaution la plus indispensable pour dissimuler pendant le jour le fil de la ligne, mais aussi la plus périlleuse au point de vue de la solidité, je veux parler de la finesse de la monture, n'est plus aussi nécessaire lorsqu'il s'agit de la pêche à la ligne de fond; enveloppé de ténèbres ou guidé seulement par une lumière douteuse, c'est en quelque sorte à tâtons que le poisson cherche sa proie pendant la nuit. Un fouet de lin solide, une simple ficelle, fournissent donc, dans cétte circonstance, un excellent corps de ligne. Huit ou dix hameçons, du n° 1 au n° 4 tout au plus, montés sur des cordelettes en fouet de lin longues de 12 ou 15 centimètres, et espacées entre elles de 40 ou 50 centimètres, sont attachées à la corde principale. A un mètre environ du plus rapproché de ces hameçons, on place un poids en plomb de 3 ou 4 hectogrammes, ou même encore plus pesant si le courant est rapide. Si je prescris un plomb, c'est que ce métal est la matière qui présente le moins de volume à poids égal; mais si la localité est fertile en cailloux, vous pouvez vous dispenser de traîner avec vous ce boulet de métal : un silex en forme de 8, ramassé sur le bord et attaché au corps de ligne par une boucle coulante, fera absolument le même effet. C'est sans doute en prévision de ce cas que le fabuliste a dit :

Mettez une pierre à la place,
Elle vous vaudra tout autant.

Après avoir amorcé les hameçons avec de gros vers rouges, de petits poissons, des sangsues ou des chatouilles, on les abandonne au courant et on jette le plomb en laissant filer ensuite du cordeau jusqu'à ce que l'on sente que le poids a bien pris son assiette sur le fond. Il ne reste plus qu'à fixer la tête de la ligne à un pieu, à un piquet, à une branche d'arbre, et à abandonner le tout à la grâce de Dieu.

C'est toujours dans un courant un peu vif et dans une place débarrassée d'herbes et de joncs, que cette sorte de ligne doit être tendue; dans une eau dormante et, à plus forte raison, dans un remous, où la corde ne serait pas sans cesse sollicitée en aval par le courant qui marche, les hameçons, au lieu de rester espacés à leur rang de bataille, ne tarderaient pas à se rassembler par un mouvement gyratoire, ils s'enchevêtreraient les uns dans les autres, et le lendemain, au lieu de poisson, vous ne trouveriez qu'un peloton de ficelle réuni par mille nœuds et hérissé de dards inutiles. J'ajouterai que, dans tous les cas, l'agitation d'une eau vive est nécessaire ou du moins très-utile, en ce que cette agitation, se communiquant aux appâts, attire plus sûrement l'attention du poisson. Il ne faut pas cependant induire de là qu'on doive absolument renoncer à employer la ligne de fond dans les étangs; mais alors il devient nécessaire, pour que la corde reste toujours tendue, de fixer une pierre à quelques mètres en avant du premier hameçon, et d'avoir soin de lancer cette pierre assez loin pour que la série des hameçons soit maintenue en droite ligne entre les deux poids qui la retiennent au fond. Ici d'ailleurs, comme dans l'eau courante, il faut éviter les herbes qui cacheraient les appâts et qui pourraient s'accrocher aux hameçons.

Que se passe-t-il maintenant, pendant que vous reposez tranquille en rêvant à vos succès du lendemain? Enhardi par le silence de la nuit, le poisson quitte ses retraites et se met en quête de sa pâture; à la faveur de son odorat ou guidé par quelque sombre lueur du crépuscule, il sent, il voit, il devine une proie; il la saisit et, obéissant à l'instinct universel de sa race, il s'enfuit par un mouvement rapide pour aller dévorer plus loin cette séduisante épave. Mais il ne fuit pas longtemps : en cherchant à arracher brusquement l'amorce, il serre l'hameçon entre ses lèvres; le poids qui retient la ligne lui oppose sa force d'inertie, et cette résistance suffit pour faire entrer dans les chairs le dard que la main seule du pêcheur pourra en arracher.

Ceux qui disposent de grands espaces d'eau courante, et surtout les pêcheurs de profession, appliquent quelquefois sur une grande échelle le procédé de la ligne de fond. Leur corps de ligne, qu'on nomme alors *traînée*, a quelquefois jusqu'à 3 ou 400 mètres de longueur; ils en fixent la tête au fond de l'eau au moyen d'une petite ancre, d'un grappin, ou même seulement d'une grosse pierre qu'ils appellent un *pariau*. Descendant ensuite lentement le cours de l'eau dans un bateau sur lequel leur ligne est roulée ou *lovée*, ils y attachent, par une boucle coulante, et de mètre en mètre, des hameçons nº 1, montés sur des cordelettes et amorcés avec les appâts que j'ai indiqués tout à l'heure. De 5 en 5 mètres ils fixent au corps de ligne, pour le maintenir au fond, des silex du poids de 3 à 4 hectogrammes, et ils laissent couler le tout jusqu'à l'extrémité de la corde principale; le lendemain au point du jour ils relèvent la ligne, en commençant de même par la tête, et ils font quelquefois d'abondantes et riches récoltes.

Lorsque les eaux sont troublées par une crue subite et violente, ce qui arrive d'ordinaire à la suite d'un orage, on peut avec succès tendre des lignes de fond pendant le jour; mais, bien que le défaut de transparence de l'eau rende alors le poisson moins clairvoyant, il est bon de se servir, dans cette occasion, d'hameçons plus finement montés que ceux qui suffisent pour la nuit. Placé dans un bateau, armé de quatre lignes portant chacune six hameçons montés sur racine, un pêcheur peut réussir alors à prendre surtout des barbeaux, s'il a soin d'appâter avec de petits dés de fromage de Gruyère bien odorant. De quart d'heure en quart d'heure, il faut avoir soin de retirer chaque ligne pour renouveler les amorces et pour débarrasser le fil et les hameçons des pailles, des débris de plantes et des immondices de toute sorte que l'eau charrie en quantité dans de pareilles circonstances. Quatre lignes à soigner suffisent pour établir une rotation convenable. Le pêcheur est à temps pour relever la première, lorsqu'il a mis l'eau à la quatrième, et successivement. Il arrive même quelquefois que, par une eau claire, le barbeau morde au jeu (c'est ainsi qu'on appelle ces sortes de lignes); et, lorsque l'on pêche à poste fixe à la ligne volante, on peut établir dans les environs un ou deux jeux que l'on va relever d'heure en heure. Ces lignes deviennent, pour la pêche fondamentale, un accessoire qui, quelquefois, vaut mieux que le principal.

CHAPITRE XX.

POISSONS QUI NE MORDENT PAS A LA LIGNE.

L'esturgeon.

Quand je dis que les poissons dont il me reste à parler ne mordent pas à la ligne, je ne prétends pas que jamais, au grand jamais, un pêcheur n'en ait pu tirer un accroché à son hameçon : ce que je veux dire seulement, c'est que ce n'est pas au moyen de cet instrument qu'il faut les chercher. « Les lièvres ne viennent pas à la pipée, dit Sancho Pança; mais s'ils y venaient, on les y prendrait tout de même. » Il n'est pas de pêcheur à qui il ne soit arrivé plus d'une fois d'amener au bout de sa ligne une écrevisse, ou même une anodonte, ou moule d'eau douce; et cependant on rirait bien de celui qui s'en irait en guerre contre ce crustacé ou ce mollusque sans autres armes que la ligne.

Le premier des poissons de cette catégorie, par rang de taille et eu égard à la délicatesse de sa chair, c'est l'esturgeon, que l'énorme longueur qu'il atteint quelquefois, et qui va, dit-on, jusqu'à 7 mètres, pourrait faire classer au nombre des cétacés. Sa tête est terminée par une espèce de groin conique, sous lequel, à la hauteur de l'œil, s'ouvre une bouche garnie de cartilages assez durs, et surmontée de quatre barbillons mobiles. Son corps a la forme d'un prisme à cinq faces ; chacune des arêtes de ce polygone est garnie et comme défendue par une rangée longitudinale de grandes plaques ou boucliers osseux de forme pyramidale, bombés au centre et surmontés, ceux du moins qui garnissent le dos, d'une pointe recourbée vers la queue. La teinte générale de l'animal est bleuâtre, avec de petites taches brunes sur le dos, et noires sur la partie inférieure du dos.

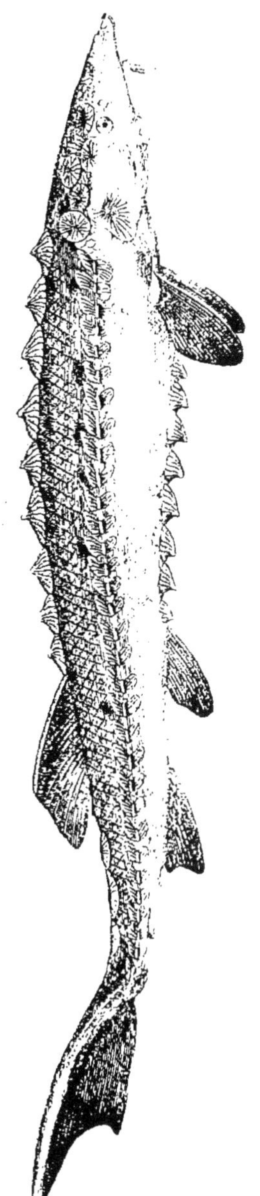
L'esturgeon.

L'esturgeon habite principalement la mer, et surtout les mers septentrionales. Ainsi que beaucoup de poissons maritimes, il remonte au printemps les fleuves et les rivières pour y venir frayer. Comme il paraît dans les eaux douces en même temps que le saumon, l'imagination des pêcheurs lui attribue une influence sur la venue de ce dernier poisson : c'est pour ce motif qu'ils appellent l'esturgeon *le conducteur des saumons*. En Russie, et dans tout le Nord, on en prend des quantités considérables ; et c'est avec les masses d'œufs fournies par les ovaires des femelles de cette espèce, que se prépare ce condiment de haute cuisine qu'on appelle *le caviar*. En France, la Garonne, le Doubs, la Loire, le Rhin, la Seine, et une foule de petites rivières aboutissant directement à l'Océan, fournissent ce poisson en plus ou moins grande abondance; mais c'est surtout près des embouchures qu'il se rencontre le plus fréquemment; rarement il s'aventure aussi loin que le saumon; et c'est toujours, en France, une espèce de phénomène que la prise d'un gros esturgeon à une certaine distance des départements maritimes. Depuis soixante ou quatre-vingts ans, on cite à Paris ou dans les environs trois ou quatre événements de ce genre. Il y a quelque trente ans, un de ces poissons, pesant 150 ou 200 kilogrammes, fut pris dans des filets près de Paris; pendant plusieurs jours, emprisonné dans un vaste panier traîné à la remorque par un bateau, il fut exposé par les pêcheurs à la curiosité des badauds. La chose parut alors assez extraordinaire pour que deux chansonniers aient cherché à en immortaliser le souvenir par un vaudeville intitulé *Cadet Roussel esturgeon*. Dans cette pièce, Brunet se livrait aux bouffonneries les plus désopilantes. Au surplus, s'il n'y a aucun danger à plaisanter ainsi l'esturgeon à distance, il y en aurait beaucoup à vouloir folâtrer de trop près avec lui, car, bien que doux et inoffensif, il est d'une force musculaire si prodigieuse, que, lorsqu'il est parvenu à sa grosseur, il serait capable, à ce qu'on assure, en se débattant, de tuer un homme d'un coup de queue.

En ce moment même (avril 1856) je viens de voir, à la porte d'un des restaurants de Paris, un esturgeon de 3 mètres de long, pesant 140 kilogrammes, qui a été pêché dans un guideau tendu sur le cours de la Seine, entre Rolleboise et Mantes (Seine-et-Oise).

La chair de l'esturgeon est blanche et de bon goût; pour l'apparence et pour la saveur, on peut la comparer à de la viande de veau.

Ce poisson, dont la bouche est placée sous le museau, ne se nourrit que de mollusques; il suce et ne mord pas, ce qui explique pourquoi on ne le prend pas à la ligne.

L'alose.

L'alose appartient au même genre que le hareng. Comme lui, elle habite la mer; mais, comme le saumon, elle remonte les fleuves au printemps; elle s'éloigne même quelquefois tellement des embouchures, que

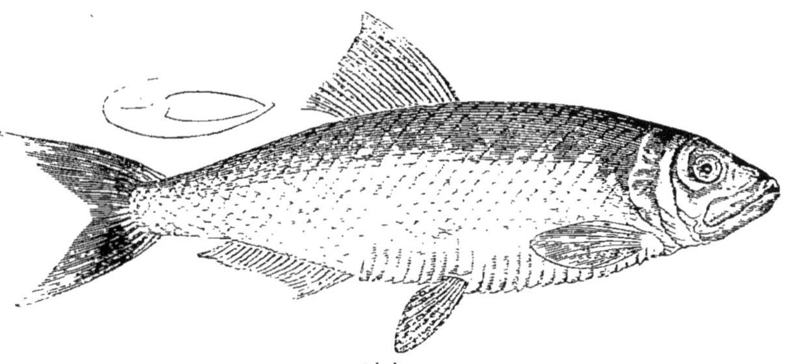

L'alose.

chaque année on la pêche à des distances considérables de la mer : dans l'Yonne, à Sens et à Joigny; dans l'Allier jusqu'au fond de la Limagne, à Pont-du-Château, il ne se passe pas de saison sans que les pêcheurs en prennent quelques-unes. Plus comprimée encore sur les flancs que la brême, avec laquelle elle a quelque analogie de forme, l'alose, bien que souvent elle atteigne une taille de 50 ou de 60 centimètres, pèse rarement plus de 2 kilogrammes. Sa mâchoire inférieure est un peu avancée; la supérieure est échancrée à son extrémité; la carène de son ventre est très-dentelée et couverte de lames transversales; sa bouche est grande et garnie de quelques petites dents ; des taches noires se font remarquer vers les ouïes et aux environs de la queue ; ses écailles sont dures et terminées par une pointe rigide. La chair de ce poisson , bien que remplie d'arêtes, est généralement recherchée pour la finesse de son goût. Grillée et couchée sur une farce à l'oseille, l'alose se présente très-honorablement sur les meilleures tables.

La lamproie.

Au premier aspect, on pourrait confondre la lamproie avec l'anguille. Son corps serpentiforme, sa peau glissante et sans cesse lubréfiée par un mucus huileux, son origine maritime, la régularité avec laquelle elle remonte les fleuves au commencement de la belle saison, voilà, comme on le voit, bien des analogies. Cependant il existe entre ces deux poissons des différences très-considérables et tout à fait essentielles dans la conformation extérieure , et surtout en ce qui concerne leur organisation intérieure. La lamproie n'a qu'une seule nageoire qui commence au milieu du dos et se termine à la queue, après avoir subi une dépression presque totale sur la moitié de sa longueur. La simplicité de cet appareil locomoteur s'explique facilement lorsque l'on sait que la lamproie est plutôt un reptile qu'un poisson. L'anatomie de ses organes démontre, en effet , qu'elle est dépourvue de ce précieux organe aérostatique, que l'on appelle la vessie natatoire, et qui, plus ou moins remplie d'air, modifie, suivant la volonté du poisson, sa pesanteur spécifique. On sait que, par la simple contraction ou par l'extension de cette membrane, ils s'élèvent ou s'enfoncent à volonté, et sans aucun mouvement extérieur , dans les couches de l'élément liquide où ils vivent suspendus. La lamproie ne peut donc se soutenir dans l'eau que par un mouvement continu; à la première intermittence dans ses efforts, elle tomberait infailliblement au fond, où elle serait condamnée à ramper, et exposée à être entraînée malgré elle par le courant. Elle échappe à cet inconvénient au moyen d'un organe tout spécial qui réside dans sa bouche, et qui lui permet, pour se reposer et pour résister, de s'attacher fortement au premier corps solide qu'elle rencontre. La bouche de la lamproie est circulaire et disposée de telle sorte, qu'en l'appliquant sur une pierre, sur une racine, l'animal peut faire le vide dans sa cavité buccale. Par une conséquence de cette opération, par un effet bien connu de la pression de l'atmosphère, les lèvres flexibles et molles dont la bouche est bordée s'appliquent étroitement sur le corps qu'elles touchent, et cette adhérence est assez forte pour retenir et *ancrer*, pour ainsi dire, le corps de la lamproie. Mais ce n'est pas seulement comme moyen de lest que cette faculté est accordée à ce singulier poisson : l'intérieur de la bouche est garni, tapissé d'une quantité innombrable de dents qui, lorsque les lèvres sont collées sur une proie, peuvent vaillamment la dépecer et la déchiqueter à loisir ; de telle sorte qu'on pourrait, sans trop d'efforts d'imagination, comparer la bouche de la lamproie à une ventouse pourvue d'un puissant appareil scarificateur.

Pour que cette opération pneumatique pût s'exécuter, il fallait nécessairement à la lamproie un appareil respiratoire tout spécial : car la libre communication qui existe, dans les poissons, entre les ouïes et la bouche, ne lui aurait pas permis, à un moment donné, d'expulser l'air contenu dans l'eau aspirée. En supposant même que cela eût été possible, la privation de respiration n'aurait pas permis que cette situation durât longtemps. Aussi, au lieu d'ouïes, la lamproie porte-t-elle, à droite et à gauche de la gorge, sept trous qui ne communiquent point avec la bouche et qui lui permettent de respirer librement l'air indispensable à la circulation du sang, et cela, sans qu'elle discontinue le moins du monde la succion énergique opérée par la bouche. C'est surtout à ces trous rangés en droite ligne et à la disposition de sa nageoire unique que l'on reconnaît au premier coup d'œil ce poisson, ainsi qu'à sa couleur, verdâtre et ponctuée de noir sur le dos, blanche sous le ventre.

On comprend facilement qu'avec une telle disposition d'organes, la lamproie ne morde pas aux appâts : c'est

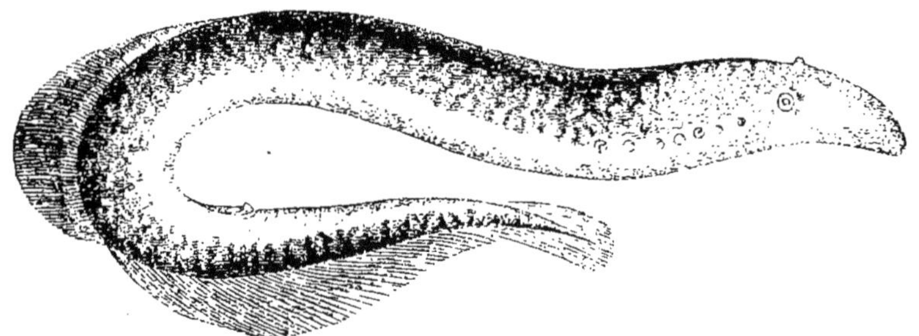

La lamproie.

donc seulement au moyen de filets que les pêcheurs peuvent s'en emparer ; on se sert encore contre elle de la *fouane*, espèce de fourche à trois pointes barbelées, toute semblable au trident dont la mythologie arme le dieu Neptune ; à l'aide de cet instrument, on darde le poisson lorsqu'on l'aperçoit au fond de l'eau, et on le ramène facilement, retenu qu'il est par les barbelures du triple dard.

La chair de la lamproie est grasse et délicate ; en Angleterre, c'était et c'est probablement encore la coutume que tous les ans, aux fêtes de Noël, la ville de Glocester offrît au roi un pâté de lamproies. Pour me montrer narrateur fidèle, je dois dire que ce mets passe pour lourd et indigeste, à ce point qu'au XIIe siècle, le roi d'Angleterre Henri Ier, résidant alors à Lyons-la-Forêt, sur la rivière d'Andelle, à 20 kilomètres d'Elbeuf (Seine-Inférieure), mourut, dit-on, pour s'être gorgé de ce mets délicieux; royale mort, digne de faire pendant à celle du duc de Clarence, noyé dans un tonneau de vin de Malvoisie. Il paraît néanmoins que la lamproie ne jouit de cette supériorité culinaire qu'avant l'époque de la ponte; les pêcheurs de la Sioule, jolie rivière du Bourbonnais où ce poisson se trouve en abondance, m'ont assuré qu'après avoir accompli l'acte de la reproduction, il devient maigre, insipide et ne donne qu'une nourriture malsaine.

L'éperlan.

L'éperlan vrai, joli petit poisson très-apprécié à Paris, vient de la mer, comme la plupart des précédents; mais moins hardi qu'eux, il ne s'éloigne pas des parages maritimes; il s'engage à la vérité dans les fleuves, mais il ne remonte pas plus haut que le point extrême où se fait sentir l'action de la marée. Dans la Seine, on le trouve en quantité depuis les roches de Tancarville jusqu'au promontoire de la côte des deux Amants, près du pont de l'Arche; les parages qu'il fréquente le plus s'é-

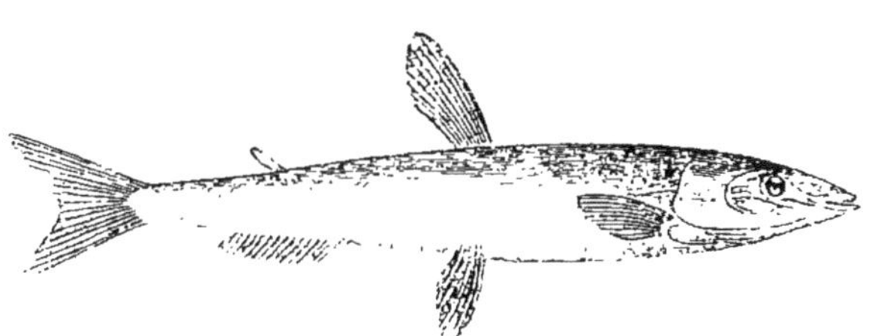

L'éperlan.

tendent du manoir de Robert-le-Diable, sur les hauteurs de la Bouille, à cette ruche de l'industrie drapière qu'on appelle Elbeuf.

Ce délicieux poisson, remarquable par l'odeur douce qu'il exhale étant frais, et que l'on a comparée à celle de la violette, semble être pétri d'argent transparent et de nacre de perle; il atteint, à son *maximum*, la taille d'une sardine, 12 ou 15 centimètres; voisin du genre Salmone, il porte, comme tous les poissons de cette espèce, une nageoire adipeuse, sorte de protubérance charnue, à la place de la seconde nageoire dorsale.

La loche franche.

C'est à peine si, à la fin de cette longue énumération, j'ose parler d'un petit poisson peu commun dans la plupart de nos eaux, et dont la pêche n'offre pas de particularités remarquables; cependant les gourmets ne me pardonneraient pas de passer sous silence la loche franche, qui est regardée comme le plus délicat des poissons et que certains Apicius modernes font périr dans le vin ou dans le lait, avant de le livrer à la poêle à frire. La loche franche, dont la taille ne dépasse guère 10 ou 12 centimètres, est reconnaissable à sa nageoire dorsale unique et aux six barbillons qui garnissent sa mâchoire supérieure. Sa peau est lisse, gluante et revêtue de très-petites écailles; elle vit particulièrement dans les pays de montagnes, sur les fonds rocailleux des ruisseaux. Évitant également les eaux tranquilles et les courants trop rapides, elle se tient

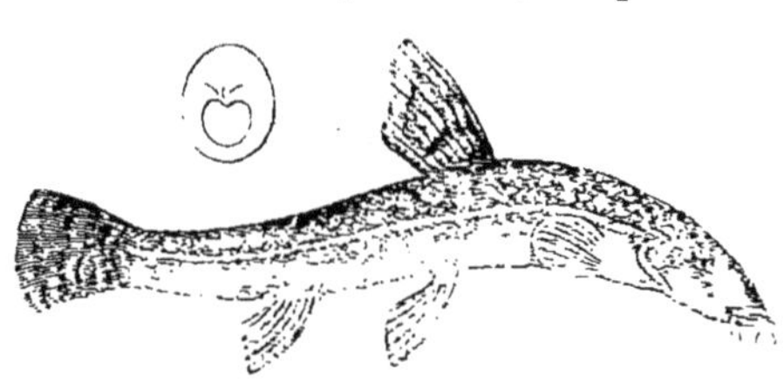

La loche.

ordinairement sur le sable des eaux un peu agitées, et y attend patiemment le ver ou l'insecte dont elle fait sa proie.

C'est seulement avec la truble, et surtout avec la nasse (voir plus loin la description de ces filets), qu'on peut prendre la loche ; mais, comme elle se multiplie facilement dans les eaux qui conviennent à sa nature, certains amateurs forment dans le cours des ruisseaux qui sont peuplés de ce poisson, des espèces de petits étangs ou fosses où l'eau est retenue par des claies qui la laissent couler sans permettre aux loches de sortir ; on les nourrit de pain de chènevis mêlé avec du fumier de brebis.

Nota. Ne pas confondre la loche franche des ruisseaux avec une certaine loche de rivière qui lui ressemble à certains égards, mais qui, malheureusement, est loin de l'égaler pour la valeur alimentaire ; ce dernier poisson, dont la taille ne dépasse guère 5 ou 6 centimètres, se reconnaît notamment à ce signe, qu'il porte un aiguillon fourchu au-dessous de chaque œil.

Ne me demandez pas comment il faut le pêcher, car je vous répondrais qu'il ne faut pas le pêcher du tout.

L'écrevisse.

Je croirais abuser du temps et de la patience du lecteur si je m'arrêtais un instant à lui décrire la conformation extérieure de l'écrevisse et si j'entreprenais de mettre sous ses yeux la reproduction de la figure assez peu gracieuse de ce crustacé. Qui ne connaît ce diminutif du homard, revêtu comme lui d'une robe de cardinal, mais seulement lorsqu'il est cuit, n'en déplaise à un célèbre critique ?

L'écrevisse se trouve partout, excepté dans les eaux tout à fait stagnantes ; elle établit son domicile dans des trous qu'elle creuse sous les berges des ruisseaux et des rivières : c'est là qu'on peut en toute sûreté l'aller chercher pendant le jour. On fourre tout uniment la main dans le trou en l'élargissant si cela est nécessaire, et là on prend le crustacé; à moins, ce qui arrive souvent, qu'on ne soit pris par lui au moyen des fortes pinces dont il est armé. Mais, comme en définitive ce n'est pas le plus petit animal qui est le plus fort, la rencontre lui est toujours fatale, et plus il s'attache à la main qui le presse, plus sûrement il est pris.

Cependant cette pêche tout à fait primitive ne convient pas à tout le monde; il est des délicats qui n'aiment pas à se mettre à l'eau, qui ne se soucient pas d'exposer leurs doigts aux étreintes de la pince vigoureuse d'une grosse écrevisse, qui craignent enfin, ce qui arrive quelquefois, de rencontrer au fond du trou un rat d'eau ou une anguille dont la morsure est quelquefois assez douloureuse. Pour ceux-là on a inventé la pratique commode, facile et efficace que voici : le pêcheur se munit d'une douzaine de petits filets ronds à peu près grands et profonds comme un plat à entremets, et montés sur un cercle de fil de fer gros comme une forte plume d'oie. Ce cercle est suspendu comme un plateau de balance à trois cordelettes qui, à 50 centimètres de distance, viennent se réunir à une seule corde, longue de un mètre ou deux, dont l'extrémité est attachée à un bâton d'un mètre environ, terminé en pointe par le bas. Au centre de chacun des filets, on attache avec un cordon un peu de viande putréfiée, ou même tout simplement un train de derrière de grenouille dépouillé. On jette ensuite à l'eau chaque balance ou pêchette (c'est ainsi qu'on appelle ces filets), en ayant soin de choisir, le plus près possible de la berge, un endroit où l'eau soit calme et libre de toute espèce d'herbes. Lorsque le filet, entraîné par la pesanteur du cercle de fer, est arrivé au fond, on pique le bâton en terre, en réglant la longueur de la corde de manière qu'elle soit légèrement tendue. Lorsque toutes les balances ou pêchettes sont placées, on peut revenir à la première et la tirer de l'eau. Si la place est bonne, si surtout la fin du jour approche, on y trouvera quelquefois jusqu'à quatre ou cinq écrevisses attablées autour de l'appât, et l'on n'aura que la peine de les prendre, puis on passera aux suivantes et on ira jusqu'à la fin pour revenir à la première, et ainsi de suite. Le temps nécessaire pour relever successivement les autres filets sera suffisant pour qu'en recommençant la série on trouve une nouvelle proie.

Un moyen tout à fait rustique, et souvent efficace, consiste à renfermer des intestins d'animaux au milieu d'un fagot qu'on leste d'une forte pierre et qu'on jette dans l'eau. Le lendemain, en relevant ce faisceau de bois, on ne manque guère de trouver empêtrées dans les ramures et les brindilles des quantités d'écrevisses qui y ont été attirées par les matières animales placées au centre, et dont ces animaux sont extrêmement avides.

CHAPITRE XXI.

UN DERNIER MOT SUR LA PÊCHE A LA LIGNE.

J'ai donné un certain développement à ce qui concerne la pêche à la ligne, parce que c'est véritablement, selon moi, la pêche noble et intelligente, l'exercice convenable à ceux qui recherchent le plaisir et l'honneur plutôt que le produit de la capture. Mais je suis loin d'avoir épuisé la matière; bien des méthodes locales ou individuelles me resteraient à décrire, toutes préconisées comme les meilleures par ceux qui les appliquent. En supposant que je pusse les connaître toutes, je me garderais bien d'en grossir ce volume; je n'ai pas tout dit assurément, mais j'ai dit tout ce qui est nécessaire pour réussir contre toutes les espèces de poissons et dans toutes les circonstances. Qu'importe qu'il existe d'autres moyens, si ceux que j'ai indiqués sont, sinon meilleurs, du moins également bons?

C'est surtout en visitant les magasins des grands fabricants de Paris, en voyant tant d'instruments inconnus et toujours infaillibles, au dire de ces honorables industriels, que le lecteur pourrait être tenté de me reprocher de nombreuses lacunes ; qu'il se rassure, tous ces jouets si brillants et si chers sont bons, je n'en doute pas, surtout pour ceux qui les vendent; sont-ils préférables aux instruments dont j'ai donné la prescription? c'est ce que je ne saurais admettre; si vous ne voulez pas le croire.... essayez-en.

Cependant, parmi tous ces engins plus ou moins bizarres, il en est un fort préconisé des Anglais, nos maîtres en cet exercice, et que je n'aurais certes point passé jusqu'ici sous silence si j'avais trouvé une place pour le classer. C'est le *tue-diable*, l'appât universel, au dire de ses partisans, ce qui explique pourquoi je n'ai pu lui assigner une destination particulière dans la nomenclature des divers poissons et des moyens spéciaux à employer pour les prendre. Si l'on en croit les fanatiques partisans du tue-diable, brochet, perche, truite, saumon, chevesne, rien ne lui résiste, et son nom, quelque peu fantastique, semblerait indiquer qu'il pourrait, dans l'occasion, être employé avec succès même contre l'éternel ennemi du genre humain. Pour ceux que n'effrayerait pas cette qualification infernale, voici la description de cette terrible machine.

La partie offensive se compose de quatre hameçons, dont deux doubles comme ceux qui servent à la pêche du brochet, mais de plus petite dimension; ces hameçons sont empilés à la distance de 3 ou 4 centimètres, les uns au-dessus des autres, sur une bonne monture de racine que l'on joint elle-même à un bas de ligne formé de plusieurs bouts de racine et ayant environ un mètre de longueur. La jonction s'opère, non pas comme à l'ordinaire par un entrelacement de boucles, mais au moyen d'un petit émerillon d'acier très-mobile; un appareil semblable est placé presque à l'autre extrémité du bas de ligne, entre le dernier bout de racine et celui qui le précède.

Cependant, comme il n'est pas probable que les poissons fussent tentés de mordre à ce faisceau d'hameçons s'il ne s'y trouvait pour les y attirer que les six pointes aiguës dont il est hérissé, il faut bien y joindre un appât quelconque. Cet appât, c'est tout simplement un petit cylindre de plomb de la grosseur et à peu près de la forme d'une très-grosse chenille, et courbé en arc de cercle. Le plomb ne doit pas rester nu ; il faut, et c'est là la diablerie, qu'il brille de tout l'éclat d'un mollusque ou d'un poisson inconnu et impossible. On le revêt donc de tout ce qu'on peut trouver de plus éclatant en fils de soie de couleur, entremêlés de fils d'or et d'argent, le tout roulé à peu près comme est roulé le revêtement de l'olive d'un cordon de sonnette. Un seul point semble avoir la prétention de rapprocher cet objet sans nom de la forme d'un poisson : c'est une espèce de petite queue de métal blanc, que l'on soude à l'extrémité du cylindre. Ce simulacre est ensuite attaché le long de la grappe d'hameçons précédemment préparée.

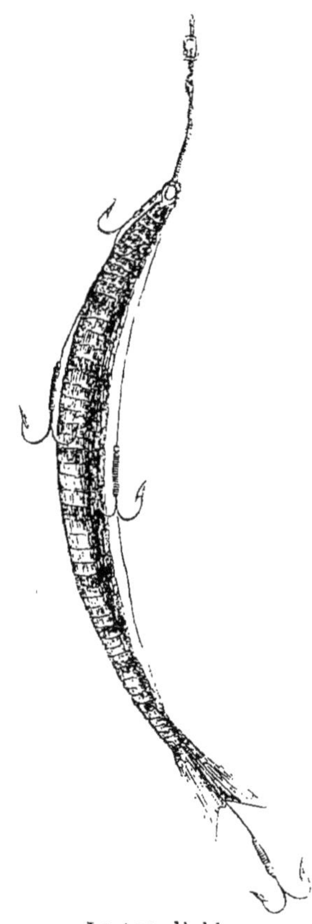

Le tue-diable.

Voici maintenant de quelle manière s'emploie ce bizarre appât : c'est dans des courants très-rapides, dans les cascades les plus impétueuses qu'il convient de s'en servir. Le tue-diable attaché avec sa monture au bas d'une ligne à moulinet est jeté au milieu du torrent ; l'impulsion du courant, rencontrant toujours le simulacre de poisson dans une position oblique, à cause de sa courbure, lui imprime un mouvement de rotation qui finirait par tordre la ligne, si les émerillons ne lui donnaient toute liberté d'obéir à ce mouvement. Dans cette situation, l'appât tourne sans cesse avec rapidité, et, par cette rotation comme aussi par l'éclat de ses couleurs, attire l'attention des poissons voraces qui, s'élançant pour l'engloutir, s'accrochent nécessairement aux dards nombreux dont il est hérissé.

Il est des pêcheurs qui, au lieu du cylindre de plomb, se contentent d'accrocher au quadruple hameçon un petit poisson, véron ou goujon, et qui, dans les circonstances que je viens d'indiquer, affirment avoir obtenu de nombreux et excellents résultats. Cela ne me paraît, en effet, pas douteux; mais, dans des eaux très-agitées, la violence du courant déchire et entraîne en quelques instants le corps du poisson appât, et c'est précisément pour obvier à cet inconvénient qu'on a imaginé de le remplacer par un leurre plus résistant, par le tue-diable tel que je viens de le décrire.

Il existe encore un genre de pêche dont je n'avais pas, dans l'origine, l'intention de parler, d'abord parce que je ne l'ai jamais pratiquée, et ensuite parce que je ne vous conseillerai jamais d'y avoir recours. Mais un charmant dessin que j'ai rencontré sur l'album de l'artiste chargé d'*illustrer* ce volume, m'a fait changer d'avis; j'ai pensé qu'après tout, l'aspect de la scène qu'il retrace pourrait profiter à mes lecteurs, ne fût-ce que comme la vue d'un ilote ivre était utile aux enfants des Spartiates.

Voyez-vous ce joli monsieur, finement chaussé et ganté, en élégante tenue de campagne conforme au dernier numéro du *Journal des Modes?* Ce matin, dans un accès de *sportisme*, il s'est dit qu'il voulait pêcher ; mais il n'a pas pris la peine d'apprendre comment on pêche : les gens comme lui ne savent-ils pas tout sans avoir jamais rien appris? Il s'est lancé à l'aventure, et vous voyez le résultat : il s'en revient, l'oreille basse, l'hameçon intact, le filet à poisson vide et immaculé. Mais comment se résoudre à rentrer bredouille? Que diraient les belles dames auprès desquelles il s'est vanté par avance d'un facile succès? Par bonheur il avise au bord de l'eau la *boutique* flottante qui, dans une eau sans cesse renouvelée à travers des parois à claire-voie, conserve à l'état vivant les produits de l'industrie d'un pêcheur de profession. Examinez de quel air narquois cet industriel offre à notre *gentleman* une abondante et facile capture dont celui-ci va remplir son filet aux dépens de son gousset; l'anguille nocturne, la lotte, qui ne mord guère à la ligne, il prendra tout, il accepterait n'importe quoi, le malheureux! fût-ce, Dieu me pardonne! un hareng saur. C'est là ce qu'on appelle *pêcher à la ligne d'argent*.

Lecteur bénévole, vous qui savez maintenant et qui voulez pêcher de bon aloi, combien vous êtes éloigné d'une semblable petitesse! Vous n'ignorez pas que la pêche, comme la chasse, comme la guerre, a ses jours néfastes, et ce n'est pas vous qu'on verra jamais s'abaisser à ces misérables manœuvres de la vanité brochant sur le mensonge.

N'imitons pas le héros de la vignette, mais ne lui soyons pourtant pas trop sévères. Dans des sphères plus élevées, combien de pêcheurs à la ligne d'argent! Diplomates fameux, administrateurs renommés, romanciers féconds, vaudevillistes célèbres, s'il est vrai que plus d'un fleuron de votre couronne de gloire soit éclos sous l'influence du travail ignoré d'un secrétaire, d'un commis ou d'un collaborateur, si plus d'un parmi vous a exploité à son profit, moyennant quelque finance, le *sic vos non vobis* du poëte, geais parés des plumes du paon, ayez pitié de ce pauvre pêcheur; lequel d'entre vous oserait lui jeter la première pierre?

La pêche à la ligne d'argent.

DEUXIÈME PARTIE.

LA PÊCHE AU FILET.

LES FILETS EN GÉNÉRAL.

La pêche au filet est à la pêche à la ligne à peu près ce que la chasse au piége, est à la chasse au fusil. Moins noble et moins émouvante parce qu'elle ne met pas celui qui la pratique directement aux prises avec sa proie, exigeant moins d'adresse et de sang-froid, elle est, par contre, ordinairement plus productive. Il ne faut pas d'ailleurs méconnaître que, par ses combinaisons spéciales, par l'ampleur même de ses procédés, la pêche au filet présente aussi un certain intérêt dans ses applications. Elle mérite donc, à ce double point de vue, d'être sérieusement appréciée, et, bien que pratiquée le plus souvent par des hommes qui s'en font une profession, elle ne pouvait manquer de trouver sa place dans un ouvrage destiné cependant plutôt aux amateurs qu'à ceux qui pêchent par état.

L'invention des filets, comme celle de la ligne, remonte à une époque immémoriale ; les plus anciens monuments, les reliques des populations éteintes en font foi. Si elle suppose moins d'esprit individuel d'observation, elle paraît cependant être le produit d'une civilisation et d'une association de forces collectives plus avancées. En voyant se jouer au fond des eaux ces nombreuses populations aquatiques dont les fleuves et les rivages des mers étaient remplis dans les premiers temps, les riverains auront conçu la pensée d'envelopper d'un seul coup des espaces considérables de ces domaines liquides, et de pousser vers la terre leurs innombrables habitants. Aujourd'hui encore, sur certaines côtes de l'Afrique, on voit quelquefois des troupes de jeunes filles en rangs serrés, entrelaçant leurs bras et pressant leurs corps, entourer comme d'un filet vivant quelque anse sablonneuse : marchant d'un même pas vers le rivage, elles enserrent dans leur courbe mobile, et qui se rétrécit de moments en moments, des troupes de poissons qui, en essayant de s'échapper, viennent s'échouer sur la rive.

Mais, comme il est facile de le comprendre, ce filet par trop primitif présentait de graves inconvénients ; l'on a dû songer bien vite à remplacer par une sorte de plexus grossier les mailles de ce tissu humain. Des lianes entrelacées auront suffi d'abord; puis, le progrès aidant, on aura assemblé avec plus d'industrie les fils de diverses matières textiles, et voilà le filet tout trouvé dans ses éléments fondamentaux. La confection des mailles régulières, l'appropriation et l'équipement des diverses espèces d'engins suivant les besoins et les lieux, découlent, comme une conséquence nécessaire, de cette première donnée.

De nos jours, le tissage des filets, soit à la main, soit même par des moyens mécaniques, est arrivé à sa dernière perfection ; c'est un art assez simple et extrêmement répandu ; presque toutes les dames et bon nombre d'écoliers connaissent la facture de la maille. Je crois donc pouvoir me dispenser d'entrer à cet égard dans des détails élémentaires et technologiques qui exigeraient un grand nombre de planches et qui, malgré la facilité de ce travail lorsqu'il est enseigné oralement et par l'exemple, seraient peut-être médiocrement intelligibles traduits sur le papier. Au surplus, les personnes qui, dépourvues du secours des instructions orales et manuelles, désireraient s'initier théoriquement dans les principes de cet art, trouveront sur ce point tous les renseignements et toutes les figures désirables dans le *Magasin Pittoresque* (année 1853, pages 143 à 200).

Il me suffira donc de dire que les filets sont ordinairement faits de bon fil de chanvre ou de lin assemblé en mailles plus ou moins serrées, selon les convenances de la pêche à laquelle le filet est destiné et aussi conformément aux exigences des règlements spéciaux établis en vue d'empêcher la destruction du poisson. Pour rendre le tissu moins visible et, d'ailleurs, pour en assurer la conservation, on a l'habitude, avant de le mettre à l'eau pour la première fois, de le faire bouillir dans une décoction de tan. Une précaution indispensable, c'est d'étendre et de faire complétement sécher les filets à l'air toutes les fois qu'on s'en est servi ; autrement, s'ils étaient serrés encore mouillés, ils se pourriraient infailliblement.

Les filets, d'après leur nature et l'usage auquel ils sont destinés, peuvent se diviser en deux grandes catégories ; les uns ont besoin pour remplir leur office de l'action immédiate et actuelle du pêcheur : on peut les appeler *filets de main* ; les autres, abandonnés dans l'eau pendant un temps plus ou moins long, accomplissent d'eux-mêmes leur destination et n'exigent l'intervention de la main de l'homme que pour être placés et retirés à de certains intervalles : on les désigne sous le nom de *filets dormants*. Dans la première classe se placent l'épervier, l'échiquier et leurs variétés, la truble, la senne et le tramail (ce dernier participant à un certain degré du caractère propre à chacune des deux classes) ; dans la seconde se rangent la nasse, le verveux avec ses variétés, et le guideau. Je décrirai, sans autre préambule, chacun de ces filets dans l'ordre que je viens d'indiquer.

L'épervier.

L'épervier est une vaste calotte conique à mailles plus ou moins larges variant de 3 ou 4 jusqu'à 8 ou 10 centimètres d'ouverture, selon qu'on veut prendre du petit ou seulement du gros poisson ; la limite minimum de l'ouverture des mailles est d'ailleurs fixée par des règlements dont j'aurai bientôt à m'occuper, et auxquels, je ne saurais trop le répéter, il est prudent et d'un bon exemple de se conformer scrupuleusement. Ce filet a ordinairement à son bord extérieur 18 ou 20 mètres de circonférence, de telle sorte qu'étendu dans tout son développement, il couvre une superficie circulaire d'environ 30 mètres carrés, et ressemble à une espèce de cloche de 3 à 4 mètres de hauteur. Le tissu délicat des mailles de ce vaste filet est soutenu à intervalles égaux par des cordes qui en font, pour ainsi dire, la charpente, et qui se réunissent toutes au sommet du cône; à ce point est attachée une corde de la grosseur du doigt, longue de plusieurs mètres et qui joue un rôle important dans le maniement de l'épervier.

Ce filet est destiné, au moyen d'une manœuvre que je vais décrire, à se déployer, à un moment donné, sur la surface de l'eau; puis, descendant au fond le plus rapidement possible, il emprisonne le poisson qui se trouve sous son périmètre, à peu près de la même manière que les jeunes poussins sont retenus sous une cage à poulets. On comprend que, pour se précipiter ainsi avec toute la vivacité désirable, l'épervier doit y être sollicité d'une manière énergique; à cet effet il est garni, sur tout le développement de sa circonférence, d'un chapelet de balles ou de lingots de plomb, dont le poids, s'élevant à 12 ou même à 15 kilogrammes, fait immerger promptement l'appareil. Toute cette plombée est montée sur une corde qui borde le filet à 20 ou 30 centimètres de son bord extrême, et à laquelle viennent aboutir et se rattacher les diverses cordes rectrices qui rayonnent du centre à la

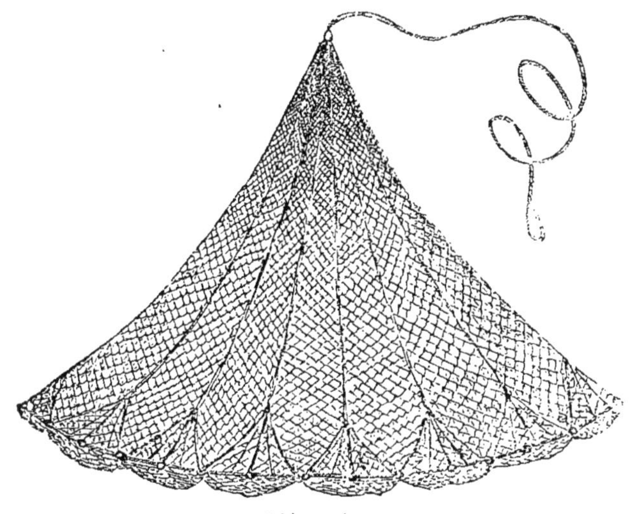

L'épervier.

circonférence. Pour compléter cette description que la figure ci-dessus rend plus claire, je dois ajouter que la partie du filet qui dépasse tout autour la corde de la plombée, et qui forme comme une large frange, ne doit pas continuer de flotter librement en cet état; de 20 en 20 centimètres on la relève et on la rattache à l'intérieur du filet au moyen d'une cordelette un peu lâche, et de manière à ce que cette frange devienne une espèce d'ourlet ouvert ou de poche circulaire; nous verrons tout à l'heure combien ce détail est important dans l'application.

On peut employer l'épervier de plusieurs manières ; on en fait le plus souvent usage en le jetant étendu sur les places où l'on soupçonne qu'il doit se trouver du poisson, et où même quelquefois, surtout dans les eaux courantes, on a cherché à l'attirer en y répandant, dès la veille au soir, quelques poignées de graines cuites, des tourteaux de lin ou de chènevis, résidus du pressurage de ces graines oléagineuses. Au moment de la chute du filet, le premier mouvement des poissons est de gagner le fond, et, si la plombée fait rapidement son œuvre, ils ne tardent pas à se trouver entourés d'un cercle infranchissable qui les retient prisonniers dans l'enceinte maillée. Mais pour que l'épervier se déploie tout entier au moment où il est jeté, pour qu'il arrive à couvrir circulairement tout l'espace que son périmètre peut embrasser, il faut, de la part de celui qui le lance, une habitude, une adresse, un certain tour de main qui ne s'acquièrent que par une étude sérieuse et une pratique réitérée. Je vais essayer de décrire le plus clairement possible la manœuvre au moyen de laquelle on obtient le résultat désiré ; un exercice assidu, et, s'il se peut, les leçons de l'exemple, feront le reste. Pour éviter de se mouiller en pure perte, et pour mieux juger, d'ailleurs, des résultats obtenus, les débutants feront bien de pratiquer leurs premiers essais en terre ferme et sur une pelouse bien unie.

Pour jeter l'épervier, on doit commencer, d'abord, par lier au poignet gauche, au moyen d'un nœud coulant, l'extrémité de la corde maîtresse qui tient à la coiffe ; moyennant cette précaution, on reste certain que le filet ne pourra pas se séparer du pêcheur. On replie ensuite deux ou trois fois sur elle-même la partie supérieure du filet, qu'on vient de saisir et qu'on tient embrassée de la main gauche, à environ 60 ou 70 centimètres de la plombée ; on enlève le tout en rapportant la main gauche à la hauteur de la poitrine ; de la main droite, on saisit du côté gauche un quart de la partie pendante de l'épervier et on en jette les plis sur l'épaule

Pêcheur prêt à lancer l'épervier.

gauche, en les étendant ; la main droite revient ensuite empoigner à droite du filet la moitié environ du surplus. Dans cette situation, l'épervier forme devant le pêcheur une espèce de manteau drapé à gauche sur l'épaule et sur le bras, retenu de l'autre côté à pleine main droite.

Ponr opérer le lancer, le pêcheur commence par effacer fortement la partie gauche, puis, par un brusque mouvement du corps, ramène en avant cette partie; par un coup de l'épaule et du coude il projette devant lui le filet, que la main gauche lâche aussitôt et que le bras droit arrondit de son côté en se déployant simultanément. Si toute l'action a été bien combinée, l'élan circulaire donné en avant communique à la plombée une force centrifuge qui entraîne et déploie la circonférence du filet; celui-ci tombe ouvert, en prenant à peu près la forme que les jeunes filles obtiennent dans leurs jeux, lorsqu'après avoir tourné deux ou trois fois sur elles-mêmes, elles s'arrêtent tout d'un coup en s'abaissant au milieu de leurs vêtements ballonnés par l'air. Quelques personnes en lançant, pour rendre le déploiement plus facile et plus complet, retiennent un moment avec le petit doigt de la main gauche, ou même avec les dents, une maille de la partie du filet la plus rapprochée du corps.

Je ne dois pas tarder plus longtemps à indiquer une condition indispensable pour la sûreté de celui qui lance l'épervier : il doit n'avoir, dans la partie de ses vêtements exposée au contact du filet, ni boutons, ni agrafes, ni quoi que ce soit susceptible de s'accrocher dans les mailles. Si cette précaution était négligée, s'il arrivait qu'au moment où le tissu de l'épervier glisse sur l'épaule et sur le bras, quelque obstacle le retînt attaché au pêcheur, celui-ci, déjà ébranlé par son propre effort et sollicité en avant par le poids de la plombée, serait infailliblement entraîné dans l'eau ; ce qui est bien plus grave encore, il resterait indubitablement retenu au fond, sans pouvoir faire usage de son talent pour la natation, à quelque degré qu'il en fût pourvu. Afin d'échapper à cette ter-

L'épervier se déployant.

rible complication, et aussi pour éviter d'être pénétrés par l'eau dont le filet ruisselle lorsqu'on le retire pour le rejeter encore, les amateurs de la pêche à l'épervier feront sagement de porter une blouse imperméable, dont les manches seront fermées au-dessus des poignets par des bracelets en caoutchouc cousus à l'étoffe même.

Cette gymnastique exige, au surplus, encore plus d'adresse que de force ; elle met merveilleusement en relief ces deux qualités ; l'attitude de celui qui la pratique est, pour ainsi dire, artistique. Je me souviens d'avoir vu sur la Meuse une belle châtelaine, qui, de ses mains aristocratiques, ne dédaignait pas de lancer l'épervier. Pour ceux surtout à qui, la veille, elle avait fait avec une grâce toute féminine les honneurs de son salon, elle était belle à voir ainsi, avec ses longs cheveux blonds emprisonnés sous un chapeau de paille à larges bords, avec sa taille serrée par un surtout de velours noir. Que sa pose était noble, lorsque, la tête haute et le corps cambré sur les hanches, elle était prête à se détendre comme un ressort flexible, pour lancer en avant le lourd filet drapé sur son épaule et couvrant d'un voile transparent des formes dignes de la statuaire antique !

Il est facile de comprendre que l'épervier, pour produire son effet, doit descendre tout entier jusqu'au fond, et que la plombée doit reposer sur le sol sans aucune solution de continuité. On ne doit donc employer ce filet que là où il n'existe ni herbiers trop épais, ni obstacles quelconques ; autrement, s'il arrivait qu'une portion de la circonférence du filet fût arrêtée et restât soulevée, tous les poissons qui pourraient se trouver sous la coiffe ne manqueraient pas de s'échapper par cette porte ouverte, comme les vents s'élançant de l'antre d'Éole.

Il faut encore, à un autre titre, se défier des troncs d'arbres et des branchages qui tapissent trop souvent le lit des cours d'eau, surtout dans ceux qui ne sont pas fréquentés par la navigation : ces épaves, outre qu'elles arretent la descente de la plombée, ont encore l'inconvénient de s'enchevêtrer dans les mailles, de retenir le filet et de le déchirer lorsqu'on s'efforce de le ramener.

Je suppose que tout s'est bien passé : du rivage ou du haut d'un bateau, vous avez jeté l'épervier, le filet s'est complétement ouvert en faisant la roue ; les plombs, descendus sans obstacle, reposent sur un sol bien uni ; vous n'avez pas maintenant à vous presser : les prisonniers, s'il y en a, sont bien et dûment encagés ; il ne reste plus qu'à les faire sortir de leur élément. Si, agissant précipitamment sur la corde dont votre poignet gauche a retenu l'extrémité, vous essayez de retirer d'un seul coup l'épervier par le centre, il pourra arriver qu'une partie de la plombée quitte le sol, et alors, adieu la capture. Procédons avec prudence et avec sang-froid. De quoi s'agit-il ? de fermer le filet, c'est-à-dire de rassembler en un seul point les plombs maintenant disséminés sur toute la circonférence, et cela sans qu'ils cessent un moment de toucher la terre. Vous y parviendrez en tirant alternativement à droite, à gauche, en avant et en arrière, de manière à ce que les plombs, pour se rapprocher, traînent toujours sur le sol en le balayant. Lorsque vous sentez toute la plombée réunie, tirez promptement le filet hors de l'eau et jetez-le à terre ou dans le bateau ; la pesanteur du plomb tient l'orifice fermé, et d'ailleurs, les poissons qui tenteraient de forcer cet obstacle ne manqueraient pas de se *mailler* dans le tissu des bourses qui flottent par delà la plombée, et dans lesquelles ils seraient retenus.

Une fois l'épervier placé en lieu de sûreté, on l'ouvre en soulevant les plombs et en faisant passer successivement entre ses mains tous les points de la circonférence ;

on s'empare du poisson, on débarrasse le filet des pierres et des corps étrangers dont il est ordinairement rempli, surtout dans les bourses ; on le lave, s'il est souillé de vase, on le tord pour en exprimer l'eau ; après quoi il ne s'agit plus que de recommencer.

L'épervier est surtout destiné à l'usage dont je viens de m'occuper ; mais il peut encore être employé d'une autre façon, et, sur les grands cours d'eau, principalement, les pêcheurs de profession s'en servent aussi de la manière suivante. Au lieu de le jeter à la main, ils le traînent ouvert, au moyen d'un bateau, et après avoir ainsi balayé la rivière pendant un certain temps avec cette vaste gueule ouverte, ils laissent tomber tout l'appareil au fond, afin de capturer les poissons qui ont été entraînés en chemin. Pour cet usage, le filet se fabrique de la même forme, mais beaucoup plus grand et plus chargé de plomb que lorsqu'il doit être jeté à la main ; on donne spécialement le nom de *gille* à cet épervier de grande dimension. C'est surtout lorsque les eaux des fleuves sont grosses et bourbeuses, que le succès de cette pêche est le plus certain. Deux hommes montent dans un bachot ; l'un d'eux, armé de rames, n'a d'autre fonction que de placer et de maintenir l'embarcation en travers et perpendiculaire à l'axe du courant ; il y parvient à l'aide de deux avirons avec lesquels il doit agiter l'eau le moins possible. Le second, le pêcheur proprement dit, accroche à deux chevilles placées aux deux extrémités du bateau, sur le bord d'amont, une partie de la corde qui porte la plombée du filet ; le surplus du gille est jeté par-dessus le bord ; la culasse est soutenue entre deux eaux au moyen de la corde principale retenue au poignet du pêcheur. Dans cette situation, la partie immergée du filet pend comme un large feston, et son extrémité inférieure rase le fond, tandis que le bateau descend au gré du courant.

Après avoir parcouru ainsi deux ou trois cents mètres, ou même plus tôt, si le pêcheur a senti, par le frémissement de la corde tendue qu'il tient à la main, des secousses données au filet par quelque gros poisson, les deux hommes dégagent la corde de plombée des deux chevilles qui la retenaient, et, à un signal donné, laissent tomber dehors la partie restée jusqu'alors attachée au bateau. Les plombs gagnent le fond, le filet se referme, et le pêcheur le retire comme un épervier ordinaire. Dans certaines rivières, le bateau et le filet sont manœuvrés par un seul homme ; mais le concours simultané du pilote et du pêcheur est infiniment préférable.

L'épervier ordinaire peut servir à peu près au même usage dans les ruisseaux et dans les petites rivières, pourvu qu'elles n'aient pas plus de 80 centimètres à un mètre de profondeur. Deux hommes se mettent à l'eau, tenant chacun, par la corde de plombée, une partie du filet ouvert : le surplus traîne dans l'eau et porte sur le fond ; un troisième coadjuteur tient en arrière l'extrémité de la culasse, et tous trois se mettent en marche, en agitant l'eau le moins possible ; à 150 ou 200 mètres en avant, deux hommes, armés de perches, battent l'eau et fouillent les cavités de la rive pour faire fuir le poisson qui, en cherchant à s'échapper, vient se précipiter dans le filet. Lorsque l'homme qui porte la queue de l'épervier sent qu'un poisson s'y est engagé, sur un signal de lui, les deux autres lâchent les plombs qu'ils tenaient, le filet se ferme, et la capture est consommée. En général, à moins d'un courant rapide, cette pêche se fait en descendant, les poissons, effrayés par les *bouleurs*, ayant toujours une tendance naturelle à remonter. Je dois pourtant avertir que, dans beaucoup de localités, il est défendu de troubler et de battre l'eau, de *bouler*, *bouiller* ou *bouffer*.

Le gille.

L'échiquier ou carrelet.

Ce filet consiste en une grand poche de forme conique; il est destiné à prendre de petits poissons, et se compose, par ce motif, de mailles étroites. On le monte sur deux perches flexibles attachées en croix et fixées par leurs extrémités, et à distances égales, sur l'ouverture de l'échiquier. Au point d'intersection de ces perches est attachée une forte gaule de 4 ou 5 mètres de longueur, qui sert à manœuvrer le filet. C'est principalement dans les eaux troubles qu'on en fait usage, là où le courant, après avoir dépassé un obstacle, comme une pile de pont, un musoir de jetée ou un îlot, revient sur lui-même en tournoyant, en faisant ce que les pêcheurs appellent un *haï*. C'est surtout dans ces eaux que les petits poissons se rassemblent ordinairement, tant pour éviter la rapidité du torrent que pour chercher leur nourriture parmi les débris qui s'accumulent dans ces remous. Il est à désirer que la profondeur de l'eau ne soit pas très-grande; elle ne doit guère dépasser 2 mètres : autrement le filet ne pourrait pas être retiré assez rapidement. La place étant choisie, on met l'échiquier à l'eau en le présentant par la pointe; en appuyant au moyen de la perche maîtresse sur le point de jonction des perches légères qui tiennent au filet, on fait descendre l'appareil jusqu'à ce que l'on sente que les extrémités de ces dernières touchent la terre : dans cette position, l'échiquier se trouve étendu sur le fond. Les poissons, que cette opération avait fait fuir, ne tardent pas à revenir, et, au bout de quelques minutes, il est remps de relever le filet. Le succès dépend principalement de la vivacité de cette manœuvre, qui exige un assez grand développement de forces, à raison de la résistance que l'eau exerce sur les mailles du tissu. Chacun prend, dans cette circonstance, la position qui lui semble la plus commode. Celle qui me paraît devoir être préférée est celle-ci : se placer à cheval sur la perche maîtresse, près de l'extrémité opposée au filet, porter les mains en avant sur cette même perche, en allongeant les bras le plus loin possible, la relever enfin par un mouvement de bascule, les muscles contre lesquels l'extrémité de la perche est appuyée servant de point d'appui. Au premier mouvement du filet qui remonte, les poissons se précipitent au fond, où ils rencontrent une barrière de mailles infranchissable pour eux, et, si la partie supérieure arrive hors de l'eau avant qu'ils aient pu remonter eux-mêmes et s'échapper par-dessus les bords, ils restent dans la pointe de l'échiquier, où on les recueille avec une sebille de bois. Cette première récolte faite, on peut recommencer à la même place et y rester jusqu'à ce qu'elle commence à s'épuiser.

Il est des personnes qui, pour relever l'échiquier, se servent d'une corde attachée à l'extrémité supérieure de la perche ; au moment d'agir, elles placent et arc-boutent contre leur pied l'extrémité inférieure de cette perche, puis tirant fortement sur la corde, elles obtiennent par ce moyen le mouvement de bascule nécessaire.

C'est, comme je viens de le dire, en jetant l'échiquier à l'aventure dans les eaux troubles, que l'on fait ordinairement les pêches les plus fructueuses ; il arrive même quelquefois qu'au milieu du fretin que l'on recueille le plus souvent avec ce filet, se trouvent quelques poissons de plus forte dimension ; le barbeau, qui voyage beaucoup dans les temps de crue, la perche, qui pourchasse incessamment le petit poisson, viennent quelquefois varier agréablement la population mêlée qu'on voit sautiller au fond de la poche lorsqu'on la relève.

Il ne faut pas croire cependant que, lorsque l'eau est

claire, la pêche à l'échiquier soit impraticable ; avec quelques précautions, on peut y réussir encore, et la transparence même des eaux devient un élément de succès. Placé dans un bateau, on établit l'échiquier sur un fond d'un mètre au plus; on a soin de se montrer le moins possible et l'on épie le moment où les petits poissons, qui marchent toujours par bandes, viennent passer au-dessus du filet; on le relève alors vivement en arc-boutant le bout de la perche sous l'une des traverses inté-

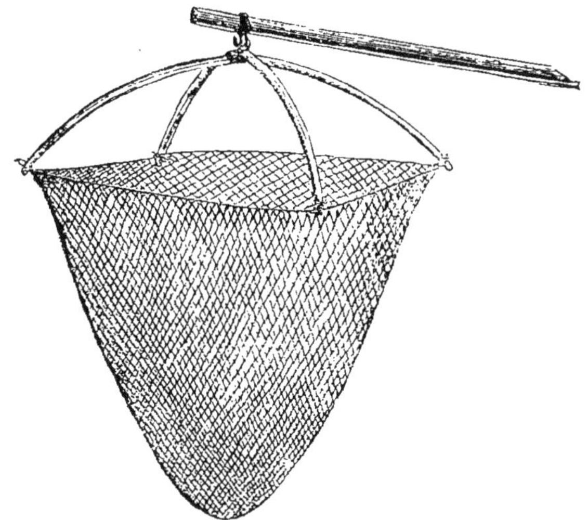

Le carrelet ou échiquier.

rieures du bateau. Pour apercevoir plus facilement le poisson, les pêcheurs de Paris ont coutume de paver le fond de la place qu'ils ont choisie une fois pour toutes avec des débris de poteries blanches; des fragments de poêles de faïence remplissent parfaitement cet objet.

On se sert encore, pour pêcher spécialement au goujon, d'une espèce d'échiquier à mailles étroites que, pour plus de facilité dans les manœuvres, on fait moins profond de moitié que le filet figuré ci-dessus ; on le monte de la même manière; il prend le nom de *goujonnier*.

Pour s'en servir, il faut s'établir avec un bateau sur un banc de sable fin, où l'eau n'ait pas plus d'un mètre de profondeur. Lorsque le filet est placé et bien étendu sur le fond, le pêcheur s'arme d'une perche garnie à l'une de ses extrémités d'un tampon épais de cuir, de chapeau ou même d'étoffes afin que le filet ne soit pas déchiré par le contact du bois. Pendant cinq ou six minutes, à l'aide de cette perche placée au centre du filet, il fouille et soulève le sable en agitant la perche de la même manière qu'un pilon dans un mortier, c'est de là que cette pêche s'appelle *pêche à la pilonée*. Retirant ensuite l'instrument, il attend encore quelques minutes et relève enfin son filet, dans lequel il est rare qu'il ne se trouve pas quelques goujons, et rien que des goujons. L'emploi de ce filet repose sur une particularité que j'ai fait connaître lorsque je me suis occupé spécialement de ce joli et excellent poisson. On n'a pas oublié sa prédilection pour l'eau trouble : c'est cet instinct particulier que nous exploitons en ce moment. Le sable soulevé par le *rabot* ou *bouloir* (c'est ainsi qu'on appelle la perche garnie du tampon) est entraîné par le courant sous la forme de nuages jaunâtres; guidés par ce filon conducteur, les goujons remontent jusqu'au point où l'agitation s'est produite et où ils savent qu'il leur sera facile de recueillir les animalcules arénicoles dont ils font leur pâture. C'est au moment où ils sont occupés à cette récolte que le filet se relevant les emprisonne et les livre à la main du pêcheur.

La truble ou trouble.

La truble ou trouble est un filet de forme conique, à peu près semblable à l'échiquier, mais ordinairement de moitié moins grand; on en fait au surplus de diverses dimensions, et l'épuisette, dont j'ai plusieurs fois parlé, n'est en réalité qu'une petite truble destinée, comme on sait, à envelopper et à porter à terre un poisson dont le poids pourrait briser la ligne à laquelle il est attaché. L'épuisette n'est qu'un instrument accessoire de la pêche à la ligne; la grande truble est, par elle-même, un engin de pêche. On l'emploie souvent au bord des eaux troubles; promenée entre deux eaux soit en remontant, soit en descendant, elle enveloppe les petits poissons qui, dans les grandes crues, fuient toujours les endroits où le courant se fait sentir avec violence.

Ce filet se monte ordinairement de la manière suivante: sur une perche mince et légère pliée en demi-cercle, on engage par les mailles supérieures, comme un rideau sur une tringle, environ les deux tiers du filet; dans la bordure de la partie restante, on passe une corde grosse comme le doigt, qui, attachée aux deux extrémités de la perche, en maintient la courbure. Dans cette situation, le demi-cercle de bois figure un arc sous-tendu par la corde rectrice. Au milieu de cette corde on attache solidement une forte perche terminée en fourche et longue de 3 ou 4 mètres, que l'on place sur l'arc exactement comme une flèche que l'on voudrait lancer; enfin l'on réunit les deux perches par une forte ligature au point d'intersection.

Indépendamment de l'usage dont j'ai parlé tout à l'heure, la truble est souvent utile dans les ruisseaux, dont sa largeur embrasse tout le lit, et où elle peut rendre à peu près le même office que l'épervier à la traîne. Dans les petites rivières bordées de crônes et de sous-rives, son emploi est souvent fructueux; on place la truble devant l'entrée d'une des nombreuses cavités dans lesquelles le poisson vient souvent, pendant le jour, chercher un abri contre la chaleur et un refuge contre les attaques de ses ennemis; il faut avoir soin d'enfoncer la perche dans l'eau jusqu'à ce que la corde et les deux extrémités de l'arc reposent sur le fond. Lorsque l'entrée de ces retraites est interceptée par le filet, il ne s'agit plus que d'agiter l'eau avec des bouloirs; le poisson éperdu cherche à s'échapper et tombe dans la gueule béante qui l'attend et l'engloutit au passage. La truble a cet avantage sur l'échiquier, qu'elle est beaucoup plus facile à retirer de l'eau et qu'elle exige bien moins d'efforts que ce dernier filet; il suffit, pour la ramener, de remonter la perche dans une position à peu près verticale, mais un peu inclinée du côté du pêcheur; au moment où la corde quitte le fond, la poche du filet où se trouve le poisson descend en contre-bas et se trouve fermée par la corde, le long de laquelle vient s'appliquer sa partie moyenne.

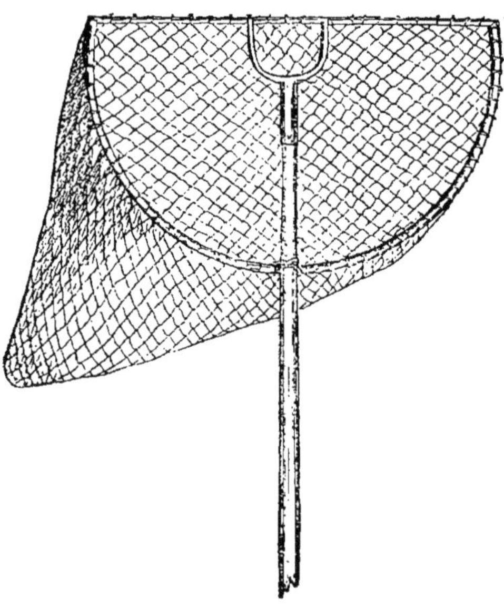
La truble ou trouble.

La truble, je ne saurais le dissimuler, jouit de peu de faveur auprès des auteurs des règlements locaux sur la pêche; presque partout elle est prohibée, non moins que l'usage du bouloir ou rabot.

La senne.

Ceci est un filet dont l'invention n'a certes pas coûté grands frais d'imagination et dont l'emploi exige plus de force que d'industrie. Barrer une rivière à l'aide d'une muraille mobile en filets, balayer, tamiser, pour ainsi dire, les eaux, en traînant ce vaste drap de mort ; assurément c'est pour qu'aucun poisson n'en réchappe, hormis les plus petits :

.... Qui ne sauraient fournir
Au plus qu'une demi-bouchée.

Voilà, en effet, ce que pourrait faire craindre la théorie, mais la pratique sait qu'il y a beaucoup à en rabattre ; un seul coup donné avec succès suffirait pour dépeupler un canton, si les rivières étaient droites, nivelées et carrées comme le bief d'une écluse ; mais les sinuosités de la rive, l'inégalité du fond, la végétation des plantes aquatiques, tout cela opère si bien que, Dieu merci, toute puissante qu'elle est, la senne en laisse encore un peu pour les autres : sans compter que, la manœuvre de ce filet exigeant le concours de plusieurs hommes et prenant un assez long temps, ce moyen de pêcher fait souvent perdre en facilité et en promptitude autant qu'il fait gagner en puissance et en étendue.

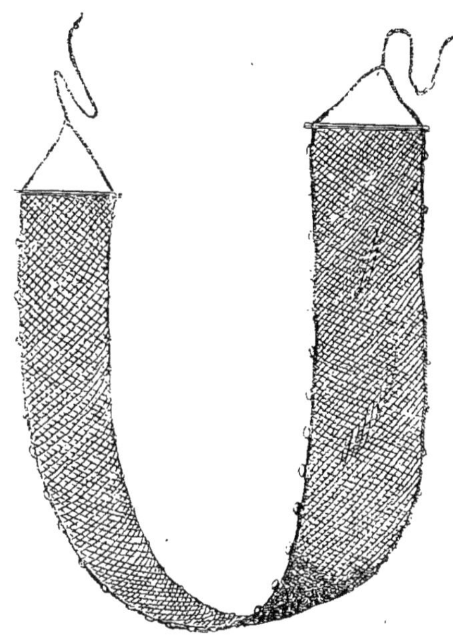
La senne.

J'ai comparé la senne à une muraille de mailles ; en effet, c'est une bande de filet, longue à volonté et large de 1 ou 2 mètres, disposée de manière à garder dans l'eau une position verticale. Il est facile d'obtenir ce résultat en garnissant une des lisières du filet avec des morceaux de liége, et l'autre avec un chapelet de lingots de plomb. La manière la plus ordinaire de se servir de la senne, est d'envelopper sur le bord d'une rivière une vaste enceinte que l'on rétrécit graduellement en tirant à terre les deux bouts du filet. Lorsque le centre de la senne est arrivé sur le bord, le poisson qui s'est trouvé compris dans le demi-cercle est forcément amené à terre ou se trouve pris dans les mailles du filet. Pour plus sûreté et pour éviter que le poisson, qui, à ces derniers moments, fait des efforts désespérés, ne puisse sauter par-dessus la garniture de liége ou s'échapper en glissant sous la plombée, il est bon, si toutefois le règlement local ne s'y oppose pas, de placer au centre de la senne un prolongement conique en forme de poche profonde, et qu'on appelle la *queue*; c'est là qu'en sentant l'approche de la terre, le poisson va se réfugier en masse et donne toute facilité pour le prendre.

Pour jeter la senne, deux hommes suffisent lorsqu'elle est de petite dimension; autrement, quatre hommes au moins sont nécessaires, et, si elle est très-longue, six ne sont pas trop. Le filet, que je suppose long de cent mètres, est régulièrement plié comme une pièce d'étoffe sur l'arrière d'un batelet; deux ou trois hommes postés à terre s'emparent de la corde attachée à l'extrémité libre de la senne et la retiennent entre leurs mains, ou, mieux encore, la fixent à un pieu ou à un arbre. Le reste des pêcheurs s'embarque; l'un d'eux conduit le bateau le plus au large possible, tandis qu'un autre, surveillant le filet, en abandonne successivement les plis au courant. Lorsque la senne est presque toute immergée, le bateau est ramené vers la rive d'où il est parti, et vient aborder à 40 ou 50 mètres en aval; l'équipage met pied à

Pêcheurs à la senne.

terre, portant avec lui la corde placée à ce bout du filet, lequel se trouve former alors une enceinte semi-circulaire dont les deux extrémités aboutissent au rivage. Du moment que cette enceinte est fermée, et à la condition toutefois que la plombée porte partout sur le fond, le poisson compris dans ce vaste segment est prisonnier; il ne s'agit plus que de s'en emparer. A cet effet, chacun des deux pêcheurs ou chacune des deux troupes de pêcheurs hale d'un mouvement égal sur le bras du filet placé à sa portée, en ayant soin de le replier régulièrement à mesure qu'il sort de l'eau. La prison mobile se retrécit de moments en moments; bientôt la bande des captifs vient échouer sur le sable et ne tarde pas à être mise en lieu de sûreté. Le filet est alors rechargé sur le bateau et l'opération peut recommencer, mais non plus, bien entendu, à la même place. On comprend que pour ce genre de pêche, une petite anse à bords en pente douce est la localité la plus commode et la plus favorable. Il est important, en halant la senne, d'agir toujours de préférence sur la partie inférieure, en la traînant près de terre et sans la soulever, surtout vers la fin du coup : le moindre hiatus entre la plombée et le fond donnerait passage à une partie des prisonniers.

Le tramail.

Indépendamment de l'usage que je viens d'indiquer, la senne peut être et est, en effet, souvent employée d'une autre manière : au lieu de renfermer dans son enceinte une portion des rives d'un cours d'eau limitée par les deux points extrêmes où viennent aboutir les bras du filet, on traîne celui-ci dans le sens de la longueur de la rivière, soit en montant, soit plutôt encore en descendant, pour que l'opération, favorisée par le courant, soit plus facile. La senne chasse ainsi devant elle tout le poisson qui se trouve sur son parcours; mais comme elle ne constitue qu'une simple cloison, un diaphragme vertical se mouvant en travers du thalweg; comme elle ne peut ni s'abattre sur le poisson, ni le retenir; si elle était employée seule, la pêche pourrait durer longtemps sans aucun résultat : la population aquatique serait refoulée comme par un râteau, et voilà tout. Pour que l'usage de la senne, dans ces conditions, devienne fructueux, il faut qu'il soit combiné avec l'emploi d'un autre filet qui, placé à un point donné, arrête et retienne le poisson dans sa fuite. Ce dernier filet, c'est le tramail; on l'établit à poste fixe en travers du cours d'eau; à 2 ou 300 mètres plus haut, on déploie la senne et on la traîne lentement. Lorsque la senne a rejoint le tramail, la battue est terminée, et en relevant ce dernier filet on capture les poissons qui se trouvaient dans la partie du courant que la senne a parcourue et qui n'ont pas eu le bonheur de s'échapper.

Il me reste à expliquer par quel artifice de construction on a pu rendre le tramail propre à retenir le poisson, et l'on comprend déjà que, pour accomplir cet office, il doit être autre chose qu'une simple nappe maillée. Le nom même du tramail indique sa disposition; il se compose, en effet, de *trois* tissus de *mailles* superposés et combinés d'une manière spéciale. Deux de ces filets, semblables pour les dimensions, sont formés de grandes mailles de ficelle, dont chacune a de 18 à 20 centimètres ou même plus d'ouverture en tout sens : c'est ce qu'on appelle les *aumées* ou *hameaux*. Le troisième filet, qu'on appelle *nappe* ou *flue*, parce qu'il est destiné à rester flottant entre les deux autres (*quia fluit*), est formé de fil fin et de mailles beaucoup plus serrées ayant de 3 à 5 centimètres d'ouverture; on lui donne trois fois autant de longueur et de largeur qu'aux aumées. La flue est montée sur quatre cordes formant un cadre de la même dimension que les aumées, de telle sorte qu'elle fronce sur ses bords et fait de larges plis dans toute son étendue.

Pour monter le tramail, on tend d'abord une aumée par les quatre coins sur des piquets solides ; on lui superpose la flue, dont on a soin de répartir les plis et les fronces le plus également possible ; puis on place par-dessus l'autre aumée et l'on attache ensuite avec de forte ficelle les trois cadres ensemble. Les filets étant ainsi réunis en un seul, on garnit de lingots de plomb l'un des grands côtés du parallélogramme, on attache des disques de liége au côté opposé, et le tramail, débarrassé de ses piquets

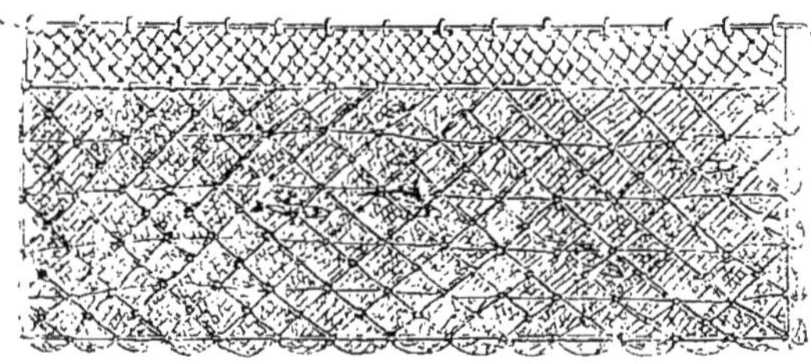

Le tramail.

d'assemblage, est prêt à être mis à l'eau ; là, grâce au plomb qui l'entraîne par le bas et au liége qui le retient en haut, il prendra une position verticale, et, pourvu qu'il soit suffisamment long et large, il barrera le courant d'une rive à l'autre.

Voici maintenant ce qui a lieu au moment de l'action : le poisson, refoulé par la senne qui s'avance toujours, s'enfuit en aval, où il rencontre l'obstacle du tramail. Voyant devant lui les larges mailles des aumées, il s'y engage, espérant y trouver un passage facile ; le tissu flottant de la flue lui oppose une molle résistance dont il croit pouvoir triompher en poussant toujours en avant.

Par cet effort, il fait saillir au dehors d'une des mailles de l'aumée placée en aval une portion de la flue qui se trouve ainsi faire hernie, et qui, retenue à sa base par la maille de l'aumée, enveloppe les poissons comme un sac et paralyse leurs mouvements. En retirant le filet, on les trouve empêtrés dans ces sortes de bourses, comme des lapins à la chasse au furet. Avec le tramail, on fait quelquefois des prises magnifiques; j'ai gardé le souvenir d'une pêche de ce genre à laquelle j'ai coopéré il y a quelques années, dans la rivière de Sioule, entre Gannat et Saint-Pourçain (Allier). Nous avons, du premier coup de filet, pris plus de 50 kilogr. de poisson. Les barbeaux y étaient en majorité : il s'en trouva plusieurs qui dépassaient le poids de 3 kilogrammes.

C'est ainsi que les choses se passent dans les cours d'eau assez larges pour que l'emploi de la senne soit nécessaire; dans les petits ruisseaux, l'usage du tramail peut parfaitement être combiné avec celui de l'épervier à la traîne. On tire aussi un bon parti du tramail lorsqu'on s'en sert pour entourer d'une demi-enceinte circulaire les abords d'un crône ou d'une caverne sous-riveraine; en *boulant* dans l'intérieur de l'enceinte, on contraint, par la frayeur, le poisson à sortir de ces retraites, et, en cherchant à s'échapper, il donne dans l'embuscade que lui tend le tramail. Mais chut! ne dites pas que c'est moi qui vous ai fait connaître cette pêche, contre laquelle ont fulminé les arrêtés locaux de quatre-vingts départements au moins sur quatre-vingt-six.

La nasse.

Je vais parler du plus rustique des instruments de pêche; il est tout à fait primitif, et peut-être son emploi a-t-il, sur beaucoup de points, précédé l'usage des engins, lignes ou filets, dans la construction desquels on emploie des matières textiles. Une nasse est tout simplement un grand panier d'osier en forme de cône allongé. Sa figure est à peu près celle de ces paniers que l'on emploie pour chauffer le linge ; elle est seulement plus effilée à la pointe et légèrement renflée vers les flancs. A la base et à la pointe sont deux ouvertures, l'une large et évasée qui reste toujours ouverte, l'autre étroite et fermée, soit par une sorte de petite porte en forme de claie mobile, soit tout simplement par un bouchon de paille ou de joncs. La nasse se place dans les eaux courantes, où elle est retenue par une corde attachée à une grosse pierre ou à un piquet, l'ouverture la plus large tournée en

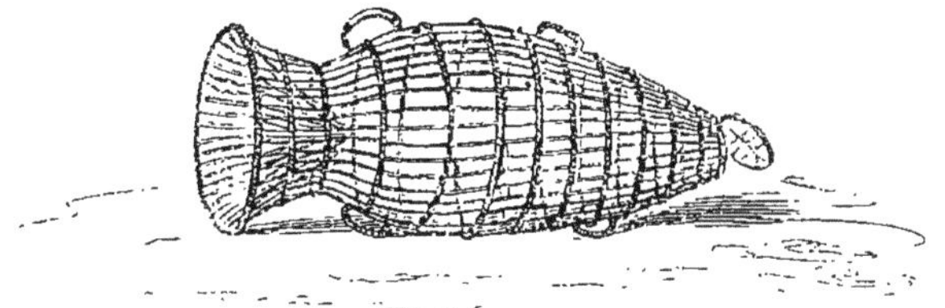

La nasse.

aval. C'est surtout dans les eaux troubles que ce mode de pêche est le plus favorable. Le poisson, attiré par le remous que la présence de la nasse occasionne dans le courant, remonte volontiers sous la protection de cet obstacle qui rompt en partie la violence des eaux. Comme son instinct le porte toujours à chercher la cause des impressions qu'il reçoit, il s'engage dans le panier où il espère trouver et trouve en effet, auprès du bouchon placé à la pointe, un milieu tranquille et un point de repos. Je ne dois pas omettre de dire que ce mouvement instinctif et logique est encore sollicité puissamment par quelque appât que l'on a coutume de suspendre dans la nasse, et qui consiste en quelques poignées de marcs oléagineux, en quelques os de porc ou quelques débris de chair; on se sert encore de limaçons, de moules fluviatiles, de vers de terre, etc.

Avec d'aussi bonnes dispositions, la nasse, on n'en saurait douter, attirera nécessairement le poisson ; mais qu'il entre, ce n'est pas tout : ce qu'il faut encore et surtout, c'est qu'une fois entré il ne puisse plus sortir. Le moyen de l'empêcher de retourner en arrière est simple, facile et bien connu; c'est celui que tout le monde a vu employer dans les souricières en fil de fer. A l'entrée de la nasse est disposé un goulet conique formé de brins d'osier ou de jonc fins et élastiques; les extrémités libres de tous ces brins viennent se rapprocher et presque se réunir à 30 ou 40 centimètres en dedans de l'entrée; ils forment ainsi une espèce de grillage circulaire, laissant à son centre un passage de quelques centimètres de diamètre. Au moment où le poisson se présente pour entrer, lors même que son corps est d'une dimension plus forte que l'ouverture, il parvient facilement à franchir ce défilé en écartant les brins flexibles qui forment le goulet et qui cèdent à la plus légère pression; mais, une fois entré, s'il veut tenter de reprendre le même chemin, il se heurte contre le faisceau d'osier qui s'est resserré derrière lui et qui, pris en sens inverse de l'ouverture, tend à se refermer en raison de l'effort exercé sur la pointe des baguettes dont il se compose; sans compter que ces mêmes pointes forment une espèce de cheval de frise contre lequel le poisson n'a pas beau jeu à se frotter le museau.

La grandeur de la nasse, l'écartement des brins dont elle se compose et le diamètre de l'entrée du goulet varient nécessairement suivant la nature et la grosseur du poisson que l'on se propose de pêcher. Pour l'anguille, par exemple, l'écartement doit être peu considérable, et le corps de la nasse, solide et relié par des cercles transversaux assez rapprochés; à défaut de ces précautions, l'anguille, avec sa force remarquable et son corps huileux et glissant, aurait bientôt raison de ce grillage impuissant, pour peu qu'elle y pût faire pénétrer seulement le bout de sa queue.

On relève ordinairement les nasses toutes les vingt-quatre heures. En débouchant l'extrémité opposée au goulet, on fait sortir sans obstacle le poisson qui s'y trouve pris, on débarrasse le panier des herbes qui peuvent s'y être attachées, puis, après l'avoir lavé à grande eau, on le remet en place.

Avant d'en finir avec la nasse, je dirai un mot d'un

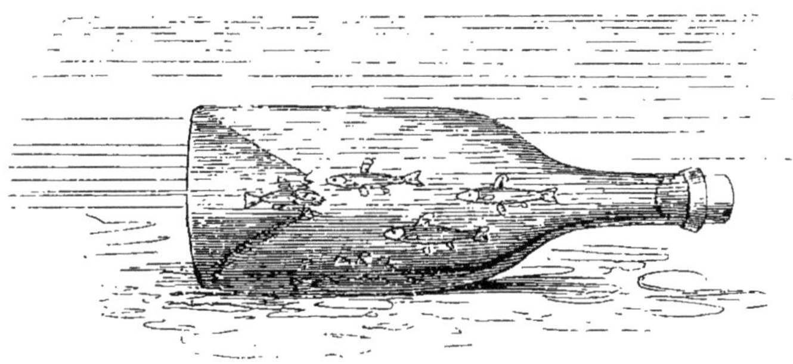

La carafe à goujons.

engin qui figure à l'étalage de beaucoup de marchands d'ustensiles de pêche, et qu'on appelle la carafe à goujons. C'est en effet une grande carafe de verre blanc, de la contenance de 4 ou 5 litres; le fond, au lieu d'être plan comme celui des vases ordinaires de la même nature, est repoussé en cône dans l'intérieur, comme celui d'une bouteille; de plus, la pointe du cône est percée d'un trou de 2 ou 3 centimètres de diamètre, avec des bavures faisant saillie dans l'intérieur. Un pareil vase, comme on le voit, ressemble assez au tonneau des Danaïdes, et il serait difficile de s'en servir pour transporter de l'eau : aussi sa destination n'est-elle pas de retenir ce liquide, tout au contraire, ainsi que l'on va en juger. Après avoir mis dans la carafe une poignée de sable et deux ou trois poignées de son, on bouche le goulot avec un petit filet très-serré ou avec un bouchon percé de plusieurs trous; on place ensuite le vase, le goulot en amont, sur un fond de sable recouvert de 8 ou 10 centimètres d'eau formant une petite rigole avec un courant modéré. L'eau entre par le goulot et ressort par le trou du fond, entraînant continuellement avec elle quelques parcelles du son et de la fécule qu'il contient. Ce filet de liquide nourrissant attire et fait remonter les goujons, qui, poussant leur pointe de plus en plus, entrent par le trou du fond de la carafe, d'où ils ne peuvent plus désormais sortir, en raison des aspérités tranchantes contre lesquelles ils se heurtent lorsqu'ils essayent de franchir au rebours le détroit qui leur a donné entrée. Pendant que le pêcheur vaque à d'autres exercices, la carafe se remplit; après avoir tout à son aise fait la guerre aux truites, aux barbeaux et autres nobles proies, l'heureux propriétaire de la carafe enchantée n'a plus qu'à se baisser pour ramasser son talisman, dans lequél des douzaines de goujons sont venus se mettre eux-mêmes en bouteille. La carafe à goujons est donc bien, comme on le voit, une sorte de nasse en verre. Je n'en ai jamais fait l'épreuve; mais, après tout, le succès n'est pas impossible, il est probable même, et je ne veux dégoûter personne d'en essayer.

Le verveux, la louve.

Le verveux est de la même famille que la nasse; c'est, à proprement parler, le filet de la civilisation substitué au panier grossier des premiers âges, et cette substitution a plus d'un avantage : la légèreté d'abord, qui permet de transporter vingt verveux plus facilement qu'on ne ferait de deux nasses ; puis la ténuité des mailles, qui rend possible l'emploi de cet engin dans les eaux claires, où l'on ne pourrait guère rien attendre de bon d'une grosse carcasse d'osier trop facilement visible à l'œil nu. Ce filet est une espèce de cloche ou de poche conique, ayant un mètre ou un mètre et demi de longueur. Le corps du verveux est soutenu par quatre ou six cerceaux de bois menu et flexible; en avant du premier cerceau placé à la base du cône, on ajoute presque toujours, pour augmenter le champ de l'ouverture, une partie de filet qui s'évase beaucoup et qu'on appelle la *coiffe;* elle est soutenue par une portion de cercle en bois dont les deux extrémités sont reliées par une traverse en grosse ficelle, formant la corde de l'arc. A l'entrée du verveux est placé un goulet de filet, soutenu à l'intérieur par plusieurs fils, de manière à s'y comporter comme un entonnoir de mailles; quelquefois même on place plus bas un second goulet. Après avoir attaché une pierre à la culasse du verveux, et une autre à chacune des ailes de la coiffe, on jette le filet à l'eau, l'ouverture en amont, si le courant est rapide, ou en sens contraire lorsqu'il y a peu de courant : cette dernière position est la plus ordinaire. On a soin de choisir pour cette tendue quelque

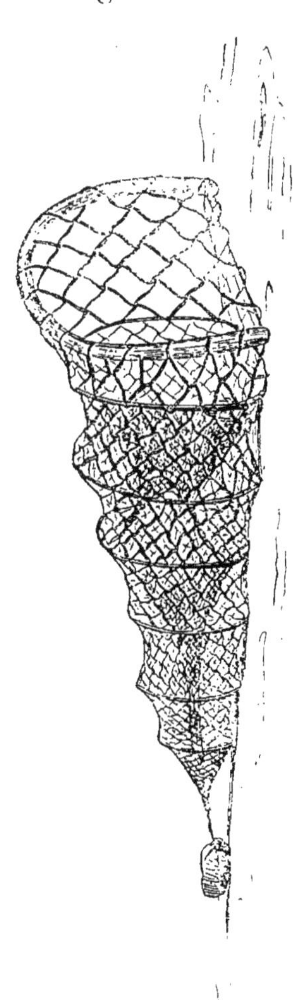
Le verveux.

espace débarrassé d'herbes, au milieu d'un massif de végétations aquatiques : c'est ordinairement dans ces rigoles que le poisson circule le plus volontiers, comme le gibier dans les *passées* qu'il se trace au milieu des bois. On peut même, s'il n'existe pas de rigoles naturelles, en pratiquer en ouvrant des routes avec la faux ou le croissant dans les joncs et autres plantes fluviatiles. On a soin de marquer l'emplacement de chaque filet avec une petite bouée de jonc ou de liége attachée à une corde qui tient elle-même au verveux.

Pendant la nuit, le poisson, circulant dans les routes qu'il est accoutumé à parcourir, ne s'en laisse pas détourner pas le filet qu'il rencontre sur son passage; poussé par l'habitude, attiré même par les vers, les os ou les morceaux de viande qu'il aperçoit ou qu'il sent, il s'engage dans le goulet, passe dans le corps du verveux par la pointe du goulet, dont il écarte les fils, comme il fait des herbes lorsqu'il en rencontre sur son passage. Une fois dans le verveux, n'étant plus guidé par les parois du goulet comme il l'a été pour entrer, il ne sait plus retrouver sa route pour sortir, et, en relevant les filets, on est certain d'y prendre tous les poissons qui s'y sont engagés : le pêcheur, en retournant le goulet, sait bien trouver le moyen de les en faire sortir.

Quelquefois, surtout dans les étangs, où aucun courant ne porte le poisson à suivre une route déterminée, on se sert de verveux à deux entrées, que l'on nomme louves, ou verveux à tambour. Ces filets se posent comme le verveux simple, et le poisson s'y prend par le même moyen; ils

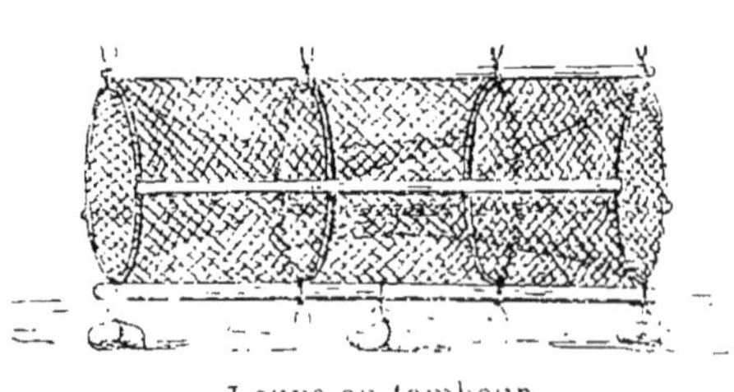
Louve ou tambour.

sont cylindriques, montés sur quatre ou cinq cerceaux maintenus solidement entre eux par quatre barres de bois longitudinales. A chacune des bases du cylindre est un goulet de mailles semblable à celui du verveux.

Le guideau.

Cet énorme engin, que dans beaucoup de localités et dans presque tous les documents législatifs on appelle *dideau*, me semble mériter beaucoup mieux le nom par lequel je le désigne, et dont l'autre n'est probablement

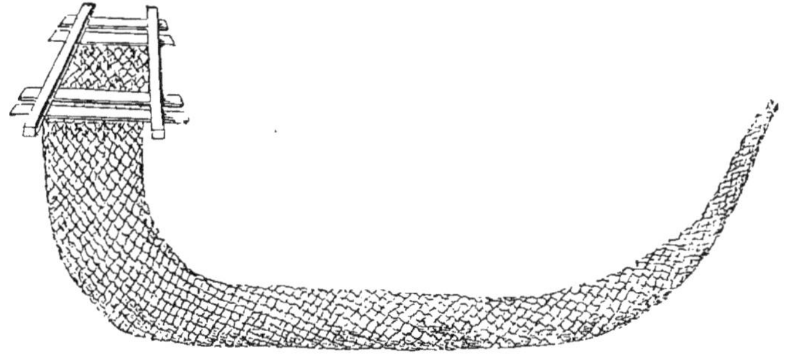

Le guideau.

qu'une corruption. Son usage est, en effet, de guider le poisson malgré lui, fatalement, dans une sorte d'abîme d'où il ne pourra plus sortir, et qui ne le rendra, la plupart du temps, au pêcheur, que meurtri et pour ainsi dire broyé par la violence du courant.

Ce n'est pas là, je me hâte de le dire, un filet à l'usage des amateurs : c'est la partie essentielle de ces pêcheries permanentes que, dans certaines localités, les hommes qui font commerce du poisson tendent au milieu du cours des fleuves et des rivières. Si jamais vous avez parcouru le chemin de fer de Paris à Rouen, qui longe la Seine dans une grande partie de son parcours, peut-être votre œil de pêcheur aura-t-il remarqué à la hauteur de

Mantes et de Vernon de longues estacades de pieux, embrassant dans leurs doubles bras, ouverts en forme de V, une partie du lit du fleuve. Vers la pointe de ce V, l'eau, resserrée par la double digue, se précipite impétueusement dans une ouverture d'un mètre ou deux de largeur. Là est placé un vaste et fort filet en forme de de longue poche ou chausse, dans lequel sont précipités les poissons qui, pour leur malheur, se sont engagés dans ce torrent factice. Une fois arrivés à l'extrémité, arrêtés par la coiffe, ils font de vains efforts pour remonter : la muraille de filet qui les enserre et les enveloppe de ses plis flottants ne leur permet pas de prendre un libre essor pour refouler le courant, et ils ne tardent pas à périr épuisés et brisés. Chaque matin l'exploitant, relevant son guideau à l'aide d'un treuil, ne manque pas de trouver une ample curée : le frai, l'alevin, tout est précipité, tout périt dans ce fatal guideau, qui pourtant est autorisé dans beaucoup d'endroits. Il est vrai que, par compensation, il est, comme je le dirai bientôt, des départements où, dans l'intérêt de la conservation du poisson, on défend la pêche à la ligne avec des mouches artificielles brillantes. O égalité devant la loi !

Les fameux filets de Saint-Cloud, et ceux qui, il n'y a pas plus de trente ans, barraient les arches du pont Notre-Dame à Paris, n'étaient que d'immenses guideaux. Il est juste de reconnaître qu'à raison de l'énorme ouverture de leurs mailles, l'on y prenait plus de corps humains noyés que de barbeaux, et même de saumons.

— —

TROISIÈME PARTIE.

DE LA PISCICULTURE.

> Nous n'avons rien inventé, nous n'avons fait que rapetasser. VOLTAIRE.

La reproduction du poisson à l'aide de moyens artificiels est une pratique fort anciennement connue, qui, perfectionnée dans ses manipulations et appliquée sur une certaine échelle, a été, dans ces derniers temps, préconisée comme une découverte récente, et désignée sous le nom de pisciculture. Je n'ai pour parler *ex professo* sur cette matière ni mission ni compétence; car je me suis beaucoup plus occupé des moyens de prendre le poisson que de la manière de le reproduire. Un écrivain plus autorisé s'est déjà chargé de faire connaître aux lecteurs de la Bibliothèque des chemins de fer l'état de cette science nouvelle et d'en décrire les procédés[1]. Je ne saurais néanmoins, dans un traité sur la pêche, passer complétement sous silence une question dont la solution peut avoir une si grande influence sur l'avenir de cet utile et agréable exercice ; j'espère donc qu'il me sera permis de présenter sur la pisciculture quelques notions générales et quelques appréciations toutes personnelles.

La fécondité des habitants des eaux est prodigieuse;

1. *La Pisciculture*, par M. Auguste Jourdier; librairie L. Hachette et Cie, 1856.

chacun de ces petits globules presque microscopiques que contiennent les ovaires des femelles, est destiné à devenir un poisson, et c'est par centaines de mille, par millions quelquefois, que l'on compte les œufs d'un seul individu. On a calculé que, si tous ces germes parvenaient à éclore et à se développer sans encombre jusqu'à l'âge adulte, au bout de cinq ou six années les profondeurs de l'Océan et les lits des fleuves et des rivières seraient comblés par cette innombrable population. Qu'on se rassure toutefois; nous n'avons, Dieu merci, pas à craindre le cataclysme diluvien qu'amènerait à sa suite cette effroyable multiplication : la sagesse du Créateur y a mis bon ordre. L'immense majorité des œufs de poisson n'arrive pas jusqu'à l'éclosion, soit à défaut de fécondation, soit à raison d'inondations qui dispersent les œufs, ou de sécheresses qui les privent de leur élément vital ; une énorme quantité de ces œufs, fécondés ou non, sert de nourriture à des légions d'oiseaux aquatiques et à une foule de poissons qui en sont singulièrement avides. Enfin, lorsque, échappant à toutes ces causes de destruction, l'œuf, gonflé par le travail embryonique, se brise et donne naissance au jeune poisson, que de périls menacent encore, de la part des mêmes ennemis, ces frêles rejetons destinés pour la plupart à périr avant d'être parvenus à un développement qui leur permette de pourvoir d'une manière suffisante à leur sûreté et à leurs besoins! Sans compter qu'arrivés à ce point, ils continuent d'être exposés à la voracité des poissons de proie, comme le brochet, la perche, l'anguille et tant d'autres. Et cependant, par une admirable pondération, tout a été réglé de telle sorte que, dans l'état naturel, malgré tant de causes de destruction, toutes les espèces subsistent et se maintiennent dans une proportion constante les unes auprès des autres.

C'est un fait, à mon avis, extrêmement remarquable, que, depuis les époques les plus reculées auxquelles il nous soit permis de remonter à l'aide de l'histoire ou de la tradition, jamais une race d'animaux n'a été complétement anéantie ou même amoindrie dans ses proportions relatives par l'action des espèces rapaces. Le brochet dévore sans cesse et sans trêve les poissons de toute sorte; le tigre et le lion déchirent les quadrupèdes; le renard détruit la perdrix sur son nid et s'empare de ses œufs; n'importe, poissons, quadrupèdes, volatiles continuent à se perpétuer, malgré la griffe et la dent de leurs ennemis. L'homme seul, ce grand destructeur, semble avoir été doué de la puissance d'abolir des races entières et de rayer certaines espèces du catalogue de la création. N'a-t-on pas vu un grand pays détruire jusqu'au dernier les loups qui peuplaient son territoire? Qu'est devenu l'aurochs, ce gigantesque ruminant de nos vieilles forêts druidiques? et le castor, jadis aussi commun sur les bords de la Seine ou de la Somme qu'il le fut, il y a trois cents ans, sur les rives du fleuve Saint-Laurent ou du lac Champlain? Le castor a cessé d'exister dans nos contrées, ou n'y est plus représenté que par quelques rares individus qui terrent encore, dit-on, sur les bords du Rhône et du Gardon, incapables désormais de produire ces merveilles architecturales qui ont fait la gloire de leur race. Dans un avenir peu éloigné, si l'on n'y met ordre, il en sera de même de la plupart des espèces de gibier, ce dont je n'ai pas à m'occuper ici, et des espèces les plus précieuses de nos poissons, ce qui me ramène au cœur de mon sujet.

Heureusement, à côté de cette puissance de destruction, privilége de la nature supérieure de l'homme, se trouve aussi, par une heureuse compensation, la puissance de multiplier, j'oserais presque dire de créer les espèces animales ; le bœuf, le chien, le cheval et une foule d'autres animaux en fournissent la preuve évidente. La pisciculture bien entendue et restreinte dans des limites rationnelles serait une nouvelle application de cette faculté quasi créatrice.

La diminution du poisson, reconnue et signalée sur tous les points, est une conséquence nécessaire du développement des forces sociales du pays. L'augmentation rapide de la population, qui a presque doublé depuis cinquante ans, a nécessairement amené une augmentation correspondante dans la consommation des denrées alimentaires et, par conséquent, du poisson. Les travaux qui, sur tous les points, ont été exécutés pour assainir le lit des cours d'eau et les rendre plus facilement navigables, ont aplani et fait disparaître ces mille accidents de terrain, ces végétations, en un mot ces encombrements de toute sorte qui servaient de retraite aux races aquatiques et favorisaient leur reproduction ; la navigation à vapeur, surtout, en labourant les eaux des fleuves, ruine les frayères, disperse les œufs et en jette des masses énormes sur le rivage, où ils se dessèchent et meurent. Toutes ces causes réunies amènent fatalement, suivant une progression pour ainsi dire géométrique, la dépopulation des eaux en France.

Il est grand temps que l'industrie humaine intervienne et répare d'un main ce qu'elle détruit de l'autre ; c'est donc, à mon sens, faire un heureux et utile emploi de la science d'observation, que de la consacrer à étudier les procédés de reproduction des poissons, et à les imiter de manière à contre-balancer les influences destructives que je viens d'indiquer. Sans m'occuper en aucune façon des questions ni des prétentions de priorité, je me contente de constater ce fait qui me paraît aujourd'hui à l'abri de toute controverse : il existe un moyen simple, infaillible, d'assurer aux œufs des poissons le contact fécondant de la laite du mâle, contact auquel, dans l'état purement naturel, mille sortes d'accidents auraient pu les soustraire. La fécondation artificielle, procurée sans mécompte et sans presque aucune dépense à des millions de germes, serait déjà, dût-on ne pas faire plus, un fait immense et rassurant pour l'avenir.

L'art a été plus loin. Abandonner au hasard les œufs fécondés, les laisser exposés à la voracité de ces mille ennemis, oiseaux ou poissons, qui s'en repaissent avec avidité, ce n'était peut-être pas assez ; des appareils peu coûteux ont été imaginés dans lesquels, imitant, autant que possible, les procédés de la nature, on a préparé, favorisé et surveillé l'éclosion. Au moment où les jeunes poissons rompent la membrane de leur prison, commencent à vivre et à se mouvoir dans leur élément, ils portent sous l'abdomen une sorte de vésicule qui, chaque jour, diminue et finit par s'oblitérer complétement au bout de quelques semaines. C'est au moyen de l'absorption interne de la substance de cette vésicule que ces petits êtres subsistent dans les premiers temps et prennent d'abord leur développement ; jusqu'à l'époque où la vésicule s'efface complétement, ils n'ont besoin d'aucune nourriture et se suffisent à eux-mêmes.

S'il m'est permis d'exprimer mon opinion en cette matière, je pense que l'intervention de l'homme ne doit pas aller au delà de ces deux phases.

N'eût-on fait, je le répète, que féconder artificiellement les œufs, on aurait déjà avancé beaucoup l'œuvre de la reproduction. Il n'y aurait alors qu'à déposer ces œufs dans des localités appropriées aux habitudes de la race qu'on veut multiplier et dans des conditions choisies de manière à les soustraire, autant que possible, aux causes extérieures de destruction. Ce but serait presque complétement atteint si l'on prenait la peine d'entourer le lieu où les œufs seraient déposés, la *frayère*, d'une légère palissade d'échalas laissant entre eux assez d'intervalle pour le passage des jeunes et pour la circulation de l'eau, mais assez serrés pour ne pas laisser passer les poissons voraces. C'est là à peu près tout ce que peuvent faire des propriétaires riverains qui n'ont ni le loisir, ni la capacité peut-être de se livrer à la pratique de l'éclosion artificielle; la plupart ne doivent pas aller plus loin, mais tous peuvent aller jusque-là. J'ajouterai qu'ils le doivent, et dans l'intérêt général, et dans leur intérêt particulier, qui n'est qu'une fraction de l'intérêt de tous. Lorsqu'on est à portée d'un cours d'eau, se procurer quelques femelles, prêtes à frayer, des meilleures espèces locales; faire sortir les œufs de leurs ovaires par une pression légère et graduée; exprimer par les mêmes moyens, dans l'eau du vase où les œufs ont été recueillis, la laite d'un ou de plusieurs mâles; aller déposer ces œufs, désormais fécondés, sur le sable ou au milieu des cailloux du ruisseau; planter quelques pieux en forme d'enceinte; ce n'est certes pas là une opération bien difficile : qu'elle se popularise cependant, et le repeuplement de nos eaux est assuré. J'ajoute, pour ceux qui ne pourraient pas facilement se procurer les sujets nécessaires pour la fécondation artificielle, que plusieurs établissements de pisciculture, et notamment le plus ancien et le plus important, celui d'Huningue, sont en mesure d'expédier chaque année, pour un prix modique, d'immenses quantités d'œufs fécondés qui supportent facilement de longs voyages.

Quant aux propriétaires que leur aisance, leurs loisirs et leurs goûts engageraient à pousser l'expérience au delà de cette première phase, quelques appareils d'éclosion décrits dans le livre spécial dont j'ai parlé, appareils peu coûteux et faciles à manœuvrer, ne tarderaient pas à les mettre en possession de myriades de jeunes sujets. Après avoir passé dans les appareils la période d'absorption de leur vésicule ombilicale, ces petits poissons, à qui le besoin de nourriture va commencer à se faire sentir, pourront être mis en liberté ; beaucoup d'entre eux périront sans doute encore sous l'influence de diverses causes : mais, déjà capables de chercher des retraites et de pourvoir à leur nourriture, ils auront passé les moments les plus critiques du premier âge ; et, quel que soit le nombre des victimes, celui des survivants sera néanmoins bien plus considérable qu'il ne l'eût été, si la nature eût été livrée à elle-même.

C'est là, selon moi, je le répète, que, dans la pratique usuelle, devrait s'arrêter l'œuvre de l'industrie reproductive. Je ne veux pas, je ne saurais raisonnablement nier, en présence des faits, qu'on ne puisse aller plus loin ; des savants ingénieux ont prouvé par des expériences, qu'il est possible, sans beaucoup de dépenses, d'élever les jeunes poissons dans des piscines et de les conduire jusqu'à un point de développement assez avancé ; mais ces opérations de laboratoire ne me semblent pas concluantes au point de vue pratique. Ces petits animaux, retenus pendant de longs mois dans des enceintes étroites, gorgés d'une nourriture animale, facile et régulière, me semblent mal préparés pour être livrés aux hasards de la vie libre et aventureuse qui leur sera donnée dans des eaux naturelles. Rendus à la liberté, sauront-ils chercher ces aliments qui jusqu'ici leur arrivaient régulièrement sous la forme d'une manne spontanée ? Comment s'accoutumeront-ils tout d'un coup à poursuivre la proie qui les fuira ? Tranquilles si longtemps dans les retraites que la main de l'homme leur avait ménagées, où auraient-ils appris à prévoir, à éviter les embûches et la poursuite de leurs ennemis ? La prévoyance et la prudence qui soutiennent et conservent l'existence de tous les êtres créés, qui les leur aurait enseignées, à eux qui n'ont jamais connu aucun besoin, ni couru aucun danger? Voyez, dans des circonstances semblables, des animaux d'une autre espèce : le lapin élevé dans un clapier, si vous le rendez à la liberté des champs et des bois, ne sait ni chercher sa pâture, ni fuir la dent du chien ou du renard; le pigeon de volière ignore, pour ainsi dire, l'usage de ces ailes puissantes qui portent si loin dans l'espace le ramier son congénère. Si vous voulez élever des truites et des saumons de clapier (qu'on me passe le mot), peut-être réussirez-vous dans une certaine mesure; mais de ces nobles espèces, vos prisonniers ne retiendront plus que l'apparence et le nom; à toutes les races sauvages l'espace et la liberté sont nécessaires pour le développement de leurs qualités essentielles. C'est dans ces conditions seulement qu'elles peuvent acquérir cette saveur et ce goût distingué qui les font rechercher comme objets d'alimentation. En appliquant aux poissons le régime de la *stabulation*, comme disent les hommes de la science nouvelle, en les nourrissant de chair de cheval broyée ou de jambon, vous amènerez peut-être, à force de peines et de dépenses, quelques individus à l'âge adulte et à un développement plus ou moins considérable; mais dans ces êtres chétifs, étiolés, dans ces produits de serre chaude, pour ainsi dire, je ne saurais consentir à reconnaître la truite qui se joue dans le tumulte des courants et des cascades, ni le saumon voyageur qui, chaque année, va se retremper dans les profondeurs de l'Océan et demander aux abîmes de la mer la vigueur nouvelle dont il aura besoin pour revenir au printemps déposer dans nos eaux l'espoir de sa race.

Une autre illusion, selon moi, de certains pisciculteurs, c'est la prétention qu'ils manifestent de multiplier les races précieuses et vagabondes dans les eaux qu'elles n'habitent pas naturellement. La truite fréquente exclusivement certaines rivières et certains ruisseaux rapides qu'elle choisit entre tous, sans que rien fasse connaître la raison de cette préférence; elle fuit surtout les grands fleuves et les rivières fréquentées; le saumon, à des habitudes encore plus exclusives, joint encore celle de passer successivement des eaux de la mer aux eaux douces et des eaux douces à la mer ; l'ombre ne se plaît que dans quelques lacs alimentés par la fonte des neiges et dans les torrents qui s'en échappent : et on nous parle de peupler de truites, de saumons et d'ombres, toutes les rivières, que dis-je ? jusqu'à ces étangs d'eaux dormantes où la carpe et la tanche se vautrent dans la vase déposée sur le fond ! On croit, parce qu'on a réussi à surprendre et à imiter les procédés de la reproduction de ces espèces d'élite, qu'il suffira de les semer n'importe sur quelle terre pour qu'elles y prospèrent et s'y reproduisent. J'ai la conviction qu'on n'y réussira jamais complétement : transportez certaines plantes alpestres dans les plaines des environs de Paris ou de la Beauce, et vous les verrez bientôt languir et mourir; essayez seulement de propager dans les taillis du bois de Boulogne la perdrix rouge dérobée à ses montagnes rocailleuses et à ses landes tapissées de bruyères, et vous verrez ce qu'elle deviendra. Comment donc espérer que, dans le lac creusé de main d'homme dont on a embelli cette promenade parisienne, dans ces eaux arrachées par la vapeur au lit de la Seine ou par la sonde aux entrailles de la terre, la tribu des salmones pourra croître et multiplier? Je crois cette œuvre impossible, et cette conviction, je la motive en quatre mots : cela est contre nature.

La domestication des races libres, je n'y crois pas; mais il est un autre résultat immense, plus important peut-être que la réalisation de cette chimère et que les études faites dans les derniers temps sur la reproduction des poissons nous donne lieu d'espérer : c'est l'acclimatation de races précieuses, étrangères jusqu'ici à nos eaux, et dont nous pouvons nous enrichir par l'éclosion d'œufs fécondés au loin, transportés par des moyens aujourd'hui si simples et si faciles. Les conquêtes de l'homme par les bienfaits de l'acclimatation sont déjà nombreuses dans le règne animal comme dans le règne végétal. Les immenses troupeaux de la race bovine que l'Amérique du Sud nourrit aujourd'hui dans ses pampas, descendent de quelques couples transportés d'Europe depuis moins de trois siècles ; les porcs qui fourmillent dans les archipels de la Polynésie sont la postérité d'un petit nombre d'individus déposés sur ces bords il y a un siècle à peine; la carpe, si commune dans nos rivières et dans nos étangs, y a été importée à une époque dont les historiens précisent la date; le cerisier, le pêcher, l'abricotier, et tant d'arbres précieux, sont des conquêtes relativement assez récentes, faites sur l'Orient par la science ou par les armes de l'Occident. Que les savants qui s'occupent de la pisciculture mettent à contribution le Volga, le Danube, le Dniéper, l'Elbe ; que les plus nobles poissons de ces fleuves soient apportés à l'état de germes ; qu'on les dépose dans nos rivières, dans nos lacs et dans nos étangs, avec des conditions similaires à celles de leurs eaux natales : je ne doute pas que, pour plusieurs espèces, ces tentatives ne soient couronnées de succès, comme l'a été, à d'autres époques, l'importation des coqs d'Inde et des pintades. Déjà des essais qui promettent, dit-on, de réussir ont été faits pour l'acclimatation du Silure Glanis, ce géant des rivières d'Allemagne et de Hongrie, qui atteint quelquefois un poids de 100 à 150 kilogr., et que l'on a surnommé la baleine des rivières et des lacs ; reste à savoir si ce poisson, qui habite la vase, qui se nourrit de proie, et dont la chair, assez agréable au goût, est visqueuse et mollasse, serait pour la France une bien précieuse conquête.

Je me résume, et, pour formuler en quelques lignes mon opinion sur la pisciculture, je dis :

1° La fécondation artificielle, suivie du dépôt des œufs dans des frayères préparées de main d'homme, est une excellente pratique qu'on doit désirer voir se généraliser [1].

2° L'éclosion dans des vases ou des boîtes promet, avec plus de difficultés il est vrai, des résultats encore plus certains.

3° La stabulation ou la méthode qui consiste à retenir et à nourrir pendant un certain temps les jeunes poissons dans des piscines avant de leur donner la liberté, me paraît une méthode dangereuse, parce qu'elle peut avoir pour effet d'empêcher de se développer en eux les instincts d'alimentation et de conservation individuelle qui leur seront nécessaires lorsqu'ils seront rendus à la vie sauvage.

4° La domestication des espèces libres, et surtout des salmones, est, à mon avis, une impossibilité ou, tout au moins, une fâcheuse dénaturation.

5° Enfin l'importation et l'acclimatation des races étrangères, au moyen d'œufs fécondés et déposés dans des localités appropriées, sont un précieux moyen de conquête destiné, selon toute apparence, à enrichir les eaux françaises d'espèces qui y ont été inconnues jusqu'ici.

1. Voy. au *Moniteur* du 16 mars 1856, p. 302, un très-intéressant rapport de M. l'inspecteur Millet, sur les essais pratiqués par lui, dans cette limite, depuis plusieurs années, à la gare de Choisy, près Paris.

QUATRIÈME PARTIE.

LÉGISLATION

ET RÈGLEMENTS RELATIFS A L'EXERCICE DE LA PÊCHE.

Dans l'état de civilisation, il n'existe pas de droits absolus ; en vertu d'une convention tacite et sous-entendue, mais essentielle à l'existence des sociétés humaines, aucun des membres de la communauté ne peut étendre sa sphère d'action au delà du point précis ou l'action de l'individu nuirait à l'exercice de l'activité de ses coassociés. La liberté de tous n'est que la somme des restrictions imposées par la société à la liberté de chacun ; si la liberté que vous prenez gêne, de près ou de loin, la liberté que je voudrais ou que je pourrais vouloir prendre, l'égalité des droits cesse d'exister et la tyrannie commence.

Pour appliquer à mon sujet ces aphorismes un peu métaphysiques, mais incontestables, je supposerai qu'un pêcheur se soit aperçu le premier que les poissons, dans la saison du frai, dominés par l'instinct de la reproduction, s'occupent presque exclusivement de rechercher et de préparer des asiles sûrs et commodes où leur progéniture puisse naître et grandir ; notre observateur, profitant sans pitié de ces imprudences de la passion, n'aura pas grand'peine à faire une ample récolte de poissons amoureux. Il est vrai que pour sa propre satisfaction, et pour faire, par parenthèse, une assez piètre chère, car l'amour fait aussi maigrir les poissons, il aura étouffé dans leurs germes des millions d'œufs qui, quelques jours plus tard, auraient peuplé le fleuve d'innombrables légions; mais que lui importe? n'y en aura-t-il pas toujours assez pour lui?

Un autre, véritable Attila des eaux, aura imaginé, à l'aide de digues et de batardeaux, de détourner un bras de rivière pour s'emparer des poissons laissés à sec sur le sable; au moyen de digues ou de grilles, il aura circonscrit dans une enceinte donnée la circulation des habitants d'un cours d'eau, interdisant la communication et la remonte des espèces voyageuses ainsi confisquées à son profit; ou bien encore, employant des filets à mailles imperceptibles, il aura balayé les fonds et ramassé pêle-mêle gros et petits, vieux et jeunes poissons; le présent et l'avenir auront été enveloppés dans une commune destruction. Mille autre procédés non moins ruineux, non moins sommaires, auront été employés dans l'âge d'or du braconnage aquatique. Mais la dépopulation arrivait à grands pas, et les pouvoirs publics ne pouvaient, sans manquer à leur mission conservatrice, tolérer longtemps ce gaspillage d'un des éléments de la richesse du pays. De là les lois intervenues aux époques les plus anciennes pour régler l'exercice du droit de pêche. Toutes ces lois, sans exception, ont attaqué le mal à la racine même, en s'attachant principalement à deux points importants : prohiber la pêche en temps de frai; interdire l'exercice des procédés et des engins les plus destructeurs, et surtout des filets dont les mailles trop étroites ne permettraient pas aux trop jeunes poissons de s'échapper par leurs ouvertures. Je n'ai pas entrepris d'écrire un traité historique et rétrospectif du droit de pêche; je n'ai donc pas à remonter aux origines de la jurisprudence en cette matière : il me suffira d'exposer, et encore d'une façon analytique et sommaire, l'état de la législation existante, législation que nous tous pêcheurs sommes tenus de connaître et de respecter. Qu'il me soit permis de dire seulement que l'ordonnance de 1669 était déjà un excellent code de la pêche, et que les dispositions les plus importantes de cette loi ont été reproduites dans la législation nouvelle.

Mais, depuis cette ordonnance, diverses dispositions législatives étaient intervenues : à la suite de la révolution de 1789, plusieurs des prescriptions antérieures étaient devenues inapplicables, à raison des changements survenus dans l'organisation politique du pays. Des décisions émanées des pouvoirs du temps avaient essayé de combler ces lacunes et de mettre un terme au désordre qui s'était manifesté dans l'exercice de la pêche comme dans toutes les branches de l'administration. Mais ces décisions, presque toujours incomplètes, quelquefois contradictoires, avaient plutôt aggravé le mal qu'elles ne l'avaient prévenu ou réprimé. Le besoin d'une législation unitaire et complète se faisait sentir ; la loi du 15 avril 1829 fut votée. On verra tout à l'heure si elle a complétement atteint le but que ses auteurs se sont proposé.

Cette loi statue sur deux questions principales : 1° sur une question de propriété, celle de savoir à qui appartient le droit de pêche : c'est ce qu'on appelle le règlement du domaine des eaux ; 2° sur une question de haute police sociale, la réglementation de l'exercice de la pêche dans l'intérêt de la conservation des espèces.

L'article 1er pose ou plutôt proclame le principe déjà établi par nos lois civiles sur la propriété des eaux. Dans certains cours d'eau reconnus appartenir au domaine public et dans leurs dépendances, la pêche appartient à l'État. Cette catégorie comprend les fleuves, rivières, canaux et contre-fossés navigables ou flottables avec bateaux, trains ou radeaux, et dont l'entretien est à la charge de l'État ou de ses ayants cause; les bras, noues, boires ou fossés qui tirent leurs eaux des fleuves et rivières navigables ou flottables, dans lesquels on peut en tout temps passer ou pénétrer librement en bateau de pêcheur, et dont l'entretien est également à la charge de l'État. Sont toutefois exceptés les canaux ou fossés existants ou qui seraient creusés dans les propriétés particulières et entretenus aux frais des propriétaires.

Dans cette nomenclature, on remarquera que la désignation de rivières flottables a été entourée de certaines restrictions. Il en résulte que les dispositions de cette partie de l'article 1er ne s'appliquent pas aux petites rivières ou aux ruisseaux au courant desquels les exploitants des forêts confient souvent le bois de leurs coupes pour le faire arriver à bûches perdues jusqu'au lit des grandes rivières. Là les bois sont assemblés en trains ou radeaux, et c'est à partir de ce moment que les cours d'eau sur lesquels ils voyagent en cet état prennent le nom de flottables dans le sens légal. Dans toutes les rivières et canaux autres que ceux qui viennent d'être désignés, les propriétaires riverains ont, chacun de son côté, le droit de pêche jusqu'au milieu du cours de l'eau, sans préjudice des droits contraires établis par possession ou titres.

Relativement à cette dernière catégorie, j'aurai peu d'explications à donner. Du moment où il s'agit de propriétés privées, il est évident que nul ne peut, sans le consentement du propriétaire, s'y livrer à aucune espèce de pêche; l'accès même de la rivière est interdit, puisque pour y arriver il faudrait passer sur le terrain d'autrui. Sur la réquisition du propriétaire, tous agents de police judiciaire seraient tenus de dresser procès-verbal du fait ; la constatation en peut être faite par témoins ; les propriétaires ont enfin droit de commissionner des gardes particuliers à l'effet de surveiller leurs eaux. Quant aux pénalités que peut entraîner la violation de ces dispositions, ceux qui seraient curieux de les connaître et de s'instruire à l'avance de ce qu'il pourrait leur en coûter pour violer le droit d'autrui, trouveront dans la loi même tous les détails qu'ils pourront souhaiter. Je me bornerai, pour mon compte, à indiquer ce qui est défendu et ce qui est permis ; les lecteurs auxquels je m'adresse ne sont pas de ceux à qui l'épouvantail de la police correctionnelle est nécessaire pour les engager à respecter la loi.

Ainsi, voilà qui est bien entendu, en droit strict, dans tous cours d'eau autres que ceux du domaine public, interdiction absolue du droit de pêcher pour quiconque n'est pas le propriétaire ou n'a pas une permission de ce dernier. Je dois dire cependant que, dans presque toutes les localités, la plus grande tolérance règne à cet égard. Presque nulle part on ne songerait à expulser un honnête pêcheur qui, après la récolte des foins, alors qu'il n'y a plus de danger pour l'herbe des prairies, viendrait jeter sa ligne dans une petite rivière ou dans un ruisseau. J'en excepte cependant la Normandie : la population y est si pressée, les habitants y sont d'ailleurs si jaloux de leurs droits, qu'ils gardent leurs eaux comme le dragon gardait le jardin des Hespérides ; ils les enclosent, les ferment à clef et les mettraient volontiers en bouteilles. Quelle déconvenue pour moi, la première fois que j'ai voulu essayer de piquer une truite dans ces rivières bénies qu'on appelle l'Epte, l'Andelle, l'Iton ou la Rille! Sur presque tous les points de la France, dans les lacs d'Auvergne, aux sources de la Dordogne, dans la Sioule, dans les ruisseaux des Vosges, dans les affluents de la Meuse, dans la Cure, dans la Vanne, dans le Blavet, j'avais pu en liberté faire voltiger mes insectes artificiels ; si quelquefois le propriétaire intervenait, c'était pour applaudir à mes succès et pour admirer ce procédé inconnu qui lui semblait tenir de la diablerie. Mais dans le département de l'Eure ou de la Seine-Inférieure, nenni da ! les choses ne vont pas ainsi. Un jour, repoussé des deux rives de la jolie rivière d'Austreberte, je m'étais établi sur un pont, portion de la voie publique dont personne ne pouvait du moins revendiquer la propriété. Ce fut bien pis encore ; en un instant j'eus sur les bras les deux propriétaires de la rive droite et de la rive gauche en amont, et les deux propriétaires d'aval ; force me fut d'interrompre ma pêche, sous peine d'être tiré à quatre.... propriétaires. Je me hâte d'ajouter que ces mêmes cerbères, si vigilants et si jaloux, deviennent les plus empressés et les plus hospitaliers des hommes, pour peu que vous leur soyez recommandé le moins du monde ; il suffit même souvent de vous présenter préalablement à eux et de solliciter une permission avec cette politesse et cette aisance de bonne compagnie dont vous êtes, cher lecteur, abondamment pourvu, j'en suis certain. A preuve que le soir même de l'aventure dont je vous parlais tout à l'heure, mes quatre dragons, après une pêche heureuse faite avec leur permission, faillirent encore une fois me mettre en pièces en se disputant à qui m'offrirait à souper, offre que je fus obligé de décliner pour ne pas me faire d'un seul coup trois ennemis mortels.

Les caractères auxquels on peut distinguer les eaux dépendant du domaine public de celles qui appartiennent au domaine privé ont été nettement posés dans l'article 1er de la loi ; néanmoins, et sur une matière aussi grave, puisqu'il s'agit d'un droit de propriété, le législateur n'a pas voulu qu'il restât de malentendu, et il a édicté (art. 2), que des ordonnances royales (aujourd'hui des décrets), insérées au *Bulletin des Lois*, détermineraient les parties des fleuves et rivières ainsi que les canaux où le droit de pêche serait exercé au profit de l'État. En exécution de cet article, il a été rendu, le 10 juillet 1835, une ordonnance à laquelle est annexé le tableau, par département, des parties de fleuves et rivières et des canaux navigables ou flottables en trains, sur lesquels la pêche est exercée au profit de l'État. En cas de discussion sur les limites, chacun pourra en trouver dans ce document l'indication exacte et précise.

L'État, comme on le comprend facilement, ne peut pas exercer directement le droit de pêche qui lui appartient sur les eaux du domaine public; il n'en peut jouir que par des tiers à qui il concède, à prix d'argent et au profit du Trésor public, l'exercice de ce droit. A cet effet, le cours des fleuves, rivières et canaux, est divisé en tronçons ou portions d'une certaine étendue qu'on appelle cantonnements, et qui ont ordinairement cinq ou six kilomètres de longueur. Ces cantonnements sont adjugés pour un certain nombre d'années, par la voie des enchères, au plus offrant et dernier enchérisseur. Dans le cas où, à défaut de concurrence, les enchères ne pourraient pas s'établir, l'administration est autorisée à traiter de gré à gré; c'est ce qu'on appelle concession *par licence*.

L'adjudicataire ou le concessionnaire par licence a seul l'autorisation d'exercer le droit de pêche dans l'étendue du cantonnement, en se conformant, bien entendu, à toutes les règles prescrites pour la conservation des espèces, règles dont je parlerai tout à l'heure. Il peut concéder à des tiers, toujours sous les mêmes réserves, l'exercice de tout ou partie de ce droit. Dans les localités très-peuplées et où le goût de la pêche est très-répandu, à Paris, par exemple, ces rétrocessions partielles, qu'on appelle aussi *licences*, ne sont pas la moindre partie des revenus du fermier de la pêche.

Lorsque je dis que l'adjudicataire de la pêche a seul le droit de pêcher par lui ou par ses cessionnaires dans l'étendue de son cantonnement, je dois immédiatement parler d'une exception que la loi, conformément aux plus anciennes traditions, a faite au profit des pêcheurs à la ligne : aux termes de l'article 5, il est permis à tout individu de pêcher *à la ligne flottante tenue à la main* dans les eaux du domaine public. Ainsi, pour la pêche au filet, pour la pêche aux jeux, à la ligne de fond, à soutenir, pour les lignes dormantes posées sur des fourchettes, comme cela se pratique pour la carpe, il faut s'en abstenir, si l'on n'est adjudicataire ou porteur d'une licence concédée directement par l'administration, ou de gré à gré par l'adjudicataire ; la ligne à la mouche artificielle, la ligne avec flotte ou à fouetter, la ligne volante, enfin, sont parfaitement permises. Et, en vérité, ces divers procédés étaient bien dignes de cette faveur spéciale. Lorsqu'on sait s'en servir, ils donnent assurément des résultats qui ne sont pas méprisables ; mais ce sont toujours des résultats d'artistes ou d'amateurs, jamais des produits de spéculation. Ces lignes ont d'ailleurs un grand avantage : c'est qu'elles ne bouleversent pas les fonds comme la plupart des filets, qui, en labourant le sable et la vase, détruisent les frayères, dispersent les œufs et écrasent l'alevin ; elles exigent enfin une action permanente et individuelle. Un pêcheur ne peut manœuvrer qu'une seule ligne, et les moyens de destruction ne se multiplient pas sous sa main, comme il arrive pour les lignes de fond, dont un seul homme peut jeter et surveiller une douzaine, ou pour ces longues traînées qui comptent quelquefois jusqu'à 500 hameçons.

Les dispositions de la loi en faveur des pêcheurs à la ligne paraissent bien claires et bien intelligibles. Tout le monde comprend ce que c'est qu'une ligne flottante tenue à la main; croirait-on, cependant, que certains fermiers de pêche ont vu là matière à difficultés ? Je connais des départements où encore, à l'heure qu'il est, MM. les pêcheurs de profession ont la prétention de prohiber l'emploi des lignes garnies de quelque quantité de plomb que ce soit; j'en ai même rencontré qui, interprétant à leur façon certaines dispositions sur les amorces vives, prétendent prohiber le grillon, le hanneton, la sauterelle, le ver rouge et même l'asticot, sous prétexte que ces estimables insectes, n'étant pas morts lorsqu'on les attache à l'hameçon, constituent une amorce vive. Entendue de cette façon, la bienfaisante réserve faite par la loi au profit des pêcheurs à la ligne se réduirait à la permission de faire flotter sur l'eau un hameçon garni d'une boulette de pain; car si ces messieurs n'ont pas compris dans leurs prohibitions la mouche artificielle, c'est qu'ils ne la connaissaient pas.

A Paris même, il s'est rencontré, il y a peu d'années encore, un fermier de pêche qui a élevé la première de ces prétentions et qui voulait, à toute force, faire des procès à quiconque avait attaché à sa ligne, fût-ce un centigramme de plomb. L'administration forestière a fait cause commune avec lui. Bien plus, dans ce grand centre des lumières et de la civilisation, il s'est trouvé un tribunal qui a donné gain de cause à ce système, et il n'a pas fallu moins que l'intervention des sept conseillers de la Cour supérieure pour décider qu'une ligne qui flotte dans toutes ses parties est une ligne flottante. La chose mérite d'être racontée, et l'arrêt solennel rendu à cette occasion est bon à noter pour être opposé à certaines prétentions qui subsistent encore en province.

Depuis quelque temps, les gardes-pêche de Paris surveillaient sérieusement les pêcheurs ; si la moindre parcelle de plomb était attachée à leur ligne, ils étaient traduits devant la police correctionnelle comme ayant fait usage d'une ligne de fond, et invariablement condamnés à l'amende de 5 francs, plus les frais, total 15 ou 20 francs. Un fabricant d'ustensiles de pêche, inquiet pour l'avenir de son industrie, résolut de se dévouer pour conjurer les suites de cette persécution, et, nouveau Curtius, de se précipiter, s'il le fallait, dans le gouffre sans cesse ouvert sous les pas de ses clients. Il avertit donc le fermier de la pêche que tel jour, à telle heure, on le trouverait sur un point désigné, pêchant avec une ligne flottante garnie de plomb. Exact au rendez-vous, un garde-pêche se présenta, et, à la date du 17 février 1851, dressa un procès-verbal constatant le prétendu délit commis à l'aide d'une ligne à flotteur garnie de deux grains de plomb n° 4 (j'aurais préféré du plomb laminé, j'ai dit ailleurs pourquoi). Assignation en police correctionnelle et jugement qui condamne le pêcheur à 20 francs d'amende, à 5 francs de dommages-intérêts et aux dépens. Les motifs de ce jugement sont curieux ; ils sont ainsi conçus :

Attendu que la loi n'ayant point défini la nature de la ligne flottante, il appartient aux tribunaux de l'apprécier :

Qu'il est évident que le législateur n'a voulu permettre l'exercice de la pêche à la ligne qu'autant qu'il n'en résulterait *aucun* préjudice pour l'adjudicataire de la pêche ; qu'ainsi on ne doit entendre par ligne flottante que celle dont l'hameçon reste à la surface de l'eau, sans être entraîné vers le fond de la rivière par un poids quelconque ; que, dans l'espèce, la ligne saisie est garnie de deux grains de plomb n° 4 et armée de deux hameçons, et ne peut être considérée comme une ligne flottante, par ce motif que l'addition de deux grains de plomb n° 4 devait la faire plonger dans la partie inférieure de la rivière; qu'ainsi la ligne dont s'est servi Moriceau est une ligne prohibée.

Voilà qui est du dernier naïf; selon le tribunal, l'exercice de la ligne n'a été permis par le législateur qu'autant qu'il n'en résulterait *aucun* préjudice pour l'adjudicataire de la pêche : c'est-à-dire, apparemment, qu'à la condition de ne pouvoir prendre *aucun* poisson; car ne prît-on qu'une ablette, encore est-il que ce serait une ablette de moins dans la rivière et, par conséquent, un préjudice d'autant pour le fermier.

Heureusement la Cour d'appel de Paris a été mieux inspirée; par arrêt du 20 mai 1851, elle a déchargé l'appelant des condamnations contre lui prononcées, et a condamné l'administration forestière et le fermier de la pêche en tous les dépens. Je ne puis résister au désir de reproduire en leur entier les motifs de cet arrêt, malgré leur étendue; ils statuent non-seulement par voie d'autorité, mais par voie de raison, sur une difficulté que le texte de la loi ne semblait pas d'abord rendre possible. Cet arrêt est le lumineux et irréfutable commentaire de l'article 5 de la loi de 1829; il devient, en quelque sorte, la charte du pêcheur à la ligne.

Considérant qu'aux termes de l'art. 5, alinéa 2, de la loi du 15 avril 1829 sur la pêche fluviale, il a été permis à tout individu de pêcher à la ligne flottante tenue à la main, dans les fleuves, rivières, canaux et fossés navigables ou flottables, dont l'entretien est à la charge de l'État ou de ses ayants cause;

Que cet article n'a fait que reproduire, en cette partie, les dispositions des anciennes ordonnances et des lois et arrêtés qui permettaient l'usage de la ligne flottante tenue à la main;

Qu'en droit, et en l'absence de toute définition légale de la ligne flottante, les tribunaux doivent se décider par le sens naturel des mots employés par le législateur, par le sens donné à ces mots par un usage constant, et par les conséquences du sens adopté, qui doivent être en harmonie avec l'esprit général des lois sur la pêche;

Considérant que, dans leur sens naturel, les mots de *ligne flottante* indiquent une ligne que le mouvement seul de l'eau rend mobile et fugitive, et qu'il faut que le pêcheur ramène sans cesse à lui; qu'un usage constant a consacré cette interprétation;

Qu'il n'est résulté de l'usage de la ligne flottante ainsi définie aucune conséquence de nature à faire croire que l'intention du législateur a été de la prohiber, soit dans un intérêt d'ordre public, soit dans l'intérêt des fermiers de la pêche, lorsqu'elle serait garnie de quelques plombs ajoutés au poids de l'hameçon pour le maintenir perpendiculairement au liége ou flotteur indicateur, à une profondeur déterminée;

Qu'il suffit, pour que la ligne ne cesse pas d'être flottante, qu'elle soit constamment soumise au mouvement du flot et du courant de l'eau, et, par conséquent, que l'appât ne repose pas au fond et n'y reste pas immobile;

Que la loi exige seulement que le pêcheur tienne à la main la canne destinée à rejeter la ligne en amont toutes les fois que le courant la fait flotter en aval à une trop grande distance; que décider qu'une ligne n'est flottante que lorsqu'elle ne flotte qu'à la superficie de l'eau par le seul poids de l'hameçon, serait donner un sens restrictif aux expressions de l'art. 5 ci-dessus, et rendre illusoire la permission de pêcher à la ligne flottante résultant dudit article;

Que les fermiers de la pêche ne seraient pas fondés à se plaindre du préjudice qu'ils pourraient en éprouver, puisqu'il ne s'agit que de l'application d'une disposition légale qu'ils n'ont pas pu ignorer, et qu'ils se sont soumis dès lors à cette condition en se rendant adjudicataires de la pêche;

Considérant en fait que, le 17 février dernier, Moriceau a été trouvé pêchant à la ligne tenue à la main, dans le dix-huitième canton de la pêche, sur la rivière de Seine;

Que s'il résulte du procès-verbal régulièrement dressé ledit jour, et des aveux même de Moriceau, que la ligne avec laquelle il pêchait était armée de deux hameçons et garnie de deux grains de plomb n° 4 destinés à faire plonger la ligne dans la partie inférieure de la rivière, ce poids ne pouvait suffire pour empêcher la ligne de flotter dans le courant, et que le contraire n'est pas même allégué;

Que dès lors, et par les motifs ci-dessus déduits, la ligne dont s'est servi Moriceau devant être considérée comme flottante, la prévention n'est pas établie, etc.

Réglementation de l'exercice de la pêche dans l'intérêt de la conservation des espèces.

En réglementant la pêche au point de vue de la propriété, la loi a dû soigneusement distinguer entre les eaux du domaine public et les eaux du domaine privé; mais, au point de vue de la police de conservation, elle a dû, sous peine de rester inefficace, atteindre tous les cours d'eau, soit qu'ils appartiennent à l'État, soit qu'ils appartiennent à des particuliers. En effet, toutes les eaux courantes, depuis le ruisseau jusqu'au fleuve, font partie d'un seul et même système; il n'est pas un filet d'eau vive qui, de proche en proche, coulant du ruisseau à la rivière et de la rivière au fleuve, ne finisse par communiquer avec la mer, ce grand réservoir commun. Un mouvement de va-et-vient perpétuel s'établit de la mer aux sources les plus reculées des cours d'eau; de nombreuses espèces de poissons, et en général les plus précieuses, quittent l'Océan à des époques fixes, et, remontant les rivières, vont frayer dans les ruisseaux les plus éloignés et redescendent avec leur progéniture après un voyage de quelques mois. C'est avec raison que l'on a comparé la circulation des eaux dans un pays à la circulation du sang dans les espèces animales : la mer envoie les eaux sous forme de vapeurs sur toutes les contrées environnantes; ces vapeurs, se résolvant en pluie, vont alimenter les ruisseaux, les rivières et les fleuves qui, par une circulation plus ou moins directe, plus ou moins rapide, reportent sans cesse à la mer le trop-plein de leur lit. Il est évident que l'échange de populations aquatiques, qui s'opère continuellement du centre à tous les points de la circonférence, serait troublé d'une manière fâcheuse si l'ensemble de ce grand mouvement n'était pas protégé par des lois uniformes, si, sous prétexte d'exercer leur droit de propriété, quelques-uns pouvaient confisquer à leur profit ce qui appartient à tous. De là cette double conséquence : 1° toutes les eaux courantes, sans distinction, sont soumises aux règles établies pour la conservation des espèces aquatiques; 2° doivent être exceptés de ces dispositions les étangs ou réservoirs, les fossés et les canaux appartenant à des particuliers et dont les eaux ne communiquent pas avec les rivières. L'article 30 de la loi de 1829 a prononcé, en effet, cette exception; je n'aurai donc plus à m'en occuper.

Deux mesures générales relatives à la police des eaux sont directement édictées par la loi du 15 avril 1829. L'article 24 interdit de placer dans les cours d'eau de toute nature aucun barrage, appareil ou établissement quelconque de pêcherie, ayant pour objet d'empêcher entièrement le passage du poisson. L'article 25 punit d'une amende de 30 à 300 fr., et d'un emprisonnement d'un mois à trois mois, quiconque aura jeté dans les eaux des drogues ou appâts de nature à enivrer le poisson ou à le détruire. La première de ces dispositions est un corollaire indispensable du principe de la libre communication du poisson dans les caux courantes; il n'y a donc pas là matière à observation : je dirai seulement qu'il ne m'est pas parfaitement démontré que la loi, sur ce point, soit partout régulièrement exécutée. Quant à ces empoisonneurs publics qui se livreraient encore aujourd'hui à cette vieille pratique de l'emploi des drogues enivrantes, que nous trouvons indiquée comme une gentillesse toute naturelle dans certains vieux livres de pêche; quant à ces hommes qui, pour se procurer quelques poissons, ne craindraient pas de détruire toute la population aquatique d'un canton, si j'ai une opinion à exprimer à leur égard, c'est que la loi dont j'ai tout exprès rappelé les pénalités est encore trop douce et trop indulgente pour leur stupide et impardonnable méfait.

En dehors des deux points que je viens de rappeler et sur lesquels la loi a statué par les articles 24 et 25, si l'on recherche quelles sont les causes qui peuvent s'opposer d'une manière trop absolue à la conservation et à la reproduction du poisson, on trouve en première ligne la pratique de la pêche en temps de frai.

A l'époque de la reproduction, je l'ai déjà dit, le poisson est plus facile à prendre qu'en tout autre temps, et, de plus, chaque femelle détruite voit s'anéantir avec elle des milliers et quelquefois des millions de germes prêts à éclore. Aussi depuis longtemps a-t-on prohibé la pêche en temps de frai; l'ordonnance de 1669 contenait, à cet égard, des dispositions précises et sévères. Mais c'est justement de la précision de ces prescriptions que sont résultés de graves inconvénients. En effet, le frai des poissons est avancé ou retardé suivant la température habituelle de chaque localité; le soleil échauffe les eaux et fait éclore les œufs dans le département des Bouches-du-Rhône, par exemple, bien avant l'époque où les mêmes effets se produisent dans le département du Nord; des dispositions unitaires sur la fixation des temps de frai auraient donc pour résultat de manquer leur but, soit pour l'une, soit pour l'autre de ces localités. On se trouvait, à cet égard, dans la même situation que pour la fixation de l'ouverture de la chasse, et il était nécessaire, pour l'un comme pour l'autre cas, de statuer par voie de règlements locaux. Il y avait lieu de procéder de même, et par les mêmes raisons, pour la fixation des temps et heures pendant lesquels la pêche pourrait être considérée comme trop destructive.

Certains procédés peuvent être préjudiciables à raison de leur mode d'action ou de la trop grande facilité de leur emploi ; mais le nombre de ces procédés est fort grand; ils varient et surtout ils changent de nom suivant les habitudes locales : en essayant de les prévoir tous, la loi risquait de tomber dans une prolixité en dehors de son caractère, et surtout de commettre de fâcheuses omissions ; il y avait donc de justes raisons pour déléguer au domaine des ordonnances la désignation de ces procédés.

Il est des filets, engins et instruments, qui, par la puissance de leur action, sont de nature à détruire le poisson d'une manière trop complète : de ce nombre sont principalement ceux qui bouleversent les fonds, écrasent les jeunes sujets et font déserter aux adultes les retraites où ils se mettent à l'abri de leurs ennemis ; à cet égard encore, même raison de procéder.

Plus spécialement, la contexture trop serrée des filets arrête les poissons non encore parvenus à un développement suffisant, et détruisent, pour ainsi dire en herbe, des individus destinés à acquérir une forte taille et à fournir de précieuses ressources alimentaires. Il fallait, comme l'avait fait l'ordonnance de 1669, fixer la dimension des mailles des filets. Le législateur l'aurait pu faire; il a cependant agi sagement en remettant ce soin à une ordonnance royale qui, préparée avec une plus complète appréciation des détails, pouvait d'ailleurs être plus facilement modifiée qu'une loi, en cas d'erreur ou d'omission.

Enfin, du moment où l'on reconnaissait la nécessité de respecter dans leurs premiers développements les sujets appartenant à de grandes espèces ; du moment où on les protégeait par la fixation des dimensions du tissu des filets, le législateur aurait été imprévoyant s'il eût oublié de dire que, dans le cas ou un pêcheur viendrait à prendre, par un procédé quelconque, des poissons de ces espèces au-dessous d'une certaine taille, il serait obligé de les rejeter dans leur élément. C'était, à leur égard, l'application de cette maxime très-peu neuve, sans doute, mais très-consolante :

Petit poisson deviendra grand,
Pourvu que Dieu lui prête vie.

Par la même raison, il y avait lieu d'empêcher qu'on ne se servît, pour appâter d'autres poissons, de ces jeunes individus dont la loi voulait protéger l'existence dans un intérêt d'avenir bien entendu.

Pour ces deux derniers cas encore, à raison surtout de la nomenclature un peu compliquée et des nombreuses synonymies qui existent, suivant les localités, pour la désignation des espèces, il y avait lieu de renvoyer ce détail au domaine de l'ordonnance.

C'est ce qu'a fait, fort sagement à mon avis, l'article 26 de la loi de 1829, dont voici le texte :

Des ordonnances royales détermineront :

1° Les temps, saisons et heures pendant lesquels la pêche sera interdite dans les rivières et cours d'eau quelconques;

2° Les procédés et modes de pêche qui, étant de nature à nuire au repeuplement des rivières, devront être prohibés;

3° Les filets, engins et instruments de pêche qui seront défendus comme étant aussi de nature à nuire au repeuplement des rivières;

4° Les dimensions de ceux dont l'usage sera permis dans les divers départements pour la pêche des différentes espèces de poissons;

5° Les dimensions au-dessous desquelles les poissons de certaines espèces qui seront désignées ne pourront être pêchés, et devront être rejetés en rivière;

6° Les espèces de poissons avec lesquels il sera défendu d'appâter les hameçons, nasses, filets ou autres engins.

En vertu de cette délégation de pouvoir, tous les règlements départementaux ont statué en ce qui concerne les paragraphes 5 et 6 de l'article 26; ils décident que les truites, ombres, lamprillons, barbeaux, brèmes, carpes, brochets et chevesnes ayant moins de 162 millimètres de longueur, que les tanches, perches, gardons, lottes et vandoises ayant moins de 135 millimètres, devront être rejetés en rivière et ne pourront servir à appâter les hameçons, nasses, filets et autres engins. La longueur doit être mesurée entre l'œil et la naissance de la nageoire de la queue. Les anguilles ayant moins de 27 millimètres de tour au milieu du corps sont comprises dans la même prohibition. Tout pêcheur peut se servir, pour appâter, des poissons de petite espèce, tels que goujons, ablettes, vérons, épinoches. Je ne saurais trop recommander aux pêcheurs à la ligne, surtout lorsqu'ils exercent dans les cours d'eau du domaine public, de respecter la prohibition dont il est question ci-dessus. C'est ordinairement à cette occasion que les fermiers de la pêche prennent leur revanche de l'immunité que la loi a accordée à la ligne flottante; pour peu que, dans le panier d'un pêcheur, le garde-pêche, dont l'article 32 de la loi oblige à souffrir la visite, trouve un gardon ou une vandoise au-dessous du minimum fixé par l'ordonnance, il verbalise sans pitié, et gare à qui n'a pas eu, comme on dit, le compas dans l'œil!

En ce qui touche les quatre premiers paragraphes de l'article 26, il est intervenu une ordonnance en date du 15 novembre 1830, mais elle ne statue d'une manière définitive que sur le troisième et sur le quatrième. Par son article 1er, elle prohibe d'abord les filets traînants, ce qui semblerait interdire complétement l'usage de la senne et même du gille ; je dois dire cependant que, dans la pratique, la senne et le gille sont tous les jours employés, mais les plombs dont ils sont garnis, et qui doivent les maintenir dans une position verticale en faisant contre-poids aux flottes qui soutiennent la partie supérieure au-dessus de l'eau, ne doivent pas être assez pesants pour que la partie inférieure du filet porte tout entière sur le fond et ravage le sable et la vase. Pour vérifier cette juste pondération du filet, comme aussi pour constater que les mailles n'excèdent pas les dimensions dont il va être parlé, la loi, dans son article 32, donne une garantie à la surveillance administrative, en interdisant l'usage de tout filet ou engin qui n'aurait pas été plombé ou marqué par les agents de l'administration de la police de la pêche. Quant aux dimensions des mailles des filets, elles sont fixées ainsi qu'il suit : 1° Sont prohibés les filets dont les mailles carrées sans accrues, et non tirées en losange, auraient moins de 30 millimètres de chaque côté après que le filet aura séjourné dans l'eau. 2° Sont également prohibés les bires, nasses et autres engins dont les verges en osier seraient écartées entre elles de moins de 30 millimètres. 3° Sont néanmoins autorisés pour la pêche des goujons, ablettes, loches, vérons, vandoises et autres poissons de petite espèce, les filets dont les mailles auront 15 millimètres de largeur, et les nasses d'osier et autres engins dont les baguettes ou verges seront écartées de 15 millimètres. Les pêcheurs auront aussi la facilité de se servir de toute espèce de nasse en jonc à jour, quel que soit l'écartement de leurs verges. Enfin une ordonnance du 28 février 1842 a modifié en partie ces dernières dimensions, et, pour la pêche des ablettes seulement, a autorisé l'emploi de filets à mailles de 8 millimètres d'ouverture.

En ce qui concerne les paragraphes 1 et 2 de l'article 26, c'est-à-dire la fixation du temps où la pêche est interdite et l'indication des procédés prohibés, l'ordonnance du 15 septembre 1830, qui déjà ne statuait que par voie de délégation législative, a jugé à propos de déléguer de seconde main aux préfets des départements la règlementation de ces deux points si importants. Elle porte ce qui suit : « Art. 5. Dans chaque département le préfet déterminera, sur l'avis du conseil général et après avoir consulté les agents forestiers, les temps, saisons et heures pendant lesquels la pêche sera interdite dans les rivières et cours d'eau. Art. 6. Il fera également un règlement dans lequel il déterminera et divisera les filets et engins qui, d'après les règles ci-dessus, devront être interdits. Art. 7. Sur l'avis du conseil général, et après avoir consulté les agents forestiers, il pourra prohiber les procédés et les modes de pêche qui lui sembleront de nature à nuire au repeuplement des rivières. Art. 8. Les règlements des préfets devront être homologués par ordonnances royales. »

Jaloux de connaître, et surtout de faire connaître à ceux qui me feront l'honneur de me lire, ces règlements locaux si importants pour le paisible et légal exercice de la pêche, j'ai voulu me procurer la collection de ces documents quasi-législatifs. Naturellement j'ai eu recours au Bulletin des lois, cette immense collection qui menace, comme les recueils législatifs du temps de Justinien, de fournir bientôt la charge de plusieurs chameaux. J'ai bien trouvé, de temps en temps, dans ce volumineux recueil, la mention et la date d'une ordonnance homologative de règlements préfectoraux sur la pêche, mais j'y ai en vain cherché le texte même de ces règlements. Je me suis tourné ensuite vers l'administration, nécessairement dépositaire des documents que je recherchais : « Je n'aurai, me disais-je, qu'à dresser un tableau résumant pour chaque département la substance du règlement dressé par le préfet; en consultant ce tableau, chacun pourra, d'un coup d'œil, connaître ses droits et ses devoirs. » J'ai trouvé, je dois le dire, auprès de M. le directeur général des eaux et forêts et des employés sous ses ordres, l'accueil le plus obligeant et le plus empressé; toutes les archives, pour ce qui concerne cette partie, ont été mises à ma disposition, et ce qui en est résulté de plus clair pour moi, c'est l'impossibilité complète d'introduire rien qui ressemble à une classification régulière dans ce chaos de dispositions sans ordre et sans plans communs, à peine écrites dans la même langue, désignant les mêmes objets par mille noms différents, et souvent, ce qui est encore plus grave, des objets différents par les mêmes noms. L'extrême mobilité de ces règlements s'oppose surtout d'une manière absolue à ce qu'ils soient livrés au public comme des règles fixes et immuables. Rédigés par les conseils généraux en vertu du droit de délégation élevé à sa quatrième puissance, approuvés par les préfets, homologués par ordonnances ou par décrets, ces règlements sont sans cesse modifiables et très-souvent modifiés en passant par cette triple filière. La loi de 1829 a voulu donner aux règlements locaux une certaine élasticité, et elle a eu raison; mais ce qu'elle n'a pas prévu et ce qui est pourtant arrivé, c'est qu'ils sont devenus en quelque sorte fluides et insaisissables. Il est tel règlement qui a été changé trois ou quatre fois dans ses parties les plus importantes; presque constamment deux ou trois départements sont en instance pour faire homologuer des règlements revisés : de telle sorte qu'en donnant comme une règle fixe ce qui résulte de l'état de choses existant, mon tableau, avant peut-être que l'impression en fût achevée, serait passé à l'état d'almanach de l'an dernier et aurait risqué d'induire les lecteurs dans de graves erreurs; trop souvent, sur la foi de ses indications, en se conformant à la légalité d'hier, ils auraient risqué de violer la légalité d'aujourd'hui. Dans cette situation, ce que je pense avoir de mieux à faire, c'est d'indiquer les prohibitions qui sont le plus généralement admises et qui me semblent le mieux motivées, en ayant soin d'ailleurs de décrire succinctement les procédés auxquels ces prohibitions s'appliquent; car encore faut-il connaître ce dont l'on doit s'abstenir.

Fixation du temps de frai. — L'époque du frai est et doit être très-variable d'un lieu à un autre, à raison des influences climatériques dans les diverses localités. Beaucoup de règlements divisent le temps du frai en deux époques, selon qu'il s'agit de cours d'eau où la truite domine ou de cours d'eau où les autres espèces sont plus communes. Les divers poissons du genre salmone frayent ordinairement dans le cours d'une période qui varie, selon les départements, depuis le mois de novembre jusqu'au mois de février; pour les espèces ordinaires, le frai s'étend communément du 15 mars au 1er ou au 15 juin. Les poissons voyageurs, tels que saumons, aloses, lamproies, sont exceptés, dans beaucoup de départements, de la prohibition qui protége les autres espèces : peut-être est-ce une imprudence s'il est bien constaté que les saumons, par exemple, reviennent chaque année dans les mêmes localités.

Pêche de nuit. — Presque tous les règlements interdisent de pêcher pendant la nuit, excepté aux arches des ponts, digues, écluses et gors, où se tendent les guideaux. Cette exception semble, par ses termes absolus, s'étendre également aux verveux et autres filets dormants, ainsi qu'aux lignes de fond. Il me paraît néanmoins évident que l'esprit des règlements sur ce point est seulement de proscrire les pêches de nuit qui exigent la présence actuelle du pêcheur. Ainsi entendue, cette disposition, analogue à celle qui existe pour la chasse, me semble fort sage. Pendant la nuit, il serait impossible aux agents de l'administration de surveiller les délinquants et de constater les délits; dans l'obscurité, la résistance avec violences serait plus facile, et quantité de méfaits risqueraient de rester impunis.

Pêche le dimanche. — Dans certains départements, la pêche est interdite le dimanche : c'est une réminiscence d'une disposition générale de l'ordonnance de 1669. Cette prohibition est un véritable anachronisme, tout au moins appliquée à ceux qui se font de la pêche une récréation, non un métier, et qui souvent n'ont que ce jour de vacance pour se livrer à un amusement assurément bien innocent.

Cages et paniers aux vannes des moulins. — La plupart du temps, les retenues d'eau nécessaires pour l'alimentation des moulins barrent un cours d'eau tout entier; pendant que la roue tourne, peu de poissons sont capables de remonter le courant rapide qui s'établit dans le coursier. C'est donc seulement par la vanne de décharge destinée à écouler le trop-plein de la retenue d'eau, que la communication peut s'établir entre le haut et le bas de la rivière; empêcher d'une manière quelconque le poisson de passer par cette voie, c'est contrevenir à l'article 24 de la loi de 1829; c'est donc à propos, mais peut-être sans nécessité, que cette disposition figure dans les règlements locaux : il est probable que l'article 24, sainement entendu, aurait été suffisant.

Pêche à la main. — Pendant la journée, le poisson se retire souvent dans des crônes, caves ou sous-rives, pour se mettre à l'abri de la chaleur ; il y reste dans une sorte de somnolence et dans une complète immobilité. En se mettant à l'eau et en marchant le long du bord, lorsqu'on trouve pied, ou en plongeant lorsqu'il y a beaucoup de fond, on peut apercevoir et prendre à la main ces poissons sans défiance. Dans les pays de montagnes, j'ai vu des nageurs intrépides s'engager, en plongeant, dans des cavernes sous-riveraines, et revenir quelquefois avec trois truites, une de chaque main et une autre entre les dents. C'est un rude métier que celui-là, surtout dans les torrents alimentés par la fonte des neiges. La pêche à la main est beaucoup plus commode lorsque, dans les petits fonds d'eau des rivières de plaine, immergé seulement jusqu'à la ceinture, on se borne à *fourgonner* dans les trous du rivage, ou sous les pierres et dans les touffes d'herbes aquatiques. Quoi qu'il en soit, la récolte est souvent abondante ; passe encore pour cette prohibition, bien que, selon toute apparence, bon nombre d'entre MM. les conseillers généraux qui la prononcent fussent très-peu disposés à user, pour leur compte, des *facilités* que donne la pêche à la main.

Pêche au feu. — La lumière exerce sur tous les animaux un inconcevable prestige ; on sait à quel point la réflexion du soleil dans quelques fragments de miroir peut fasciner l'alouette et plusieurs autres oiseaux ; la lumière d'une torche ou d'un brasier répandue la nuit sur les eaux produit sur les poissons une impression analogue. Si, pendant une nuit obscure, on éclaire avec des torches un point de la rivière, les poissons en ressentent des effets merveilleux : les uns accourent en foule se baigner, pour ainsi dire, dans cette atmosphère lumineuse qui vient tout à coup inonder leurs sombres retraites ; les autres restent immobiles et comme charmés sur le sable ou sur la vase du fond. Le filet peut se déployer à coup sûr, d'autant mieux que la lumière dirige les pêcheurs et leur désigne leur proie. Souvent, au milieu de la nuit, un homme s'avance au milieu du courant; de la main gauche il tient une torche de paille, ou, comme on dit dans certains pays, un *clairon;* sa main droite tient une *fouane* ou trident à trois pointes barbelées, monté sur un long manche, et cet instrument, lancé sur les saumons, les truites ou les barbillons, manque rarement son coup. Qui ne se rappelle avoir lu dans *Guy-Mannering* ou dans *les Pionniers* ces descriptions si charmantes et si animées dans lesquelles Walter Scott et Cooper ont dépeint à l'envi, en pêcheurs consommés qu'ils étaient, les détails d'une pêche aux flambeaux? Cette pêche si poétique, sujet d'un beau tableau envoyé par M. Larson de Stockholm à l'Exposition universelle des beaux-arts, en 1855, cette pêche est presque partout, je pourrais dire partout défendue. Et c'est justice : d'abord elle est suspecte, comme pêche de nuit; et puis elle est destructive au plus haut degré, en ce qu'elle permet de choisir les plus beaux individus et de les capturer presque à coup sûr. Quelquefois cependant, incomplétement frappés, ils réussissent à s'échapper; mais, grièvement blessés, ils succombent bientôt sans aucun profit pour personne.

Pêche à la fouane et au trident. — L'emploi de ces instruments est souvent combiné, comme je viens de le dire, avec celui du feu, et, comme tel, il est à juste titre prohibé. Quelquefois, dans les eaux claires et sous une incidence particulière des rayons du soleil, le fond de l'eau est assez éclairé pendant le jour pour qu'on y distingue parfaitement le poisson; il peut alors facilement être atteint par les armes de hast. Aussi plusieurs règlements locaux prohibent-ils d'une manière absolue l'usage du trident, de la fouane ou fouine, du sabre, de l'épée, et autres instruments piquants ou tranchants; je pense qu'il y faut joindre aussi la serpe, avec laquelle M. Alexandre

Dumas assure avoir coupé une truite en deux, le même jour où il mangea un bifteck d'ours.

N. B. Quelques règlements rangent l'épée et le sabre au nombre des filets : comprenne qui pourra.

Pêche sous la glace. — Lorsque les eaux sont entièrement recouvertes d'une croûte de glace, comme nous avons quelquefois vu la chose arriver à Paris, les poissons emprisonnés sous cette voûte transparente s'y trouvent, en général, peu à leur aise, tant à cause du défaut de nourriture qu'à raison de la privation d'air respirable. Si l'on pratique un trou dans la glace, ils arrivent en foule aux environs, et, avec une simple truble, on en peut enlever de grandes quantités. Le plus grand nombre des règlements sont d'accord pour ne pas permettre cet abus de la position critique où se trouvent alors ces pauvres animaux, et, pour leur donner le temps de respirer, on a, presque partout, défendu la pêche sous la glace.

Pêche avec trompettes ou clairons.—Les poissons, comme les animaux sauvages, en général, redoutent le trop grand bruit; les orchestres du maestro Verdi seraient probablement très-peu de leur goût. Il paraît que, dans certains pays que je n'ai du reste, pour ma part, jamais rencontrés, on a imaginé d'exploiter contre eux cette horreur instinctive que leur inspire la famille des saxophones, des sax-trombas et autres cornets à bouquin similaires. On garnit donc de tramails les avenues de leurs retraites, et l'on vient exécuter au bord des eaux des fanfares à grand orchestre. Les infortunés s'échappent au plus vite, absolument comme vous et moi pourrions faire en pareil cas; mais, en voulant rentrer chez eux ou en sortir, ils s'empêtrent dans les filets qui les attendent. La proscription formulée contre ce procédé barbare me plaît; elle ménage à la fois l'existence des poissons et les oreilles des riverains. Comme je le disais tout à l'heure, certains règlements prétendent que le clairon n'est autre chose qu'une torche de paille dont on se sert pour s'éclairer à la pêche au feu. N'a-t-on pas vu autrefois un quadrumane prendre le Pirée pour un homme ? C'est bien le cas de dire : *Fiat lux*.

Pêche à bouiller. — J'ai à me reprocher d'avoir mentionné au nombre des procédés de pêche licites celui qui consiste à battre l'eau avec des perches ou bouloirs, afin de faire fuir le poisson et de le diriger vers les filets tendus pour lui barrer la retraite. Une disposition empruntée à l'ordonnance de 1669, et reproduite dans beaucoup de règlements départementaux, défend de bouiller avec des bouilles ou rabots sous les racines, souches, chevrins, arbres, vorgines ou rochers ; d'où il suit que, lorsque le poisson est retiré dans ses retraites, il est défendu de l'en faire sortir pour le prendre dans les filets dont on a entouré ces asiles. Dieu merci ! il existe une pratique inverse qui consiste à cerner ces demeures et à effrayer en battant l'eau les poissons qui se trouvent dehors, de telle sorte qu'ils se prennent dans les mailles perfides en cherchant à rentrer chez eux. Ce procédé-là n'est pas aussi généralement proscrit que l'autre ; profitez-en lorsque le règlement local ne s'y opposera pas.

Barandage. — Cet ancien mot, invariablement reproduit dans presque tous les règlements, désigne un vieux procédé de pêche pratiqué jadis, à ce qu'il paraît, une fois l'an par certains officiers des eaux et forêts, en manière de saturnales. Il consiste à barrer la rivière par des filets, et notamment à l'aide de tramails, et à traîner sur le fond, en commençant à une certaine distance et en se rapprochant peu à peu, des chaînes, tracs ou cliquettes de bois qui, par le bruit et le mouvement qu'ils occasionnent, font que le poisson éperdu se précipite tête baissée dans les filets. C'est, pour la pêche, l'équivalent de ce qu'est, pour la chasse, la battue à cor et à cri avec des rets ; pratique destructive qu'il est bon de proscrire sur la terre et sur l'onde.

Tir au fusil. — Lorsque, au printemps, le poisson, et principalement le brochet, monte à fleur d'eau pour jouir des premières influences du soleil et semble s'assoupir aux rayons de l'astre vivifiant, rien n'est plus facile que de l'atteindre d'un coup de feu. Lors même que le poisson est en mouvement, si l'eau est claire et peu profonde, le fusil peut encore réussir, pourvu que le pêcheur ou le chasseur, comment dirai-je ? ait soin de tirer à quelques centimètres au-dessous, pour compenser les effets de l'aberration visuelle causée par la réfraction, et aussi pour neutraliser la déviation qu'imprime aux projectiles la résistance de l'eau. Mais il est certain que le coup de fusil cause dans l'eau une perturbation, un bouillonnement nuisible au frai et à l'alevin ; il arrive aussi très-souvent qu'un poisson blessé s'échappe, va mourir au loin, et reste perdu pour tout le monde. Je ne saurais donc désapprouver la prohibition prononcée par bon nombre de règlements à l'endroit de la pêche au fusil.

Tels sont les procédés que la plupart des règlements s'accordent à proscrire. Quant à entrer dans d'autres détails, quant à faire connaître toutes les restrictions apportées à l'exercice de la pêche par chacune de ces 86 ou plutôt de ces 85 législations locales (le département d'Eure-et-Loir n'a pas encore de règlement à l'heure qu'il est), autant vaudrait chercher à débrouiller le chaos. Ici on s'évertue compendieusement à fixer la dimension des mailles des filets, comme si l'ordonnance du 15 novembre 1830 n'y avait pas pourvu ; ailleurs on proscrit les drogues enivrantes, oubliant que la loi a statué directement à cet égard ; presque partout on fait une confusion perpétuelle entre les procédés prohibés et les engins défendus. Un règlement plus prévoyant que les autres, après une longue liste de proscription, ajoute la défense de se servir de tout filet ou engin « *qui pourrait être inventé*, susceptible de contribuer au dépeuplement des rivières (*sic*). » Souvent ce qui est permis dans un département est sévèrement interdit dans le département voisin ; ce qui ne laisse pas que de placer certaines rivières dans une situation assez bizarre. En effet, les limites de beaucoup de départements sont tracées par des cours d'eau ; pour ne citer que quelques exemples : l'Epte, si riche en truites, sépare à l'est le département de Seine-et-Oise du département de l'Eure ; du côté du sud-est, ce dernier département est séparé du département d'Eure-et-Loir par l'Eure et par l'Avre ; la Bresle sert de limite à la Seine-Inférieure et à la Somme ; la Charente et la Dordogne, la Dordogne et Cantal sont séparés par des cours d'eau poissonneux. Sur une rive, tel procédé est défendu, il est permis sur la rive opposée ; d'un côté il existe un règlement sévère, de l'autre (Eure-et-Loir) il n'en existe aucun. Les propriétaires de la rive gauche peuvent prendre impunément des truites dans une rivière où la pêche est encore interdite aux propriétaires de la rive droite. N'est-ce pas le cas de répéter avec Pascal : « Plaisante justice qu'une rivière borne, vérité en deçà, erreur au delà ! »

J'ai cherché dans ce petit traité à faire connaître tous les modes de pêche usités, au moins ceux qui, de tout temps, ont été reconnus pour honnêtes et conservateurs. Eh bien ! que l'on parcoure l'ensemble des règlements locaux, et je défie qu'on me cite un seul de ces procédés qui ne soit pas proscrit par quelqu'un de ces arrêtés. Ici l'on interdit l'épervier, le plus loyal et le moins destructeur de tous les filets ; le modeste échiquier est mis au ban de certains départements ; là on ne veut pas de lignes de fond; sur certains points on les permet, à condition qu'elles seront garnies d'hameçons monstres, propres seulement à prendre des requins. Ailleurs il est interdit d'attirer et de rassembler le poisson par des appâts : adieu la pêche à peloter! L'innocente ligne flottante n'échappe pas toujours à l'anathème, et elle n'est permise dans un certain département qu'à condition de n'avoir qu'un seul hameçon et de ne pas porter plus de trois grammes de plomb. Quant à la noble, à la chevaleresque ligne à la mouche artificielle, deux ou trois départements ont eu le courage de prononcer contre elle l'ostracisme; l'un d'eux (Maine-et-Loire) fulmine même cette disposition dans des termes assez burlesques; il défend l'usage des *lignes et hameçons artificiels*, ce qui pourrait faire supposer qu'en Anjou il pousse des lignes et des hameçons *naturels*.

En somme, et pour terminer par un mot sur ce point, si l'on réunissait en un seul tous les règlements départementaux; si l'on rendait communes à toutes les localités les prohibitions prononcées par chacun de ces sénatus-consultes au petit pied, la chose, à force de complications, deviendrait fort simple. Tous ces règlements pourraient remonter à la loi dont ils sont issus, et se condenser sous une formule très-abrégée; au fond du creuset où l'on amalgamerait tous ces ingrédients divers, on trouverait une loi ainsi conçue : « Article unique : Il est défendu de pêcher en France en quelque lieu et par quelque moyen que ce soit. »

Et cependant on pêche; les plus honnêtes gens pêchent en employant même des procédés défendus : la plupart du temps ils ignorent qu'ils contreviennent à la loi. Les arrêtés locaux, on ne les connaît pas, aucune publicité véritable ne leur a été donnée; et puis, allez donc faire comprendre à un propriétaire qu'il ne peut

Un quai de Paris au mois de mai.

pas exploiter comme bon lui semble la pêche d'un cours d'eau qui passe chez lui, dont il peut même enclore les rives de telle sorte, que la surveillance de l'autorité y devienne matériellement et légalement impossible ! les agents des eaux et forêts se bornent, la plupart du temps, à garder les fleuves et les rivières navigables, sans s'inquiéter autrement de ce qui se passe sur les cours d'eau du domaine privé. Quant aux gardes champêtres et aux gendarmes, ils ont bien autre chose à faire que d'aller voir si, sur l'un des mille cours d'eau qui sillonnent tel ou tel département, on se sert de filets traînants ou de lignes flottantes portant plus d'un hameçon ; ils n'interviennent jamais dans ces sortes d'affaires, à moins qu'ils n'en soient requis par le propriétaire lui-même. A Paris, sous les yeux du fermier de la pêche, dans ces mêmes eaux où je vous ai montré, tout à l'heure, ses agents si sévères à l'endroit de la ligne flottante, on a chaque jour des exemples d'un incroyable relâchement. Au moment même où j'écris ces lignes (mai 1856), en plein temps prohibé, je vois de ma fenêtre un quai garni, je ne dirai pas de groupes, mais de véritables grappes d'essaims de pêcheurs se pressant à la bouche des égouts pour y surprendre un remontage de gardons.

Tout cela est fâcheux ; c'est toujours un mal que la loi ne soit pas exécutée : mieux vaudrait cent fois absence complète de loi. Il est vrai que la complication des règles et l'exagération même de certaines dispositions qu'on en a fait dériver expliquent cette violation, bien qu'elles ne l'excusent pas.

Quel remède pourrait-on donc employer pour parvenir au but que s'était sagement proposé la loi de 1829 et qu'elle n'a pas complétement atteint, il faut bien le reconnaître ? Si j'osais indiquer à cet égard quelques vues, je voudrais d'abord que, sans toucher à cette loi, un décret ordonnât que désormais l'exercice de la pêche sera réglementé, non plus par département, mais par bassin hydrographique : c'est une division indiquée par la nature même des choses; n'est-il pas raisonnable de soumettre à un seul et même régime les eaux du fleuve principal, qui donne son nom au bassin, et celles de tous ses affluents ? En vertu du même décret, le conseil d'État serait chargé de rédiger un règlement d'administration publique pour statuer sur les points compris dans les trois premiers paragraphes de l'article 26 de la loi de 1829. Il y aurait d'excellents résultats à attendre de la sagesse si pratique de ce grand corps de l'État, à qui les règlements existants serviraient en quelque sorte d'enquête *de commodo et incommodo;* la stabilité et l'universalité qu'un pareil acte assurerait à ses dispositions seraient déjà un véritable et immense bienfait.

Quant à présent, et en attendant le moment (encore éloigné, je le crains) où les pouvoirs de l'État auront le loisir de s'occuper d'un intérêt, après tout, un peu secondaire, je terminerai en vous exhortant, cher lecteur, à vous conformer, autant que vous le pourrez, à la loi. Si vous allez pêcher pour la première fois dans un département, tâchez de vous procurer, soit à la préfecture, soit chez les agents forestiers, un exemplaire du règlement local ; et puis.... ma foi ! le reste est votre affaire.

FIN.

TABLE ALPHABÉTIQUE

DES MATIÈRES.

FIN DE LA TABLE ALPHABÉTIQUE DES MATIÈRES

Ch. Lahure, imprimeur du Sénat et de la Cour de Cassation,
rue de Vaugirard, 9, près de l'Odéon

CATALOGUE

DE LA BIBLIOTHÈQUE DES CHEMINS DE FER

PAR SÉRIES DE PRIX.

Volume à 30 centimes.

Le Parc et les grandes Eaux de Versailles (*Fr. Bernard*).

Volumes à 50 centimes.

Petit guide de Paris à Rouen.
Petit guide de Paris à Nantes.
Petit guide de Paris au Havre.
De Paris à Corbeil.
Enghien et la vallée de Montmorency.
Promenade au château de Compiègne.
Gutenberg (*de Lamartine*).
Héloïse et Abélard (*id.*).
Histoire du siége d'Orléans (*Jules Quicherat*).
Assassinat du maréchal d'Ancre.
La Conjuration de Cinq-Mars.
La Conspiration de Walstein.
La Vie et la Mort de Socrate.
Légende de Charles le Bon.
La Jacquerie.
La Saint-Barthélemy
La Mine d'ivoire.
Pitcairn.
La Bourse (*de Balzac*).
Scènes de la vie politique (*id.*).
Zadig (*Voltaire*).
Jonathan Frock (*Henri Zschokke*).
Costanza (*Cervantès*).
La Bohémienne de Madrid (*Cervantès*).
Voyage à la recherche de la santé (*Sterne*).
Le Joueur (*Regnard*).
L'Avocat Patelin (*Brueys*).
La Métromanie (*Piron*).
Le Philosophe sans le savoir (*Sedaine*).

Volume à 75 centimes.

Petit guide de l'étranger à Paris (*Fr. Bernard*).

Volumes à 1 franc.

Petit guide de l'étranger à Paris (*Fr. Bernard*). Relié.
Petit guide de l'étranger à Versailles (*Joanne*). Relié.
Petit guide illustré de Paris, édition allemande (*Wilhelm*).
Petit guide illustré de Paris, édition anglaise (*Fielding*).
Le nouveau bois de Boulogne (*Lobet*).
De Strasbourg à Bâle (*Fr. Bernard*).
De Paris à Orléans (*Moléri*).
De Paris à Saint-Germain (*Joanne*).
D'Orléans à Tours (*A. Achard*).
D'Orléans au centre (*A. Achard*).
Versailles (*Fr. Bernard*).
Fontainebleau (*Joanne*).
Mantes (*Moutié*).
Vichy (*L. Piesse*).
Les eaux du Mont-Dore (*id.*).
Les Ports milit. de la France (*Neuville*).

1er DÉCEMBRE 1856.

Le Cid Campéador (*de Monseignat*).
Saint Dominique (*E. Caro*).
Saint François d'Assise et les Franciscains (*Fr. Morin*).
Guillaume le Conquérant, revu par M. *Guizot.*
Christophe Colomb (*de Lamartine*).
Fénelon (*id.*).
Geneviève (*id.*).
Graziella (*id.*).
Nelson (*id.*).
Jeanne d'Arc (*Michelet*).
Louis XI et Charles le Téméraire (*id.*).
Mazarin (*H. Corne*).
Richelieu (*id.*).
Histoire d'Henriette d'Angleterre (*Mme de La Fayette*).
Pie IX (*de Saint-Hermel*).
Charlemagne et sa cour (*B. Hauréau*).
Tancrède de Rohan (*Henri Martin*).
Deux Années à la Bastille (*de Staal*).
Campagne d'Italie (*Giguet*).
Édouard III (*Guizot*).
Les Émigrés français dans la Louisiane.
Les Convicts en Australie.
Voyage de Levaillant en Afrique.
Voyage du comte de Forbin à Siam.
Voyage en Californie (*E. Auger*).
Les Iles d'Aland (*Léouzon Le Duc*).
Ernestine. — Caliste. — Ourika.
André (*George Sand*).
François le Champi (*id.*).
La Mare au diable (*id.*).
La petite Fadette (*id.*).
La dernière Bohémienne (*Mme Charles Reybaud*).
Mademoiselle de Malepeire (*id.*).
Clovis Gosselin (*Alph. Karr*).
Contes et nouvelles (*id.*).
La famille Alain (*id.*).
Le chemin le plus court (*id.*).
Les lettres et l'homme de lettres au XIXe siècle (*Demogeot*).
Les Matinées du Louvre (*Méry*).
Contes et nouvelles (*id.*).
Nouvelles nouvelles (*id.*).
Un rossignol pris au trébuchet (*X. B. Saintine*).
Antoine, l'ami de Robespierre (*id.*).
Un mariage en province (Mme *L. d'Aunet*).
Un peu partout (*F. Mornand*).
Les trois reines (*id.*).
Vittoria Colonna (*Le Fèvre Deumier*).
Contes excentriques (*C. Newil*).
L'Amour dans le Mariage (*M. Guizot*).
Pierrette (*de Balzac*).
Les Oies de Noël (*Champfleury*).
La Colonie rocheloise (*abbé Prevost*).
Le Lion amoureux (*F. Soulié*).
Militona (*Th. Gautier*).
Palombe (*J. Camus*).
Paul et Virginie (*B. de Saint-Pierre*).
Stella et Vanessa (*L. de Wailly*).
Les Arlequinades (*Florian*).
Théâtre choisi de *Lesage.*
La Bataille de la vie (*Dickens*).
La Mère du Déserteur (*Walter Scott*).
Le Grillon du Foyer (*Dickens*).
Jane Eyre (*Currer-Bell*).
La Jeunesse de Pendennis. — Le Diamant de famille (*Thackeray*).
Le Tueur de lions (*Jules Gérard*).
Le Mariage de mon grand-père.
Lettres choisies de lady *Montague.*
Nouvelles d'Edgard Poë.
Contes d'*Auerbach.*
Cranford (*Gaskell*).
La Fille du Capitaine (*Pouschkine*).
Roméo et Juliette (*Gœthe*).
Werther (*id.*).
Tarass Boulba (*Nic. Gogol*).
Nouvelles choisies de *Nic. Gogol.*
Nouvelles choisies du comte *Sollohoub*
Aladdin ou la Lampe merveilleuse.
Djouder le Pêcheur.
Contes merveilleux d'*Apulée.*
Le Jardinage (*Ysabeau*).
La Télégraphie électrique (*V. Bois*).
Les Chemins de fer français (*id.*).
Fables de *Fénelon.*
Voyages de Gulliver (*Swift*).
Enfances célèbres (*Mme L. Colet*).
Anecdotes du règne de Louis XVI.

Anecdotes du temps de la Terreur.
Anecdotes du temps de Napoléon Ier.
Anecdotes historiques et littéraires.
Aventures de Cagliostro (*de St-Félix*).
Aventures du baron de Trenck (*Boiteau*).
Mesmer (*Bersot*).
La Sorcellerie (*Louandre*).
Le Guide du bonheur.
Le véritable Sancho-Panza (*J......*).
Aventures d'une Colonie d'emigrants.
Opulence et Misère (*Mrs Ann. S. Stephens*).
Tolla (*Ed. About*).

Volumes à 2 francs.

De Paris à Bruxelles (*E. Guinot*).
De Paris à Calais, à Boulogne et à Dunkerque (*id.*).
De Paris à Lyon (*Fr. Bernard*).
De Lyon à la Méditerranée (*id.*).
De Paris à Caen (*Énault*).
De Paris au Havre (*E. Chapus*).
De Paris à Dieppe (*id.*).
De Paris à Strasbourg (*Moléri*).
De Paris au centre de la France (*A. Achard*).
De Paris au Mans (*Moutié*).
Belgique (*Mornand*).
Guide du voyageur à Londres.
Les Bords du Rhin (*Fr. Bernard*).
L'Interprète anglais-français (*Fleming*).
L'Interprète français-anglais (*id.*).
Versailles (*Joanne*), broché.
Fontainebleau. } Reliés.
Versailles. } Reliés.
Vichy. } Reliés.
Madame de Maintenon (*G. Héquet*).
Law et son système (*Cochut*).
François Ier et sa cour (*B. Hauréau*).
Louis XIV et sa cour (*Saint-Simon*).
Le Régent et la cour de France (*id.*).
Un chapitre de la Révolution française (*de Monseignat*).
Alfred le Grand (*G. Guizot*).
La Grande Charte (*C. Rousset*).
Origine des États-Unis (*P. Lorain*).
Souvenirs de Napoléon Ier (*de Las Cases*).
Voyages dans les glaces du pôle Arctique (*Hervé et de Lanoye*).
Scènes de la Vie maritime (*Basil Hall*).
Aventures de Robert Fortune en Chine.
La Nouvelle-Calédonie (*Ch. Brainne*).
Le Japon contemporain (*Fraissinet*).
Mœurs et Coutumes de l'Algérie (*général Daumas*).
Eugénie Grandet (*de Balzac*).
Ursule Mirouët (*de Balzac*).
Le Tailleur de pierres de Saint-Point (*A. de Lamartine*).
Fables de *Viennet*.
Les Mariages de Paris (*Edm. About*).
Le Roi des montagnes (*id.*).
Voyage à travers l'Exposition des beaux-arts (*id.*).
Études biographiques (*Le Fèvre Deumier*).
Oehlenschlager (*id.*).
La Fille du chirurgien (*Walter Scott*).
Nouvelles danoises, traduites par *X. Marmier*.
Ruth (*Mme Gaskell*).
De France en Chine (*Dr Yvan*).
La Case de l'Oncle Tom (*Beecher Stowe*).
L'Allumeur de réverbères (*Mrs Cumming*).
Les Exilés dans la forêt (*Maine Reid*).
Théâtre choisi de *Beaumarchais*.
Choix de petits drames (*Berquin*).
Contes choisis d'*Andersen*.
Contes de Fées (*Perrault, etc.*).
Contes de l'Enfance (*Miss Edgeworth*).
Contes de l'Adolescence (*id.*).
Contes des frères *Grimm*.
Contes de Mme *de Ségur*.
Contes moraux (*Mme de Genlis*).
Contes nouveaux (*Mme de Bawr*).

Contes et légendes (*Hauff*).
Don Quichotte (*Cervantès*).
Histoire d'un navire (*Ch. Vimont*).
Légendes pour les enfants (*Boiteau*).
L'Habitation du désert (*Maine-Reid*).
Les Jeux des adolescents (*Beleze*).
Les Jeux des jeunes filles (Mme *de Chabreul*).
La Caravane (*Hauff*).
La Petite Jeanne (*Mme Carraud*).
L'Hygiène (Dr *Beaugrand*).
La Pisciculture (*Jourdier*).
Maladies des pommes de terre, etc. (*Payen*).
Les Abeilles (*de Frarière*).
Les Secrets de la cuisine français (*Gogué*).
Les Chasses princières (*E. Chapus*).
Le Sport à Paris (*E. Chapus*).
Souvenirs de Chasse (*L. Viardot*).
Mémoires d'un Seigneur russe (*Tourguénief*).

Volumes à 3 francs.

De Paris à Bordeaux (*Joanne*).
De Paris à Nantes (*id.*).
Belgique. — Reliés.
De Lyon à la Méditerranée. — Reliés.
De Paris à Bâle. — Reliés.
De Paris à Bruxelles. — Reliés.
De Paris à Dieppe. — Reliés.
De Paris à Lyon. — Reliés.
De Paris à Strasbourg. — Reliés.
De Paris au Centre. — Reliés.
De Paris au Havre. — Reliés.
De Paris au Mans. — Reliés.
Guide du voyageur à Londres. — Reliés.
Les Bords du Rhin. — Reliés.
L'interprète anglais-français. — Reliés.
L'interprète français-anglais. — Reliés.
L'interprète français - allemand (*de Suckau*).
Voyage d'une femme au Spitzberg (*Mme L. d'Aunet*).
Caprices et Zigzags (*Th. Gautier*).
Italia (*id.*).
La Baltique (*Léouzon Le Duc*).
La Russie contemporaine (*id.*).
La Grèce contemporaine (*Ed. About*).
L'Inde contemporaine (*Lanoye*).
La Turquie actuelle (*Ubicini*).
Atala, René, les Natchez (*de Chateaubriand*).
Le Génie du christianisme (*id.*).
Les Martyrs et le dernier des Abencerages (*id.*).
Des Substances alimentaires (*Payen*).
La Chasse à courre (*J. La Vallée*).
La Chasse à tir (*id.*).
Les Cartes à jouer (*P. Boiteau*).
Le Turf (*E. Chapus*).
Le Coureur des Bois, 2 vol. (*Gab. Ferry*).
Costal l'Indien (*id.*).
Scènes de la vie mexicaine (*id.*).
Menus propos (*Töpffer*).
Le Presbytère (*id.*).
Nouvelles génevoises (*id.*).
Rosa et Gertrude (*id.*).
L'Esclave blanc (*Hildreth*).
La Foire aux vanités (*Thackeray*).
Fontainebleau.
Visite à l'Exposition universelle de 1855 (*Tresca*).

Prix exceptionnels.

Le Matériel agricole (*Jourdier*)... 4 fr.
Paris illustré (280 vignettes et 18 plans) Prix........................ 7 fr.
Le même, relié.................. 8 fr.
Les Env. de Paris illustr. (*Joanne*). 7 fr.
Le même, relié.................. 8 fr.
De Paris à Bordeaux, relié........ 4 fr.
De Paris à Nantes, relié.......... 4 fr.
L'interprète franç.-allemand, rel. 4 fr.

Ch. Lahure, imprimeur du Sénat et de la Cour de Cassation
(ancienne maison Crapelet), rue de Vaugirard, 9.